LOCUS

LOCUS

LOCUS

LOCUS

touch

對於變化，我們需要的不是觀察。而是接觸。

a *touch* book
Locus Publishing Company
11F, 25, Sec. 4 Nan-King East Road, Taipei , Taiwan
ISBN 957-0316-52-7 Chinese Language Edition

January 2001, First Edition
Printed in Taiwan

Net Ready——企業e化的策略與原則

作者：安默・哈特曼（Amir Hartman），約翰・夕方尼（John Sifonis）
（原著由John Kador協作）
譯者：何 霖
責任編輯：陳翠蘭 美術編輯：謝富智
法律顧問：全理法律事務所董安丹律師
出版者：大塊文化出版股份有限公司 e-mail: locus@locus.com.tw
臺北市105南京東路四段25號11樓 **讀者服務專線：080-006689**
TEL:(02)87123898 FAX:(02)87123897
郵撥帳號：18955675 戶名：大塊文化出版股份有限公司
總經銷：北城圖書有限公司 地址：台北縣三重市大智路139號
TEL:(02)29818089（代表號） FAX:(02)29883028 29813049
排版：天翼電腦排版印刷股份有限公司 製版：源耕印刷事業有限公司

初版一刷：2001年1月

定價：新台幣350元

touch

Net Ready

企業e化的策略與原則

Strategies for Success in the E-conomy

思科網際網路解決方案事業群總監
Amir Hartman & John Sifonis with John Dador

網化就緒零阻力，e流企業教戰手冊

何霖⊙譯

目錄

序

網際網路刻正推動著網際網路經濟的發展，爲國家、企業與個人創造空前大好機會。自從全球資訊網（World Wide Web）問世以來，網路經濟——本書作者稱之爲電子經濟（E-conomy）——的規模，在短短五年之內，就足堪媲美具百年歷史的產業，例如能源、運輸與電信。

網路經濟的影響遍及全球，企業與政府都受到衝擊。全世界的企業領導人都已明白，對於企業未來的生存與競爭能力，網際網路扮演著策略性的角色。企業必須運用網際網路的力量，才能在新經濟中維持競爭力。

透過網際網路，思科系統公司（Cisco）讓企業保持靈活與競爭的優勢。我們所有的企業營運——從供應鏈管理到員工通訊——都是以網際網路爲基礎。今天，思科百分之八十的訂單，以及超過百分之八十的顧客查詢，都是透過網路來處理。

結果，思科成長的速度超過所有主要競爭對手，成爲全球市值（market capitalization）前十大企業之一。同時我們也是電腦產業有史以來，成長最快且最賺錢的公司。

思科的經營方式讓它成爲網路經濟企業的楷模。本書詳列了許多思科致勝的管理實務，爲讀者解析，要在網路經濟成功必須具備哪些要件。本書有如道路指南，提供企業如何善用以下六項，我個人認爲是建立網際網路事業的關鍵要素：

■顧客　顧客在網際網路中已獲得充分的資訊，他們的期待只會有增無減。因此，快速回應顧客需求及傳送價值的能力，已變得極爲重要。

■全球化　網路經濟正在摧毀所有大小企業競爭場域的界限。這樣的摧毀與全球化同步。能超越地理位置的遠近傳送一致的價值，已成爲現今不斷變動的競爭局勢中成功的要件。

■合夥關係　網路經濟的興起，讓我們能夠與新興的網際網路電子生態系統（Internet E-cosystem）產生連結。網際網路電子生態系統是一種新的經營模式，能讓以網際網路連接的企業，提供服務給以網際網路連接的顧客。網際網路開放的本質促使具互補性的企業互相結盟，因而產生許多獨特且相互依存的組合關係。

■員工　網際網路所帶來的一項關鍵性改變，就是企業該如何與員工分享資訊。網路經濟下的企業，員工有權就顧客的最大利益決策取捨。但惟有員工充分取得資訊，他們才眞正獲得授權。

■企業文化　將變動轉化爲企業及顧客的競爭優勢的能力，乃是在網路經濟中獲勝的關鍵。當然，任何成功企業的文化核心，都是致力追求顧客的滿意。

■資訊的取得　以往資訊及內部系統一直被視爲企業的策略性資產，只能選擇性地分享。今天的企業，卻必須在維護企業安全與公開取得資訊的需要之間，取得平衡。

網路經濟創造了大量的機會，而我們也目睹個人、企業與國家，運用網際網路技術重新自我教育以及自我改造。網際網路壓倒性地廣爲人們接受，是九○年代最重大的事件之一，正如本書熱切介紹的情形一樣。本書有系統地說明，許多企業在追求「網化就緒」（Net Readiness）的過程中，所經歷過的教訓與步驟。

我想要問的是：「你準備好了嗎？」

約翰・錢伯斯（John Chambers）
總裁兼執行長　思科系統公司

前言

如何網化就緒得更好

最大的挑戰是忘記以往成功的經驗

一旦組織開始將網路視爲功能強大

且能雙向、即時、同步傳輸資料的溝通途徑

所有歷經時間考驗的經濟假設都全數失效

網際網路催化了一項變革

使過去企業熟知的一對多關係

轉變成一對一顧客管理的新世界

如果你像我們一樣仔細觀察，就會發現電子經濟企業已儼然成形。只有少數企業已完備「網化就緒」（Net Readiness）的構成要素，有些則僅具雛形，絕大多數的企業則可說完全不具備這些要素。「網化就緒」絕非一蹴可幾，也非分文不費。的確，有些組織會比其他組織要容易做到，如電子海灣（eBay）或雅虎（Yahoo!）等在網路上誕生的公司，就比較容易「網化就緒」。由於這些公司憑藉網路形象而成立，所以比起歷史較悠久的競爭對手，他們可以擺脫許多工業時代的包袱。網路上誕生的公司不必擔心現有通路、銷售人員及辦公室或廠房等問題，不過即便如此，電子經濟的要求嚴苛，以致大多數的網路公司依然無法成功。

過去五年來，與我們共事過的許多主管都努力不懈設法找出，如何在這個新經濟體系下競爭及致勝的訣竅。每個人都寄望在電子商業（E-Business）上功成名就。我們見過無數想從事電子商業並藉此飛黃騰達的經理人，他們冀望在「美國夢」的最新一頁上追逐：找到一個利基、創立一家電子商業公司、申請首次公開上市、虧損個幾年、然後再創造龐大的市值。對於已經留意到在網路上成功將會獲得可觀報償的這些人（包括我們自己），我們稱其爲「逐網族」（Web wannabee）。但不幸的是，電子商業並非想像中簡單。多數經理人並不瞭解，必須具備何種的努力及訓練，才能經營電子商業成功。「網化就緒」討論的正是經營電子商業成功必備的努力與準備。

面對全新環境

要在電子經濟中經營成功的現實條件，與現今企業所遵循的假設有極大差異。姑不論表象如何，

表1　傳統經濟及網路經濟的經營驅動力

網化就緒的企業必須注意傳統經濟與網路經濟的差異，並採取適當策略回應。

傳統經濟	電子經濟
穩定而可預測的經銷權	人人免費
經濟規模	一對一關係
靜態；以地理區域和資本爲憑藉	動態
定位	價値遞移
長期規畫	即時執行（靈活）
保護產品、市場與通路	拆解產品、市場與通路
預測未來	塑造或順應未來
鼓勵重複	鼓勵實驗
詳盡的行動方案	管理不同的選擇方案
有組織的正式結盟	網狀的非正式結盟
厭惡失敗	預期失敗
獎賞與結果的關連性弱	風險與獎賞直接關連

實際上要「網化就緒」並不簡單。首先必須體認，整個商業的基礎環境已全然改變（見表1）。成功的要素令人難以捉摸，但導致失敗的原因，卻和現今的管理實務一樣地令人熟悉。根植於傳統經濟的企業要轉型到電子經濟，會面臨更多的困難。電子經濟的前景往往令這些企業裹足不前，無法提出明確的價值主張（value proposition），主要是因爲這些主張難以移植到這個新的領域。這些企業的經濟規模多半仍把焦點放在大衆市場，而非電子經濟所偏好的一對一關係，且受制於現有的組織架構及薪資制度，以致無法以嶄新而具創意的方式激勵員工。

企業必須徹底改變規畫與實際執行的方式。傳統的思考模式造成這些企業認爲，市場中的變數是穩定的，（產業、地域等的）疆界壁壘分明，最後結果是已知或是可預測的。此外，慣性也使得這些公司難以果決地貫徹執行各項決策。

所謂貫徹執行（ruthless execution），是指能快速界定行動方針並付諸實行的能力。根據我們的分析，在電子經濟時代，成功的企業之所以有別於其他公司，「貫徹執行」無疑是一項關鍵因素。但僅就一句口號而言，除了口惠之外，貫徹執行並無法推動任何事情。「貫徹執行」與其他流行術語如「學習型組織」（learning organization）一樣，若無有意義且可評量的活動配合，這些術語便不具任何意義。此外，電子經濟的現實情況，迫使企業必須調整長久以來所抱持的商業價值觀及各項假設。

是哪些因素促使有些人在電子商業出擊成功，其他人卻以失敗收場？而成千上萬的現有組織，它們不顧一切嘗試要跨入新電子經濟又將如何？這些組織沒有從頭開始的特權。甚且，儘管大部分有關電子經濟的討論與報導都集中在消費者活動，如亞馬遜網路書店（Amazon.com）、電子海灣、及電子交易（E*Trade）等公司，但會對現在及未來造成強大衝擊、卻較不引人注意的，則是線上企業對企業（B to B）的互動。這樣的互動環境都是由成功轉型且「網化就緒」的知名企業造就而成。

本書將協助以下兩類企業：在網路上誕生的企業，以及正打算進軍網路的企業。本書的目的在於解釋，二十一世紀網化就緒的組織應具備哪些特質，這種組織將如何營運，以及與其他網化就緒的組織會產生何種的關聯。本書將介紹「網化就緒」的觀念，並且對其特性加以定義。本書也將指出，爲了準備面對這種新秩序，今天的你可以做些什麼。在此，我們也要淸楚說明本書所無法提供的協助——若是你想尋求與下列主題有關的建言，那麼要請你另請高明。本書將不會告訴你：

■如何設計又酷又炫的網站

■如何在網路上賣東西

■以流行術語來管理的技巧
■快速解決問題的辦法
■像食譜般逐步解說的流程
■模仿別人的解決方案

然而，如果你正要尋找與下列策略有關且更爲深入的觀點，本書便能使你的議程順利進行：

■調整公司組織架構，以便在電子經濟中成功
■規畫電子商業的新構想
■調整管理模式，以便充分運用網際網路
■提升電子企業的領導地位
■將網路與經營策略連結
■協助發掘有競爭優勢的機會
■最佳的作業執行方案

你的組織是否已經準備好進軍網路？你是否同樣在問，與我們定期洽談的公司經常詢問的問題？（請見下文「客戶最常提出的問題」）

客戶最常提出的問題

- 應該找尋哪些特別的電子商業機會？
- 什麼是將電子商業新構想（initiative）與現有流程整合的最佳方法？
- 如何評量投資報酬率？
- 如何定義現有產業的電子商業？
- 如何調整組織架構，以從事電子商業？
- 必須發展何種技巧與能力？是應該發展所需的技能，還是應向外取得或設法租用？
- 電子商業將如何影響我們現有的通路？
- 對電子經濟演進的長期願景（vision）會如何影響我們的經營策略？
- 如何保護價值鏈（value chain）使其免於競爭威脅？
- 該如何因應核心事業無可避免的拆解細分？
- 如何避免把價值主張中重要的部分拱手讓給新加入者？

要在電子商業中獲得成功是有可能的。媒體對這類的成功故事大肆宣染——想想報章雜誌對於亞馬遜書店、美國線上（America Online, AOL）、戴爾電腦（Dell）或思科公司持續不斷的各種報導，讓一切看起來似乎輕而易舉。但事實不然。媒體報導只能採事後描述，因此不免會使成功看起來輕而易舉且條理分明。這樣的公式如出一轍：一位有遠見的領導人，最好年輕又是大學退學生，在他的心中有一個倉促成形的構想，然後加入少許創投資金，在高度壓力下醞釀兩三年，最後再搭配股票首次公開上市，就可完成整個故事。

這些有趣的故事背後所忽略的（也正是本書所要討論的主題），是個更難回答的問題：在電子商業世界中，什麼才是成功所必須具備的眞正特質？換言之，大多數看似網路公司的組織，似乎也都遵循上述的公式，但依然無法達成目標，問題到底在哪裡？仔細研究過導致成功與失敗的各項因素，以及介於兩者的其他因素後，才開始看到許多共通點。我們開始觀察在電子經濟中獲勝的要素，並且很快地將這些觀察匯集成一系列的指標。

定義本書所用的電子術語

在進一步討論之前，先定義本書所用的術語。儘管實際碰到這些術語時，我們會更詳盡地描述，但還是在此先說明如何區別下列幾個用到的術語：

■**電子經濟**（E-conomy） 虛擬的場域，可實際進行商業行爲、創造並交換價值、發生交易、且一對一關係已趨成熟。這些流程可能與傳統市場的類似活動有關聯，但彼此仍互爲獨立。電子經濟有時也稱爲數位經濟（digital economy），或網際經濟（cyber economy）。

■**電子商務**（E-commerce） 一種特別的電子商業新構想。以個別的商業交易爲中心，透過網路做爲交易的媒介，包括企業對企業以及企業對消費者（B to C）兩種類型。

■電子商業（E-business）　任何在戰術上或策略上改變商業關係的網際網路新構想——無論這些關係是指企業對消費者、企業對企業、企業內部，甚或是消費者對消費者。管理者若仍以爲電子商業僅僅只是在網路銷售產品，則無異是以管窺天，坐失全貌。電子商業眞可以說是促進組織效率、速度、創新，以及創造新價值的一種新方法。

瞭解我們所用的術語，遠不如深切體認，現今商業世界正面臨截然不同的一套程序來得重要。不論我們是用哪些術語來討論——電子經濟、網際網路商務、即時經濟（real-time economy）、網際空間價值鏈還是數位經濟，重點都在於，若是你逃避自問有關「這些程序會對你的企業造成何種衝擊？」這樣嚴苛的問題，後果將難以想像。

我們很想提供更精確的定義，但是電子經濟抗拒被設限。這就是電子經濟的第一課：電子經濟就是以不確定性及不連續改變的超高門檻爲特色。當我們對於某個定義達成共識時，新的發展已使它成爲過時。

由於電子經濟具有絕對即時的屬性，因此需要新的詞彙來描述，需要用新的心態來擁抱。當電子經濟在所有經濟體系及結構層面注入新秩序時，用以表達全世界產業觀點的專門術語，便已完全不適合用來瞭解及預期電子經濟所創造的種種機會。因此，精通新定義並非你積極努力的目標。沒錯，你最困難的挑戰就是，忘掉你所學的定義與經驗。全世界最困難的事莫過於，要你放棄曾經使你致富的實際經驗，然而這也正是要在電子經濟中致勝的一項要求。

電子商業的演進

我們在研究成果中已經見到，企業從事電子商業時所遵循的一種自然演進。大多數我們研究過的公司，均經歷一系列可預測的不同階段（見圖1）。以下就針對各個階段加以探討。

■**小冊子存放處**（brochureware）　「網化就緒」的初期，組織把網際網路當成一個佈告欄，用來張貼小冊子及員工電話號碼簿。隨著時間的演變，網際網路後來也用來張貼更重要的文件，如商品目錄和價目表。對這些公司而言，網路只是一種單向的出版機制。小冊子存放處無疑是一項進步，但是它並未開始利用「互動」這個下一階段的功能。

■**顧客互動**（customer interactivity）　這個階段，公司建立起與顧客之間的對話（允許顧客進入系統、詢問、陳述需要被傳遞的價值）。此時的「顧客」指的可能是消費者、最終顧客及員工等。

■**交易促成者**（transaction enabler）　企業開始運用網路擴展以交易爲導向的程序（銷售產品、採購，及促進企業內部程序如人力資源活動等）。

■**一對一關係**　利用網際網路產生依顧客類型而訂做的互動資料庫。由於網路技術讓公司得以一對一的方式與顧客進行交易，產品定價因此變得浮動不定，通常在拍賣的過程中，可由個別顧客指定價錢。

■**即時組織**　零延遲的組織能夠在虛擬場域中，規畫、執行並聚集買方與賣方。這些公司瞭解

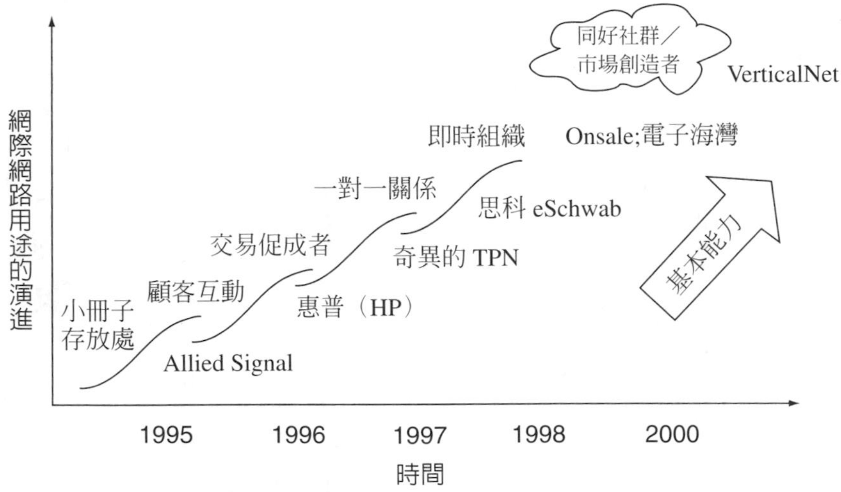

圖1. **電子商業新構想的演進**　網際網路的新構想已經逐漸加重虛擬互動的程度，以及對一對一關係的支持程度。同時，代表基本能力的底限逐漸提高，期望也逐日提高。這意味：持續創新乃是關鍵。

顧客的需求，並能即時將價值遞送出去。

■**同好社群**（Communities of Interests, COINs）網際網路能協助公司建立（對特定內容、社區及商業方面的）同好社群，將價值鏈中來自各方的夥伴密切地聯繫在一起。

注意在圖1中，隨著電子商業用途複雜度的提高，所需具備的基本能力也不斷往上提升。這個趨勢應該給予經理人許多警示，因爲這意味進入障礙也不斷在往上升高。換言之，要進入電子經濟中的特定位置所需具備的基本能力，正逐日變得更具挑戰。電子商業不像電燈開關，你無法隨意開或關。「網化就緒」需隨時間而演進。若沒有做好「網化就緒」應有的準備，要從一個階段進到下一個階段時，將會遭遇極大的困難。

一對一的新世界

若沒有透過密切的互動而知會組織的各個流程，就不可能達到「網化就緒」。許多公司最難跨越的就是，爲了實現互動，領導階層的心態及組織管理方式也必須隨之改變。一旦組織開始將網路視爲一種功能強大，且能由公司與顧客雙向同步傳輸資料的途徑，而提供雙向即時的溝通時，所有歷經時間考驗的假設就都全數失效。互動結果提供顧客完整的資訊，使得權力已從企業轉移到顧客手上。「網化就緒」的企業很快就會知道，獲得充分告知的顧客可不能輕易玩弄矇騙。

互動的機能首先創造出新的社群，例如在美國線上的 Motley Fool 投資社群。到了一九九七年，互動的機能已無可避免地驅使人們將網路當作交易的觸媒。當一般消費者能夠容易又安全地在線上交易時，例如買賣股票、訂購書籍與光碟，以及選購飛機票等，電子經濟便算是眞正誕生了。這些眞正「網化就緒」的企業，無法在眞實世界中找到相對應的類似企業。

各企業很快就發現，網際網路催化了一項變革，使過去企業所熟知的一對多關係，轉變成一對一顧客管理的新世界。對思科及嘉信理財（Charles Schwab）等公司而言，管理與每位顧客之間獨一無二的關係突然變得可能。這個可能性接著又將許多交易關係轉變成新型態的關係，其特色是依興趣嗜好將顧客匯集在一起，這在幾年前大家還認爲是不可能的事。諸如 Onsale 與電子海灣這樣的企業，便是利用一對一關係的最佳代表。

電子經濟重新定義有關顧客服務的每一項假設。以顧客關係管理（customer relationship management, CRM）的策略爲例，電子經濟便拋棄這個立意頗佳卻窒礙難行的管理準則。由於「網化就緒」的顧客能夠自由地挑選任何類別的產品或服務，很顯然顧客並不是被管理者。那種系統運作方式太過被動。如同本書提出的，在電子經濟中是由顧客管理及經營彼此的關係。要「網化就緒」，組織必須放棄顧客與客戶可被操縱的傲慢觀念。在電子經濟時代，企業只能服務、傾聽及重視顧客。如果公司把每一件事都做對，那麼顧客也許會同意接受公司提供的服務。

一九九九年左右，網路的密集使用已經促使一種新型企業的產生，它們將網路當做一個共同合作的平台，以一種令人振奮的新方式創造價值。像 VerticalNet 這樣的同好社群，以及像 Buy.com（參見第六章「推翻價格／效能比」一節）這樣的市場建立者，正代表一條沒有極限的曲線縮影。從這個角度來看，「網化就緒」可用來評量，企業爲了開發新的可能性而去開拓這條新路徑的能力。

該付出什麼才能在這個以網路爲中心的商業電子世界獲致成功；而這個世界不斷改變的景觀便是我們所謂的電子經濟。回顧部分過去曾大肆宣傳且廣爲流傳的成功故事，你便會發現，大部分的組織已經藉由電子商業新構想，創造出獲利豐厚而令人印象深刻的非凡紀錄。我們倒也不是說，在大多數企業身上尚未見到任何電子商業成功的案例。我們的顧客之中，的確有部分已經推動可看到回收的計畫。但很不幸地，還有很多公司尚未見到與競爭力及新價值創造有關的決定性影響。這個未加修飾的眞相反而透露出，大部分的組織：

■已經部署了電子商業的新構想，但是以一種碰運氣的投機方式，對於結構的要求，並不能提供眞正執行時所需的足夠支援。

■已經在電子商業投入無數的資源，但仍未見到任何接近期望的回收報酬。
■只有少數的線索能夠得知，網路新構想需要多少總成本，有的企業甚至對此毫無線索；同時也缺乏該如何評量確實投資報酬率的相關線索。

從我們的研究已獲得一個重要結論：電子經濟中最能展現執行能力的公司，都已在電子商業致勝所必須具備的四項重要特性——領導、管理、專長能力與科技上，達到最佳的狀態。這四項特性加起來，產生了我們稱之爲「網化就緒」的關鍵特質。網化就緒必備的這些支撐力量，正是第一章所要討論的主題。

未達「網化就緒」，即使是最有創意的策略構想也注定會陷入辛苦掙扎。電子經濟中偉大的構想固然重要，但並不保證成功。具有說服力的願景在電子經濟世界中固然不可或缺，但若沒有其他方面的配合，願景也無法產生多大的效應。也就是說，當願景被擺在具有某種經濟影響力，且能貫徹執行的活動中時，才會產生價值。精通科技的公司可能會得到短暫的注意，甚至些許的成功，但在電子經濟中，科技很容易被複製。如果你希望成功能夠持久，那就得嘗試從其他方面著手；請看看本書爲你提供的建言。

我們已經看到，進步的最大障礙之一，就是機會太多。我們將此現象稱之爲「充裕所帶來的詛咒」(curse of abundance)。企業有太多的途徑等待探索、有太多的新構想需要去部署、有太多的合夥關係有待建立。這種「充裕」是個問題，因爲過多的機會蜂擁而至，反而會使公司變得愚笨。它們無法分辨何者爲影響重大的機會，何者是徒勞無功的投入。結果造成「一窩蜂」的心態一發不可收拾。創新的思維無法在市場立足，而模仿抄襲的機會主義卻成了當今的遊戲規則。

有些分析師聲稱，電子經濟中機會多得是，即便是尚未網化就緒的公司，也能夠在一堆待揀選的寶石中找到可獲利的利基。我們認爲，對於那些不想在「網化就緒」必備的四項要素上自我成長的公司，過多的機會實際上反而是一種詛咒。機會過多會妨礙公司集中焦點、區別優劣以及設定優先順序的能力。若缺乏「網化就緒」的準則，公司容易陷入癱瘓，或僅朝邊際生產力遞減的途徑走去。最後，即便純因好運而使某家企業碰巧找到一個大好的機會，由於它並未「網化就緒」，我們幾乎可以確定，它將無法充分擷取到所有可能的價值。

總而言之，「網化就緒」的特性正可以描繪出，所有最傑出的企業如戴爾電腦、亞馬遜書店、思科、嘉信理財以及Onsale等，它們每天所展現的技能、態度以及價值觀。這些公司就是「網化就緒」的企業。如果你渴望和它們一樣成功，享有同樣的報償，那麼就必須「網化就緒」。本書列舉的各項課題，可以讓你準備好面對電子經濟的挑戰，並告訴你「網化就緒」有哪些必要的步驟，以及幾乎同等重要的——所必須放棄的東西。

核心能力是企業體質指標

在電子經濟中經營管理企業的經驗，正如同午餐時間穿過人潮擁擠的辦公大樓旋轉門：旋門轉動的速度非你能掌握，大樓的住戶你沒權挑選，而且大家還貪婪地想占到任何好處，很快地出口與入口已變得混淆不清。最後你感覺自己只是隨波逐流。

歡迎來到電子經濟世界！這是個步伐令人暈眩又無法控制，且有別於傳統經濟的環境。這是一個不同的世界。傳統經濟中，掌握先機的優勢、耐久性、爲保護現有產品線的線性產品開發週期等策略所帶來的諸多好處，將會被電子經濟即時行動的特性抵銷掉。在數位化所滋潤的電子經濟中，掌握先機的優勢可以立即被複製。網景（Netscape）成功地將在瀏覽器爭奪戰中所取得的領先地位，轉化成爲主宰市場的地位，卻發現那個地位很快就被微軟的瀏覽器所侵蝕。

在電子經濟中，產品週期是持續不斷且同時進行的。不像傳統營運模式所清楚劃分的功能，思考產品線的早期、中期和結束並不具意義。研發、設計、製造、配送以及行銷等活動在電子經濟中依舊進行，但更像一個把焦點集中在顧客身上，且不斷產生反饋的迴路（loop），且迴路中的各個流程都是同時進行。今年的產品已經被持續推出新版本、升級和改良的不斷創新力量所取代。由於改變比長久不變得到更多獎勵，因此廠商不再製造長久耐用的產品。

競爭知識的生命半衰期正快速縮短，因此趁其價值猶存之際與大衆分享，通常要比將其隱藏並眼睜睜地任其價值遞減來得好。在電子經濟中，網路店面（storefront）願意花大錢取得以星期爲評量單位的優勢。當雅虎於一九九六年六月以四千九百萬美元購併 Viaweb 公司時，營運長馬列特（Jeff Mallet）提到：「在線上空間，六十天是一家網路店面所能擁有的最大幅度領先，而這也正是雅虎投資時所希望取得的。」

從此我們得到的啓示是：電子商業的新構想從未完成任務，從不自滿，並且必須一再重新開始。你所提供的最新事物永遠只是接近現實而已。電子經濟厭惡成熟，一如大自然厭惡眞空。傳統經濟的產品生命週期有四個階段：醞釀期、成長期、成熟期以及衰退期。電子經濟僅有前兩個階段。你應該學著適應，產品生命週期不僅絕不會到達成熟期，甚且不應渴望能達到成熟期。當你所提供的產品一旦有些成績時，你應該已經準備好要推出下一個能承繼前者的新事物。

在我們與「網化就緒」的公司合作的最近五年中已經見到，諸多的特性都顯示，企業在面對打算直接競爭或是奪取小部分價值鏈的新進廠商時，是多麼不堪一擊。以下是我們最常觀察到的現象。

競爭優勢　在電子經濟中，競爭優勢不僅難以取得，更難以維持。

■電子經濟要求企業不斷發掘及執行新機會，而非嘗試去維持舊有的機會。有能力迅速改變的企業將具有明顯的優勢。

■網際網路的新構想有必要把焦點放在關鍵的經營實務上，但這樣做還不夠，因爲電子商業的新構想通常很容易被複製。

■電子商業的門檻愈來愈高，而且會持續增高。新構想及其影響所及的商業程序必須時常受到質疑，而且必須持續對其提出質疑。

永不滿足　自滿與「網化就緒」格格不入。網際網路受新構想影響的商業程序，以及新構想所提供的產品與服務，都必須持續對其提出質問。

■各種改變以及所採用的新科技與商業解決方案，應該每六到九個月重新檢討一遍。

■你必須不斷質疑、改進，以及向顧客解釋你的新構想。

■你的工作永遠沒有完成之日；你必須不自滿；你應該一直處於重新開始的狀態。

電子經濟提供的商品　你提出的價值主張必須具說服力，並且能讓顧客立刻明白。在推行主張之前，應先準備好替代方案，因爲若不自行汰換所提供的產品或服務，競爭者就會代勞。

■你必須能夠運用網路科技改變關鍵的商業流程。

- 大體來說，網路科技與應用程式都容易開發、使用及複製，使得任何優勢都較難維持。
- 必須貫徹執行網路策略。

智力基礎　逐漸擴展的電子經濟，要求人們從階層式直線思考，轉變成以各方面嚴苛要求及動態規畫爲特色的全面性思考方式。

- 傳統上假定可長期預測的規畫方法再也無法適用。
- 主動的態度必須取代被動的姿態。
- 最成功的「網化就緒」公司在形成其價值主張時，不是經由逐步的改進而是不連續的改變。
- 電子經濟要求凡事都必須同步執行並維持靈活，以容許資源與經營方向的即時轉變。

合夥關係的需要　沒有人能夠獨立完成所有的事。已擴展開的電子經濟要求，企業之間必須建立關係以維持競爭力。

- 電子經濟會懲罰自認爲擁有所有專長能力的自大公司。
- 你必須能夠建立起各項專長能力，並且一有機會就要快速採取行動。
- 能快速挑選合作夥伴並成立虛擬組織，然後同樣快速地解除這些合夥關係，乃是在電子經濟中成功的必要條件。

掌握先機的優勢　能夠開發新產品／服務或創造新經營模式，掌握先機的人自然會占優勢。

- 掌握先機的人可以最先雇用到最優秀的人才。明天將會由誰來帶領你的公司？
- 首先跨入某個空間，使你能接觸到實力最強的合作夥伴。
- 掌握先機的人可以獲得較高的資本化溢價（capitalization premium），因此比較容易取得資金，不論是創投公司的資金，或是隨後由華爾街募集的資金。

■掌握先機的人可以接觸到利潤率較高的顧客。

你的企業有多脆弱？表2提供一張工作底稿估計企業體質的強弱。企業中是否有資訊不對稱的情況，但可由其他企業加以補足？價值鏈中高價值的程序能否數位化或商品化？若是可行，有什麼可以阻止反應快速的競爭者進入？是否能將價值鏈中的任何關鍵性流程加以分割？或者能將形式與功能分開？果眞如此，你的企業已經有弱點，並且可能還不自知。競爭者正等著利用這樣的弱點。別遲疑而使他們有機可乘，你應該自行利用那些弱點。如此做雖可能破壞已建立好的通路，並打亂夥伴間的合作關係，但千萬不要因此自限。必要時，在有人舉槍射擊你的腦袋之前，先射自己的腳。

成功的驅動力與障礙

從我們的研究成果可明顯看出，「網化就緒」的組織呈現一組特性，而較不成功或已經失敗的組織，則呈現另一組不同的特性。現在讓我們一起考慮這兩組特性，分別將其稱之爲「網化就緒的障礙」及「網化就緒的驅動力」。這兩組特性就像一體兩面，在我們觀察的許多組織中有顯著的共同點。這些特性幾乎在我們研究過的客戶之中，以各種不同方式呈現。

成功的驅動力

■**貫徹執行**　企業必須具備發掘機會並且快速執行的能力，並發展出創新的經營模式及作業方

表2　企業體強弱程度分析表

估計每項外顯特性（exposure）的風險，以便指出企業體質的強弱。檢查結果你覺得自己風險愈高，就表示你的營運愈脆弱；反之，就表示你有更多的機會。如果你在這個分析上看到的是風險，那麼你是個規則接受者；看到的若是機會，則你的思考模式就像打破規則者。這個練習可以幫你指出市場的機會有多大。某些特性會推動電子經濟：數位化能力、區隔化程度、客製化能力，及買賣雙方資訊不對稱、市場流通速度等。

	你的風險		
外顯特性	低	中	高
效率			
買賣雙方之間的關係效率如何？	□	□	□
數位化能力			
產品或服務數位化程度？	□	□	□
客製化能力			
產品或服務依顧客需要而訂製的能力如何？	□	□	□
資訊不對稱			
買賣雙方的方程式中，什麼是權力平衡？	□	□	□
商品			
產品或服務多像商品？	□	□	□
區隔化程度			
你所處的市場區隔化程度如何？	□	□	□
顧客的心態			
顧客對於接受新方式的準備如何？	□	□	□
速度			
遞送產品或服務時，對速度的要求是不是關鍵要素？	□	□	□

式，也許還另需新的管理模式，或許它還必須從根本上重新塑造新的價值產生過程。

■**評估評量導向**（metrics driven）　要強調那些可評量及評估的活動，並提供員工誘因來達成已建立的評量標準。

■**把焦點放在立即性**（immediacy）　若程序無法在三到六個月完成，公司就應該將注意力轉移到能在期限內完成的事。

■**「版本」哲學**　成功的企業都深知，電子商業必須持續不斷地開發與改進。

■**以客爲尊，科技爲輔**　企業必須有清楚且以客戶爲導向的價值主張，並且把焦點放在能爲顧客創造價值的主張。

■**可調整規模及標準化的架構（應用／網路）**　組織需要建立基礎設施，使它們能夠放置創造價值的應用程式，而不必擔心異質系統、資料格式及規模調整等問題。

■**以願景來推動**　公司必須發展出一組能支持並傳達清楚願景的電子商業解決方案，此願景通常爲期十二到十八個月。

成功的障礙

■**夢境症候群**　「只要建造好，顧客就自然會來」的幻覺。

■**不適當的架構（應用／網路）**　企業若無法建立適當的基礎架構、硬體設施或可行的基礎設施，後來通常都得用劊車劊除先前的成果，然後再裝置一個更大的基礎設施。但這樣已經犯了沒有以成功爲規畫目標的錯誤。

■**替牛頭犬擦口紅**　企業認爲只要有個全球資訊網的門面，便可以不必顧及背後的作業程序問題，將舊有的經營方式／模式網路化。結果空有漂亮的使用者介面（一隻好看的牛頭犬），流程仍然是破碎而無效率。

■**全球資訊網化的孤島**　企業埋頭致力於開發不連續且無綜效的應用程式，或是小局部的電子商業，這些應用程式通常是疊床架屋且缺乏整體方向。大部分稍具規模的公司均有這種現象。

■**「模仿」策略**　模仿或跟隨競爭者的動作，將使公司陷於被動的處境。這種策略是一種失敗者的主張，因爲只是模仿競爭者的行事，只會使公司淪爲二流的地位。雖然標竿學習（benchmarking）可以提供深入的見解，促使公司迎頭趕上，但是「模仿」策略通常只是通往平庸的快速捷徑而已。

■**一次完成的心態**　依照傳統資訊科技的作法，通常該部門在取得一項計畫後便行離開，閉門造車兩年後將成果帶回來，再丟下一句：「下一步該做什麼？」。這種模式再也行不通了。電子商業計畫無法在孤立狀態下開發，最終使用者密切而持續的參與是必要的。計畫必須在三個月或更短時間內達到預定目標。更重要的是，計畫絕不能視爲已經完成。電子商業新構想是永遠處在重新開發的狀態。

■**想法太保守**　企業千萬不可過度抱持「逐漸進步」的觀念。公司不能一步步慢慢邁向成功，它必須大幅跨步。

歡迎來到電子經濟世界！此刻該是我們積極參與的時候了。

第一部
電子經濟時代的成功策略

電子經濟如同墾荒熱潮剛過的奧克拉荷馬州。最靠近邊界的土地已有財力物力上的支援，多數最便利及特別有價值的土地已被人用圍籬圍起，不讓闖入者有機會進入。但大部分地區仍未納入版圖，對於願下賭注的網化就緒組織而言，仍有極大的機會。成功的電子商業組織將會扮演各種角色，以賺取更多財富。

根據國際資料公司（International Data Corp., IDC）的一份報告統計，二〇〇三年之前，全球網際網路商務將超過一兆美元。這家位於麻州佛若明罕（Framingham）的研究公司估計，大部分的成長乃歸因於更多消費者在線上購物、每筆交易金額增加，以及網路上愈來愈多的企業對企業的採購。然而下一項估計，卻可能反映出顛覆現狀的最驚人改變：該公司指出，二〇〇三年之前，美國使用者應僅占整個網際網路商務不到一半的金額；一九九九年是七四%。

隨著網際網路世界的競爭眞正邁向全球化，令人擔心的是，你要如何趕上潮流？甚或是更理想的狀況，該如何跑在前頭，讓全世界都效法你？該從何處著手，才能開啓此趨勢所帶來有潛力的新構想？本書第一部將發展出可供新興網路企業因應此一新趨勢的架構。此架構可協助企業決定領導方式、管理模式、風險承受度，及與願景密切配合的程度。仔細檢視過電子經濟中的數百種實驗以後，我們已經整理出許多原則、應做與不應做的事，及營運模式。幾乎電子經濟中最著名的公司，都可按此模式運籌規畫。

爲了成功地網化就緒，你需要忘記大部分過去所學的商業與管理概念。當網化就緒的公司能夠從傳統經濟中擷取更多價值時，這項任務將變得更爲艱鉅。當過去行得通的實務經驗再也行不通時，就會有很多人受到誘惑要加倍努力。以下這一則網路笑話，就足以說明這種作法有多愚蠢。

該如何處置死馬？

從網化就緒的啓示可以學到，當你發現自己正騎在一匹死馬上時，最好的辦法是下馬並趕快另找一匹新馬。然而經營事業時，要放棄在死馬上的投資通常並不容易，於是導致我們想盡辦法將死馬當活馬醫，其中包括以下的辦法：

■更換騎師。

■買更強韌的鞭子。

■將幾隻死馬綁在一起以加快速度。

■仿效騎死馬騎得最好的公司。

■將騎馬的權力外包。

■堅稱：「這就是我們騎這隻馬一貫的方式。」

■改變需求標準，宣稱這隻馬還沒死。

■進行成本分析，看看能否以較低價格聘請承包商來騎這匹馬。

■晉升死馬至管理的職位。

■聘請律師控告賣馬商。

■發佈新聞稿宣稱，根本沒有死了匹馬這回事，因爲馬在被送到公司之前便已經死了。

1

網化就緒的四大支柱

領導風格、管理架構、專長能力、科技

網化就緒是一種衡量方法
衡量企業開拓電子經濟龐大商機的準備程度
「領導風格」是要能清楚呈現網化就緒的願景
「管理架構」必須擔負跨功能、跨單位創新構想的責任
「專長能力」指主管必須具備同步思考的多工能力
「科技」是要能夠架構開發及建制電子商業應用程式

網化就緒是結合了對每個組織而言獨一無二的四項驅動力。這四項驅動力使企業得以部署具高度影響力、能在網路上運作的商業程序，使企業的各項活動能集中焦點、劃分權責及評量績效。

我們在形成網化就緒的觀念時，均遵照「促使網化企業成功的因素到底是什麼？」這項嚴苛的調查。換句話說，我們想要知道，是否有任何共同的障礙，會阻礙企業在電子經濟中成功？根據我們過去五年經驗的結論，的確有一組特質似乎能促使電子商業成功；同時我們也看出，許多會阻礙企業成功或導致失敗的特質。我們在兩份清單中，看到了值得令人注意的一致性。

我們已經找出四種關鍵性驅動力，以預測企業藉部署具有高度影響力的電子商業新構想，而得以在電子經濟中成功的能力。

- ■領導風格（leadership）
- ■管理架構（governance）
- ■專長能力（competencies）
- ■科技（technology）

綜合來看，這四個特點構成了我們稱之爲網化就緒的觀念。一旦組織能貫徹執行這四個方面的能力，我們就說它已經網化就緒。

網化就緒是一種評量方法，評量公司開拓電子經濟世界龐大商機的準備程度。這四種特質能以無限多種排列組合方式整合，在電子經濟中最成功的角逐者一致表現出這些特質。個別來說，這四項特質代表要在電子經濟世界成功的必要條件或是障礙。僅明顯短暫有過上述四項中的任一項特質，便不可能在電子經濟中有持久的成功。以下幾節將更仔細地逐一審視每一項特點，以及組織必須做什麼，才能執行好每一項特點。我們會說明思科（作者最熟悉的公司）如何藉著注意到這些特點，來推動其電子經濟前景。

領導風格

想想看傑出的網化就緒公司，它們大多不可思議地與其領導者有關，這個事實是否令你感到驚訝？如戴爾（Michael Dell）、貝佐斯（Jeff Bezos）、錢伯斯及蓋茲（Bill Gates）等人。在檢視過電子經濟中最成功的企業之後，我們很清楚地發現到，這些公司都毫無例外地享有特殊領導風格所帶來的好處。到底是何種必要的領導特質在支持著網化就緒組織？貴公司的領導風格是否已網化就緒？請自問下列問題，看看你能夠回答「是」的次數有多少。

■我們是否先解決商業流程的問題？
■高階主管是否理解電子經濟所帶來的機會／威脅？
■高階主管是否將透過電子商業產生競爭優勢列爲最高優先序？
■我們的電子商業新構想是否能和經營策略整合在一起？
■高階主管是否有投注精神與金錢參與電子商業？
■我們是否有爲期十二至十八個月的電子商業願景或執行準則（road map）？是否已將其向上、向下傳達到整個組織？

■是否組織全體都建立起電子文化（接受全球資訊網的經營心態）？

■我們是否擁有資訊共享的文化？

網化就緒的領導風格，始於授權組織的每個角落（從執行長到守衛）採用電子經濟的術語思考及行動、使用電子商業工具，以及用可評量的方式擔負起責任。而最重要的領導風格訊息必定是：組織徹頭徹尾落實網路文化，並且每個人均獲授權從事電子經濟。藉由以身作則來提倡這個願景，乃是領導者的職責。

圖書館的書架，早已被太多有關領導的書壓得吱吱嘎嘎，因此我們建議將此處的討論，局限在經過無數次證實，確實可促成網化就緒不可或缺的領導特質。就像傳統經濟中領導風格的首要目標一樣，儘管領導風格在電子經濟中面臨許多新難題，其首要目標仍是在願景與管理之間定義一個可行的平衡。一旦領導風格遍及企業的功能、階層及結構時，就會結合策略性思考（指設定組織的願景、使命與目標）與經營領導統御（指確定所有涉及達成績效評量標準的任務，都能成功地達成）。我們都聽過這句格言：「領導者做對的事情，經理人把事情做對。」在電子經濟中，領導風格將此兩極演變成一種新的調和。光把事情完美無缺地做對還不夠，網化就緒的執行長還必須以清楚呈現願景與人格特質的方式去做。正如史瓦茲科夫將軍（H. Norman Schwarzkopf）所說：「領導風格乃是策略與人格特質的強有力結合。但若是你必須捨棄其中之一，那麼就捨棄策略。」

電子經濟需要具傳道精神的領導人，而非僅會鼓勵別人的領導人；也需要願意授權的領導人，而非僅會指派的領導人（見表1-1）。更加變動不居的商業環境以及科技的不斷提升，意味我們必須將作決策及解決問題的工作搬出角落的辦公室，並將它們散佈到整個組織中。

表1-1　網化就緒領導風格的特質

網化就緒的領導人必須具備某些特質，才能使他們能夠在機會多得可以壓垮任何策略的環境中茁壯，以及必須在瞬息萬變的商業環境下賭注決策，卻又不容許任何錯誤發生。

傳統執行長	網化就緒的執行長
「照我說的去做」	「照我做的去做」
「別擋在我的路上」	「加入我的團隊」
著重策略	著重執行
受限於金錢	受限於時間
鼓勵員工	對員工傳播理念
小心謹慎	偏執狂
準備說「是」	能夠說「不」
關心長期	關心短期
偏好安逸	堅持追求眞相
市場導向	顧客導向
無法忍受模稜兩可	欣然接受模稜兩可
循序進行	同步進行多項工作
留住員工	隨時招募新血

網化就緒企業的管理人員會不斷面臨過多的想法、提議、合夥關係、商業機會和大量現金的困擾。必須要有心力高度集中的執行長和管理團隊，才能駕馭這些變幻莫測的浪潮。培養說「不」的能力，可能會比讓人們說「是」更爲重要。網路廣告公司Double-Click（見第七章對該公司的簡介）執行長歐康納（Kevin O'Conner）說：「我們每天都會接觸到上千個機會。」「策略中有一半是決定要做什麼，另一半則決定不要做什麼。」電子經濟需要能在兩難狀況下思考的執行長。以下幾節將詳盡探討，電子經濟領導人要獲得成功必須完成的任務。

先解決商業流程問題

你的根本目標是定義如何更能滿足顧客要求，因此首先要從解決商業流程問題開始。滿足顧客需求的目標優先其他任何事項，包括明確設計以支持這些商業流程改進的資訊科技計畫開發在內。一旦你開始把處理流程放在首先須考慮的問題，這便是好的開始，例如放棄很多傳統訂單輸入的功能。大多數顧客服務代表，承擔了更多更具挑戰性的顧客管理角色。因網化就緒流程改變而演變成的自助模型中，顧客與合夥人願意承擔先前一向由組織擔負的責任。

高度包容模糊與混亂

穩定且可預測的商業活動，使長期規畫確實可行的時代已經過去了。今天，只有思考與行動敏捷的人，才夠資格加入這場遊戲。一旦任何產業主要廠商之間的關係能在幾週之內完全轉變，或甚至是產業定義仍有待商榷之際，堅持參照過去準則的作法，只能帶來少許好處。電子經濟領導風格意指，能意識到競爭商業環境是混亂無序的；而所謂優良的領導風格（在每個組織層級）是指，能自在地處理脫序行爲所導致模糊的狀況。

以往經濟的發展、過去的行爲，都能提供未來可靠的指引，這種情形在電子經濟中已不可能存在。網化就緒的領導人承認，策略面貌既無法事先推測得知，也無法有系統地加以處理。如同管理學家波特（Michael Porter）於一九八五年在其著作《競爭優勢》（*Competitive Advantage*）中所建議的，制式化的策略性思考，在不斷變動及由科技所驅動的商業環境中注定會失敗。這些事實也許令人感到爲難，卻一體適用電子經濟的所有網路店面。能最快適應現實，了解電子經濟包含了各種變動及變革的網路店面，自然就會取得競爭優勢。網化就緒領導人，可學習這位一世紀的羅馬哲學家艾皮科蒂特斯（Epictetus·，斯多亞學派哲學家），他必定非常能夠適應電子經濟，就是他給了我們書名的靈感。

從上到下塑造電子商業

網化就緒的企業，領導人不但擁抱網路，並且會將之擴展到組織的每個角落。思科總裁錢伯斯相信，與思科有關的每一件事都應該擺在網路上，若非如此，就必須要有個好理由。這些領導人不僅擁抱網際網路所啓動的新科技與新應用，更將其運用推展到組織內每個層級。例如，與我們配合的一家公司，其執行長已推動在最近建置的企業內部網路上傳達訊息。儘管對於使用電子郵件或電子行事曆，這位執行長一點也不在行，他仍藉由電子方式溝通，並堅持一般情況不接受書面溝通，希望依此建立企業電子化的環境及期望。

即便是思科，也經歷過從以文件爲主的費用報告系統，轉換到Metro的內部網路應用程式的過程。在此應用程式運作幾個月之後，以文件爲主的費用系統便遭廢除，除非以電子方式完成，否則就不可能交出費用報告。這樣的變革迫使將電子文化從上到下地傳遍整個組織。

避免逐步改進主義

電子經濟領導人必須明白，他們不可能逐步邁向網化就緒。逐步改善如顧客服務、全面品質管理、標竿學習等，以此勝過競爭對手確實會有助益，卻不是建立競爭優勢的必要條件。如波特所觀察的，卓越的營運績效代表你在同一場比賽中跑得比較快。但除了爭取卓越的營運績效以外，網化就緒還涉及參與不同的競賽，因爲那才是讓你贏得勝利的競賽。他還指出，電子經濟中的主導廠商，才是成功策略性思考的典型範例。「一般科技公司在策略方面並非都那麼有天賦，但是最成功的公司，如戴爾電腦、英特爾、思科，從不認爲策略可以逐步提升或不能一蹴可幾。它們十分清楚自己嘗試要做什麼，以及如何去做。」與衆不同不一定會更好，但更好必定是與衆不同。

盡早行動

網化就緒領導人傾向成爲風險承擔者，他們具有我們稱爲「打破成規」的行爲特質（見第九章對於打破規則者、規則撼動者、規則訂定者及規則接受者的完整討論）。並非所有打破成規的人都會成功〔藍茲（Edwin Lands）的立即影片播放、Polavision，或是聯邦快遞的 ZAP Mail 都是見證〕。聯邦快遞耗費數百萬美元設立基礎設施，推動 ZAP Mail 這種點對點的傳眞服務。很不幸地，ZAP Mail 與個人用傳眞機同時出現，根本無法在家家公司都有傳眞機的趨勢上留下任何痕跡。然而值得讚揚的是，聯邦快遞的領導階層並未讓 ZAP Mail 的失敗，阻礙了用網際網路追蹤及運送，這類打破成規的新觀念的嘗試。

致力於反直覺思考

電子經濟徹底摧毀了很多不可侵犯的商業價值。網化就緒教導你，從細微處思考及小範圍行動，乃是通往茁壯的途徑。網化就緒也暗示，成功並非追求就可以獲得的東西。成功就像快樂無法追求，它必須伴隨其他事而發生；換句話說，它幾乎是因爲把焦點集中在顧客及合夥人身上小心服侍，而無意間產生的附帶效果。在電子經濟中，網化就緒領導人是在不經意下讓成功發生。

良好溝通

電子經濟中有效的領導人以網路相連，並因電子郵件而連絡日深，進而推展網路的力量。傳統經濟中，好的領導人與屬下有良好溝通，而網化就緒領導人則協助團隊成員相互溝通。

培養資訊共享的文化

思科的領導模式，包含在當時被認爲是非常冒險且近乎激進的企業文化，事後卻證明是有遠見的模式。從公司成立之初，思科便已在網站上張貼有瑕疵的產品清單，培養出資訊共享的文化。當年美國一般的企業都會隱藏錯誤，只有在受到強制的情況下才會承認錯誤，但思科背離傳統的作法，使公司受到很多正面的注意。在今天，資訊共享的文化，促成了令人印象深刻的知識管理成效，進而維持思科非凡的產品成就。

思科是網化就緒的優秀範例。例如電子郵件就是組織文化中不可或缺的一環，從上到下遍及整個商業流程。思科的基本管理原則之一爲調整規模（scaling），也就是指透過網路科技及使用網路適用的應用程式，發揮影響的能力。思科的現場銷售辦公室，主要都是虛擬辦公室。客戶經理極少需要趕赴實際的場所，幾乎所有的通訊與顧客訂單追蹤，以及無數的銷售活動，都是透過電子郵件，或是透過網路應用程式來進行。思科已經意識到書面文件無法有效地調整規模，書面既慢又不安全，也累贅麻煩。客戶經理所要求的任何資訊或交易，都可透過電子郵件或是網路來完成。幾乎在所有的情況之下，透過電子郵件詢問，獲得的答覆可能性要比透過語音、傳真或是「蝸牛信件」要來得大。

思科的另一項原則是以顧客爲尊——不僅滿足顧客，而且要超越顧客的期待。顧客滿意對思科的成功絕對具有關鍵性。思科的方法是不斷地解決顧客所面臨的問題，也就是影響其顧客，特別是影響顧客滿意度的關鍵問題。例如，思科在網際網路商務方面的成功，並非是經良好規畫與執行的策略所產生的結果。更確切地說，成功是透過一系列的活動而獲得，而每次活動都分別解決一個顧客問題。在思科最成功的時候，思科將程序簡化，使顧客甚至察覺不到問題的存在。結合這些活動產生了端對端（end-to-end）的解決方案，這些方案容許思科更主動地服務顧客。

在此先說明思科成功的經歷。五年前，如何向思科下訂單，是顧客所面臨的重大問題。經研究這個情況之後，得知七〇%顧客的來電都是詢問相同的資訊。這個情況是典型的帕列托（Pareto）問題，七〇%的顧客要求三〇%相同的資訊。思科不採用增加更多顧客服務代表的辦法，而是開發一個應用程式來處理大部分的來電。無法在思科網站上找到答案的顧客，會被連線到一位支援人員。思科藉由開發一個以全球資訊網爲基礎的應用程式（基本上是個自助的模式），顯著提升顧客滿意度。事實上，自助模式要比先前僅回答例行性顧客詢問的人員，所獲得的顧客滿意度還更高。思科的成功是個副產品，它是運用了多項創舉以解決顧客問題，一次一位顧客地提高顧客滿意度伴隨而來的副產品。這帶給我們何種啓示？一對一正是網化就緒的公司評量成功的方式。

展現領導風格的原則

即便已經具備網化就緒四大支柱中的三項——管理架構、專長能力及科技，網化就緒仍遙不可及。你會擁有一個有紀律、有能力又嫻熟科技但不知何去何從的組織。基於這個理由，我們可以說，若你只能選擇網化就緒的其中一項要件，那麼請選擇領導風格；其他條件都能夠取得、開發或購得，只有領導風格似乎是與生俱來的。

讓我們看看在領導風格這節開頭的問卷中所提出的一些論點。爲了讓你的組織網化就緒，請遵循下列指導方針。

■**先解決商業流程問題**　從技術問題開始處理頗爲吸引人，請拒絕這種誘惑。除非商業問題與技術結合，否則技術方面的投資將會是個浪費。

試試下列這個遊戲：若我是個（員工、顧客、供應商、合作夥伴等），列出難以與我做生意的前三項因素，然後依照這些議題排出電子商業的優先序。

■**在十二到十八個月的時間內推動電子商業願景**　由於電子經濟的世界變化太快，超過十八個月時限的規畫將毫無效果。因此在十二到十八個月的時間範圍內，發展及推動關鍵且可行的電子商業執行準則，是非常重要的（對這樣的執行準則而言，快速執行爲期三個月的子事項，乃是個基本要求）。

■**將願景傳遍整個組織**　成爲一位傳道者。善用每一次機會，尤其是以網路爲基礎的管道來散播消息。

■與電子經濟所帶來的機會／威脅密切保持同步　如同英特爾公司董事長葛洛夫（Andy Grove）所說的：「唯偏執狂得以倖存。」

■接受「透過電子商業科技產生經濟優勢」具有最高優先序　你不能等到道氏化學公司（Dow）這樣做，及微軟公司那樣做的完美時間點才開始進行。你必須現在就開始行動。

■承擔起個人應負的責任，貢獻心力於電子商業　領導統御需要以身作則。若你不帶頭做，沒有人會追隨你。高階管理人員明顯投入推動電子商業是個成敗關鍵。頒佈命令，並且持續投入心力。

■對於教育及授權給員工去推動電子商業，要做的比說的多　眞正投入金錢，凝聚受高度訓練及被賦予能力之員工的願景。

■藉由分享資訊來塑造資訊共享的電子文化　人們會看著你的作爲，尋找使用資訊的線索。他們看到你隱藏資訊，他們也會隱藏；他們看到你分享資訊，他們也會分享。運用網路這項工具，並在必要時改變商業流程，藉此達成資訊民主化。

■提供新誘因　傳統世界的誘因，組織成果與個人報償之間的關聯性非常弱。網化就緒的誘因，風險與報償之間有更佳的關係。

管理架構

要如何建構組織以從事電子商業？這個核心問題總結說明了何謂管理架構。管理架構是種營運模式及凝聚力，它定義了組織的眞正本質。管理架構乃是今天大部分組織，眞正嘗試努力克服的最具難度問題之一。你是否應該獨立分出一個不同的組織（專心經營）？你是否應該將努力的成果整合到現有的組織架構之中？這些問題的答案受許多變數影響：例如電子商業變動的範圍，以及對企業造成的影響（見第三章對特定組織型態的更詳盡說明）。

除了核心問題以外，管理架構也提供組織必須面對的許多最難纏問題的答案：

■每位組織成員在電子商業的角色與責任爲何？
■是否明確訂定誰在電子商業新構想方面具有決策權？
■責任歸屬是否已淸楚定義？
■電子商業新構想的資金來源爲何？
■是否已分配足夠的資金維持電子商業的營運？
■是否已有一套評估的方法，以評估挑選網際網路新構想及分配資源？
■如何激勵電子商業活動？
■是否已建立一套標準評量網際網路新構想對我們的影響？
■推動我們網際網路新構想的力量是什麼（資訊科技、行銷、顧客、競爭者等）？

管理架構決定組織內關係的本質，以及正式組織外部與顧客間關係的本質。與管理架構有關的議題，遠超出賦予組織成爲法律實體的規範與規章。管理架構涉及控制、責任歸屬、責任與職權，一旦爲回應外部事件而轉移方向時，這些關係的動態變化，便決定了在面臨價値改變時，組織是否仍能維持其完整性。

網化就緒組織具有一個運作架構，以定義控制、責任歸屬、責任與職權等特質間的關聯，以及如何合理化特質間的衝突。傳統經濟中構成組織特色的嚴謹架構，在電子經濟中似乎並不成功。

組織結構賦予網化就緒的生命力。缺乏詳盡考慮及清楚表達的管理架構模式，組織將難以運用具有創造力的能量；缺乏令人滿意的管理架構模式，創意將會在各項極少產生綜效的新構想中消散，並且對盈餘的相對潛在貢獻不能有突出的表現。定義並採用策略是一回事，能夠在中途改變方向則是另一回事。在電子經濟中，以網路相連的營運環境，在讓組織能擁有偏離既定策略的彈性上，扮演了不可或缺的角色。儘管策略可決定組織結構，然而正確的結構將會決定，組織尋求正確電子商業策略的能力。

現代企業是由多個事業單位組成，一般是由行政、製造、行銷、支援等彼此部分重疊的事業功能所組成。爲了成功推動電子商業，組織必須具有一種機制，使其能跨越所有功能，並且能擔負起橫跨不同營運單位的商業新構想所帶來的責任。

在大型組織中，管理架構是個關鍵，而且通常需要建立一個一般稱爲管理架構會議（governance council）的正式團體。這類團體過去通常由高階經理人擔任主席，稱爲資訊科技程序委員會（IT steering committees）。電子商業管理架構會議履行類似的目的，但比起僅將資訊科技的目標與企業更廣的目標相互配合，其被授權的範疇要更爲廣泛得多。

管理架構與營運架構

管理架構定義組織的結構、角色、責任、責任歸屬，以及組織中支持決策訂定的職權。其主要涵蓋範圍包括所有標準、願景與功能、資金提供模式以及財務管理。管理架構定義結構與工具，卻對程序少有著墨。

在此我們並沒有意思要將官僚加入組織中。我們都知道，組織階級太多，是企業的問題之一，但是組織以理性方式來推動電子商業流程，則有其必要性。非網路上誕生且試圖網化就緒的公司，通常需要這類高階的管理委員會；而網路上誕生的公司，則傾向以更自然的方式做這些事情，終究電子商業是它們的事業。換句話說，有很多方式讓公司組成電子商業（見第三章對於不同組織型式更廣泛的討論）。不過爲了獲得成功，企圖將電子商業整合到傳統商業活動的公司，都需要考慮到這些議題。

管理架構與營運架構由四組核心準則所組成：管理架構模式、決策過程、政策與標準，以及目標與評量工具。

管理架構模式

管理架構模式是管理架構與營運架構的第一個領域，它定義管理及劃分電子商業責任團體之目的與結構，以做爲各個不同組織實體——公司、事業群與部門——的組織優先序。這模式的每個面象都包含，協助定義現在與未來組織管理架構的諸多可能性。管理架構訂定團體的章程應包括：

■提升溝通協調的能力
■確保整個組織有一致的決策過程
■達成特定且可評量之目的的責任

■授予職權完成各項活動

■已採取之行動的責任歸屬

這個團體的組織結構可由主管的職權構成，也可以類似於可全程或部分參與的代表人議會／聯合會。管理架構訂定團體訂定執行規定與政策，但不負責執行，而是交由事業單位負責執行。這個模式類似董事會的角色；董事會訂定政策，並委託執行長執行政策。

決策過程

決策過程定義，持續進行之規畫與管理的決策制訂與資金提供機制。這些過程更進一步劃分成決策機制、資金提供模式，以及逐步擴大範疇／訴諸仲裁的過程。

■決策機制——可以採建立共識、投票表決（一人一票或加權），以多數決為意見或是獨裁等不同形式。

■資金提供——可按公司分配或依特定計畫資金提供，或是兩者結合。

■逐步擴大範疇／訴諸仲裁的過程——可明確地由一般管理人員核可，或本質上是非正式的。

政策與標準

政策與標準涉及實施建議與績效監控的指導方針，也就是指服務水準的定義。所謂的標準，我們是指道德方面的指導方針或原則，而非技術的標準。政策與標準包括標準化及實施方式。

■標準化——標準化可以由營業單位建立，且僅及於極少數遍及整個公司的標準；或者也可以由強勢引導企業的中心主體來推動標竿。

■實施方式——可以採鼓勵的方式，或是嚴格執行政策與標準。

目標與評量工具

目標與評量工具定義企業績效目標，以及引導電子經濟管理政策及投資決策的方法。目標與評量工具的主要內涵包括範疇與責任。

■評量工具的範疇——每個管理架構訂定團體必須決定，其所指導的評量工具使用範圍在哪裡。有些管理架構訂定團體會明定他們的評量工具，以及評量的方法。但我們相信，爲了保有最大靈活度，管理主體必須對評量工具需要的迫切程度有明確定位，並且將細節留給營業單位處理。

■責任——責任可歸於營業單位，也可以歸於管理架構訂定團體。

評量工具：要知道你正在評量什麼

網化就緒的公司堅持不斷地評量、修正、再評量。公司必須要有愼重且可以說明的評量工具，以及全體適用、說明清楚的評量使用協議。選擇適當及完整的評量工具，正是致使網化就緒公司卓然出衆的決定因素。若你想愼重投入電子經濟，就必須有愼重其事的評量工具。

要如何擁抱電子商業新構想？你如何評量本質上拒絕明確定義的目標？何種評量工具有意義，又如何應用這些評量工具？網站鍵閱率？甭提了！網站鍵閱率從來就不是個有用的評量工具，因爲

表1-2　適用於網化就緒企業的評量工具

在轉型成網化就緒公司及執行網化就緒目標時，請使用本表中的資訊來提高貴公司全體人員的注意力。

成本降低

來電要求支援的通數；每通電話成本／每筆收入
行銷／通訊整體開支占收入的百分比
每筆訂單的成本
花在網化就緒創新業務的總金額

電子經濟成長

線上銷售金額
線上完成交易的次數
線上支援銷售金額
線上完成的銷售支援交易次數
電子銷售網頁在線上被點選進入的次數

顧客滿意度與普及度

線上顧客滿意度調查分數
再度造訪訪客的數量／百分比
網站普及率（新網站訪客的數量、新註冊人數等）

營運

最常被造訪的網頁／網站區域
品質控制評量工具（伺服器正常運作時間的百分比、無效連結的頻率等）
符合觀感、導覽習慣及電子經濟政策

它們毫無章法，無論在商業或其他方面，若你想合理評估每項新構想可以為你的企業加入多少特別的價值，請使用如表1-2所顯示的評量工具。

責任歸屬

我們相信，承諾要網化就緒的強勢領導人，便是熱切期望在電子經濟中成功的組織，最佳的成功預測指標。我們甚且相信，最佳的報告結構是由電子商業領導人直接向執行長報告，或是向負責價值創造的其他資深主管報告。將電子商業活動指定給財務長或資訊長的報告結構，將會傳達出錯誤的訊息。

正因為責任歸屬分散在策略性夥伴、外包供應商、供應鏈成員、代理商以及公司外的顧客，因此對所有網化就緒關係而言，制訂定義並維持控制乃是關鍵要素。網化就緒組織必須維護責任的歸屬以為防護措施，對抗在供應鏈脆弱環節侵入破壞的闖入者。支持供應鏈中各個成員之策略聯盟關係的電子系統集合，乃是網化就緒絕對必要的要素。為建置這些新系統，你必須集合管理散佈於不同地區、屬性各異的事業團隊，並且必須保證，所有的環結都知道他們該負什麼責任、應扮演什麼角色。管理學大師杜拉克（Peter Drucker）藉由提出下列的問題，總結這個關鍵性步驟：「我要提供何種資訊，我要將資訊給誰；以及我欠缺何種資訊，誰要給我這些資訊？」我們可以把這個問題一般化：「誰應對我負責，而我應對誰負責？」

信任是機會也是危機

信任乃是所有虛擬商業交易不可或缺的潤滑劑。網化就緒組織必須成長，也就是必須贏得信任，同時也意識到公司掌握客戶的能力其實是再脆弱不過了。所有定義網化就緒組織的排列方式都暗藏地雷。例如，與策略聯盟夥伴共享網路，無疑就是保證其他組織的人將能取得公司的資訊。臨時雇員可能今天還在你的團隊，但隔天就替競爭對手工作。從某個角度來看，競爭者也有可能成為你的夥伴。

信任是個關鍵因素。無論你訂定多少規定、有多少監督，都無關緊要。你的企業成功與否，要仰賴與新夥伴及員工所建立的關係本質。

管理架構的原則

根據我們對最成功的網化就緒公司的觀察顯示，它們已演化出成熟又有彈性的管理架構模式。這些模式讓最成功的組織在執行下列管理原則時具備所需的能力。依據數十家邁向網化就緒目標組織的經驗，下列管理架構的啓示豁然成形：

■**建立跨功能團隊**　激發跨功能的努力，這項努力包含將焦點牢牢放在市場需求的商業與科技。若要產生策略上的影響，電子商業新構想需要擴展並跨越以往大家遵行的界線，以便如同雷射般將焦點僅擺在單一事件上：顧客最重視的是什麼？

■**要求電子商業短期成果**　你的電子商業計畫應該以三至六人花三至六個月完成，否則就應該做其他事情。這種想法其目的是從小規模（但絕非無足輕重）著手，首先把焦點擺在有高度影響力且能迅速成功的事項。以定義好可評量的目標，將長期目標切割成短期計畫。在進行過程中就驗證下列成效：迅速完成的原型（prototype），以及持續的顧客回饋。

■**主動提倡使用電子商業應用程式**　這個觀點正好與「一建立好顧客就會來」相反。僅僅丟出電子商業應用程式給全世界，其結果比什麼都不做還糟糕，因爲這會造成有進展的假象。網化就緒的管理架構要求顧客、合作夥伴、供應商及員工之間的行爲，要能主動切換。考慮建立一個小組，其唯一的目的是倡導、教育、訓練，以及要讓人們接受新的有時甚至還具威脅性的電子商業行爲，所需具備的一切努力。

■**使電子商業成爲商業所驅動的第一線活動，而非科技所驅動的職務功能**　第一線經理人應該配合挑選、實施及瞭解電子商業的好處。擁有最後決策責任的人應該是經營主管，而非資訊科技主管。

■**讓電子商業資金提供決策和所有的商業資金提供決策相類似**　電子商業資金提供決策應該以價值爲基礎。網化就緒的公司拒絕，依據去年花費及今年預算目標提供電子商業新構想資金這種想法，同時也拒絕將每項計畫一視同仁的想法。依據網化就緒成功案例的證據顯示，最好的策略是，將電子商業投資與其他資本決策相同地對待，並且將商業判斷與某種型式的投資報酬率評量工具結合在一起。

■**成立包含電子商業、科技與觀念傳播各部分的跨功能管理架構協調會**　爲了在大企業中推動網化就緒，必須由一位企業主管帶頭，組成高階電子商業協調會，並從三方跨功能地推廣網化就緒。首先保證「以顧客為中心的企業目標」推動每一件事；其次在每個營業流程中注入電子商業流程；第三，如傳福音般積極鼓吹跟上潮流脚步的好處。在適當時候提倡、推銷、誘騙、賄賂以及威脅人們，使他們與願景的觀念一致，並且說服他們抗拒是無效的。管理架構協調會應該被賦予的任務之一是，決定與計畫有關的棘手問題：進行（提供資金）、不進行（不提供資金）及封殺（停止已提供資金的計畫）。

■**讓資訊科技擔任提供自由市場服務的角色**　資訊科技部門在獲得允許扮演電子商業促成者的角色，及與技術議題有關事業的教導者／顧問時，會有很好的表現。資訊科技單位在這個角色中，應該決定並推動應用於整個企業的標準。

專長能力

領導、管理與科技之間關係協調良好時，網化就緒的公司便會卓然出衆。我們將能夠悠遊穿梭這些價值的能力稱為「專長能力」。專長能力決定網化就緒組織回應世局變動的方式，利用可用資源與機會的方式，以及自我調適以順應新局面的方式。展現出網化就緒專長能力的組織，不是已經擁有，便是能夠立即發展下列問題的解答：

■企業能夠應付快速而持續的改變嗎？

■我們能夠跨組織地快速調適並引發改變嗎？

■我們是否有貫徹執行（三個月或更短時間）的實行能力？

■我們是否具有支援網際網路新構想的技術專長能力？

■我們是否具有支持網際網路策略所需要的營運能力？

■我們是否經歷過多重關係（無論內部或外部）的管理？

■我們能否快速形成與終止關係／合夥關係（建立並管理電子經濟系統）？

要具備網化就緒專長能力，需要對電子經濟下隱藏的複雜情形有深刻瞭解。網化就緒的主管，必須能夠同步思考多項事件所帶來的影響。這種多工（multitask）能力，是要在網化就緒事業中成功必備的要件。此外，瞭解可以協助組織凝聚向心力，維持企業「成爲可識別之實體」的機制，也都是必要的。網化就緒亦要求連繫能力——公司必須能即時交換與組織內外發展有關的資訊。最後，網化就緒的組織若希望成功地處理，所有由經濟、科技、政治和社會改變所導致的複雜情況，就必須逐步發展出協調這些因素的辦法。

思考專長能力的一個有效辦法是透過五C的思考。結合五C，將幫助我們瞭解「專長能力」是一個可以落實的觀念。〔這些議題更完整的討論可在《*Corporation on a Tightrope*》（紐約：牛津大學出版社，一九九六年）這本書中找到〕

■複雜度（Complexity）

■同時發生（Concurrency）

■凝聚力（Coherence）

■連繫關係（Connectivity）

■協調（Coordination）

讓我們看看網化就緒背景下各項的特性。

複雜度

今天的全球商業環境中，組織必須應付即使在五年前都難以想像的挑戰。領導人現今所面臨的挑戰，更因全球主義、即時性活動、要求不斷的顧客、關鍵性技術的稀少，以及史無前例的競爭程度等議題，而更加複雜困難。傳統上，商業競爭是由界限固定不動，甚且永遠不變的特定產業所構成。這種情況如今已不復存在，網路已經使市場的界限模糊，同時也重新改寫了勝負的定義。傳統上，穩定的排名定義了產業中的競爭廠商地位。有了網路之後，領導廠商與其他廠商之間的差距愈來愈大。如同思科執行長錢伯斯所觀察的，今天若非產業的龍頭，要維持事業經營將極爲困難。網路的複雜度使這種報酬的增加成爲可能。網化就緒的公司不在乎地域、原物料或獲得遠方新顧客的成本等限制，因而發現進一步成長其實較以往來得更容易，而非更困難。

網路以複雜度這個限制來取代實體的限制。在網路上，經濟規模受限於人類管理日益複雜、相互關聯以及快速移動的活動的有限能力。

例如網路上的定價，已經變得比目前企管學校中所教授的，還要更複雜且更易變得多。網路上的定價已不僅僅只是行銷的戰術（tactic），也不單是產品成本加上若干利潤的加總。在網路上，定價與創造長期價值有關。它與攫取市場占有率的關聯性，甚於成本的付出。網化就緒的公司總是見到，介於現在或未來最佳化績效成果的定價策略兩者間的緊張關係。從很多方面來看，網路藉由訂定遍及整個市場空間的價值，消除了個別組織的定價問題。無論如何，最後將會有人到處分送你正嘗試販賣的產品或服務時，你又何需擔憂定價的問題？

微軟將免費瀏覽器整合到視窗中，僅是先前銷售而現在可免費取得的一個例子而已。電子郵件公司正被搞得天旋地轉，因爲已經有好幾千個網站提供免費電子郵件。像Onsale和電子海灣那樣的網化就緒拍賣服務現在也發現，自己要面對雅虎免費拍賣服務的競爭。許多組織已經學到如何駕馭這種複雜度。網景成功地從仰賴瀏覽器銷售，轉移到強調其Netcenter網站上的內容，並運用策略贏得美國線上如中彩票般地獻殷勤。其他公司可就沒有這麼好運。

在這種企業環境中，組織必須學習如何適應快速的改變：顧客及購買習性的改變，市場的興起或消失幾乎隔夜就有變化，以及生意是二十四小時全年無休的活動這種觀念。爲了網化就緒，組織必須取得在複雜而可調整的系統中工作的專長能力。這種承諾並不容易做到，卻是網化就緒不可或缺的條件。

同時發生

在網化就緒的經濟中，每一件事都同時發生。開始、中程和結束都不再是任何值得注意事件的里程碑。同樣地，你再也不能假定過去所獲得的，未來也可以獲得。不連續成爲今天的主宰，程序也變成了非線性。我們此處所討論的五C彼此互相影響，進而產生種種變動因素的動態混合，預料只有最悠閒及最睿智的經理人，才有可能駕馭這種處境。多工成爲網化就緒經理人主要的長處。

凝聚力

凝聚力定義企業的完整性。界限使組織免於偏離方向和失去外貌。網化就緒的組織很可能呈現液態的型式，結構與顧客群也經常隨著其所服務的市場而變動。不過在被分配到的空間裡，仍然纏繞著一個錨，以便隨時固定自己。組織是由很多外部和內部的界限所定義。外部界限包括法律及管理規章，通常用以定義組織，並賦予組織合法地位；其他則是由組織所有人的意志所定義。內部界限以領導人的道德管束為中心，這些管束源於所有人、風險承擔者（stakeholder）、合作夥伴和顧客的告知。

組織透過內部及外部種種關係及相關人員的精巧聯繫產生凝聚力，其中外部是指組織與國家之間或其所有人之間；內部是指個人之間，以及小組、團隊、聯盟、合作夥伴和外在供應商之間。這些網路是造成組織外貌上有很多轉變的原因。同時，這些關係網路在已定義的規則及界限下的組織架構內，瞭解並回應這些轉變，可確保組織免於因跨越邊界而造成的混亂。

連繫關係

知識管理是網化就緒的前提，而連繫關係則是知識管理的前提。問題不在於連繫關係的技術性觀點。人類的態度與偏見一直落於新科技的引介之後，因而局限了縮短人與人之間距離投資的最大潛力。很多工作者面對新連繫關係時的中心議題為，一旦他們對產品失去控制權時，連帶會失去權力與自主性。除非他們能看到從別人那裡獲得的價值為何，否則大多都不願意分享他們的所知。網化就緒的組織必須要有適當的領導風格，藉著建立分享知識的價值觀且期望組織中人人如此，而產生連繫關係確實可以增加權力與自主權的想法。

但根本的問題是，知識管理這種致力於組織內發現、創造及散播知識的新規範，已經遭遇到困難。儘管支撐知識管理的協同式資料庫及群組軟體，能夠而且也將會有所改良，導致知識管理目前效果不彰的並不是科技本身。問題在於人們喜歡私藏知識甚於分享知識。我們已經研究好幾世紀的人類組織，也發現到，人們沈耽於累積知識，就像沈耽累積財富與權力一樣。只有少數人願意分享知識，或是將知識散播給別人。大部分組織在面臨人們厭惡分享眞相，甚且是厭惡分享何爲非事實的消息時，知識管理所有的新構想便發揮不了作用。人們總是會在分享屍體埋在何處的消息之前，先分享勝利的消息。

除非私藏知識的態度改變，否則知識管理與聯繫力將受到局限。幸運的是，思科及美國線上等這些最成功的網化就緒公司已經發現，不像財富或權力，知識可以在販售分享之後仍然保有。貯存在電腦中的知識可永久保留。

在聯繫關係的背景下，網化就緒是種態度問題。態度要從領導人開始改變，因此請自問幾個難以回答的問題：你願意與部屬分享資訊嗎？你願意打開書本給他們看嗎？爲何不願意？你認爲與夥伴、供應商、顧客分享資訊這個提議怎麼樣？爲何不願意？你在保護什麼？不要假定強有力的連繫關係毫無風險。信任總是有可能被濫用，對於對本身的完整性缺乏強烈敏感度的組織而言，過度的連繫關係可能是一種威脅。我們的重點僅是，在檢視負面觀點之前，網化就緒公司應先持開放態度，並考慮連繫關係所帶來的好處。

由於負面觀點明顯可見，所以讓我們更貼近觀察連繫關係所帶來的好處，以及分享隨著長期盟友、密切合作夥伴及朋友的範圍逐步擴大，而產生的經營優勢。矽谷是就我們所知，可實例說明這些好處的最佳典範。在那兒，一種漫不經心、甚且近乎誇大的知識管理環境，帶來令人眼睛爲之一亮的許多好處。矽谷已經演化出一種文化，儘管極爲個人主義，卻明瞭即時分享資訊的極端重要性，無論是好消息、壞消息或是醜陋的消息皆然。從個人觀點來看，結果通常是一片混亂；有時是可鄙的；且經常是痛苦的。然而這種連繫關係卻已經產生史上網化就緒財富的最大匯集。

協調

電子商業新構想，與跨企業經營通路的其他實體之間的關係，有助於決定企業網化就緒的程度。爲產生強有力的雙贏策略，與新興的網路公司以及知名品牌的大型企業建立合夥關係，具有關鍵性作用。爲使雙方清楚表達彼此的目標與貢獻，以及在雙方的網路中指派明確的責任，密切協調是必要的工作。

專長能力的原則

爲使組織有能力於網化就緒經濟中競爭，營運調適力乃是關鍵。營運行爲與規範是由文化所教導（請見後文「矽谷的專長能力」）。網化就緒要求組織在下列領域中均具備能力：

■**具有管理多重關係的經驗**　大部分電子經濟中最複雜的新構想，需要多個夥伴、重疊的關係以及同步開發。要成功，則需具備建立、管理及在某些情況下解散這些關係的關鍵能力。運用與合夥人的關係，使各方均能將焦點放在自身的核心能力上。

■ **能夠應付快速而持續的改變**　電子經濟中，所有的優勢都是暫時性優勢，你無法滿足於既有的成就。回應、創造及管理改變的能力，是必須具備的條件。

■ **快速遍及全組織地推動改變**　組織所有成員必須願意放棄已被接受及成功的經營實務，而樂於接受新事物。

■ **找出電子商業機會並排出優先序**　我們在書中一致強調，電子商業中有太多機會。識別哪些機會要執行並快速排定優先順序，這種能力對公司而言是個關鍵。要培養出這種專長能力並不容易，大多數公司花太多時間分析什麼是正確且該做的事，以及如何完美地執行。

■ **能夠貫徹執行**　你必須在三個月或更短的時間內做有意義的改變，也必須知道做到什麼程度才算夠好。計畫只完成了百分之七十就不能算是貫徹執行。任何需要多於三個月執行的計畫，都應該細分成可在三個月內完成的較小片段。

■ **有信心能具備支持網際網路新構想的營運能力及技術能力**　領導風格與管理架構並非代表一切。許多工人必須去做抬重物的事，他們也需要一些特定的技能才有辦法做。

■ **知道何時保有計畫及何時結束計畫**　知道何時終止計畫的能力是一種關鍵性能力。電子經濟或電子商業計畫中，極少有忠誠的空間。我們必須培養識別錯誤、即刻停止錯誤，然後執行其他事情的能力；知道何時該跳入，何時該放棄。

矽谷的專長能力

專長能力無可避免地與文化有關連。矽谷已經演化出許多具凝聚力的專長能力，這些專長能力支持著全世界網化就緒。請詩別注意矽谷的作法：

■失敗是一種榮譽徽章　矽谷以某種方式承認，當你撼動藩籬時，破產並不可恥。失敗是一種人生重大儀式。從統計的觀點來看，失敗被認爲是承擔風險所不可避免的結果，既不會被輕視，也不必隱藏。

■喜好風險，撼動藩籬　若是你成功了，你將會出現在財星雜誌（Fortune）的封面；若不成功，那就折疊起帳棚再試另一個團隊。矽谷有一句格言：若所有的嘗試都失敗了，那你將會因犯過驚人的錯誤而永垂不朽。

■替它命名，宣稱擁有它，然後放棄它　絕不要滿足於既有的成就，網化就緒的公司總是往遠處看。若你想出一個酷點子，那好極了！琢磨一段短暫時間，並且趁熱潮時持續進行。將你的新點子與別的好點子加以混和，然後進行下一個點子。

■展現改變的蓬勃朝氣　對現狀不滿導致自我改革。矽谷中具預言效果的引文反映出這個事實：「唯偏執狂得以倖存」（英特爾的葛洛夫）或「我們必須自我淘汰，否則競爭者會將淘汰我們」〔惠普的普烈特（Lew Platt)〕。

■**直言不諱** 只要是人類組織許可，盡可能保持接近純粹菁英管理的社會——在矽谷中你看不到社交式的促銷活動。一般說來，那裡的企業步調都十分緊湊，而且事情移動快速，根本沒有虛僞、含糊其詞或隱瞞的空間。

■**著迷速度** 不要浪費時間在無法即刻增加價值的管理架構上。生命週期以月評量。不要在舊有的觀念中打轉，而是要使用已測試過能提供功能的物件。

科技

在科技領域中，網化就緒成功的一個關鍵推動力是，建造堅實而涵蓋範圍廣泛的架構，這個架構能使組織快速開發及建置電子商業應用程式。有了這種遍及全公司的架構，電子商業領導人便能夠容易且經常地部署應用程式，而不必針對每一項有附加價值的新構想，逐步增列基礎設施投資的成本。這類基礎建設已就定位的電子商業領導人，已坐上能快速開始投入新構想及開發新興機會的絕佳位置。（思科系統乃是擁抱這類架構模式的一個好例子，見第八章。）

爲了評量技術方面網化就緒的程度，組織應該能夠回答下列的問題：

■我們有遍及整個企業的標準嗎？

■我們能購買科技嗎？（如果是的話，那就不要開發。）

■我們有發展及調整規模所需要的科技基礎設施嗎（網路服務、硬體、軟體、安全設施）？

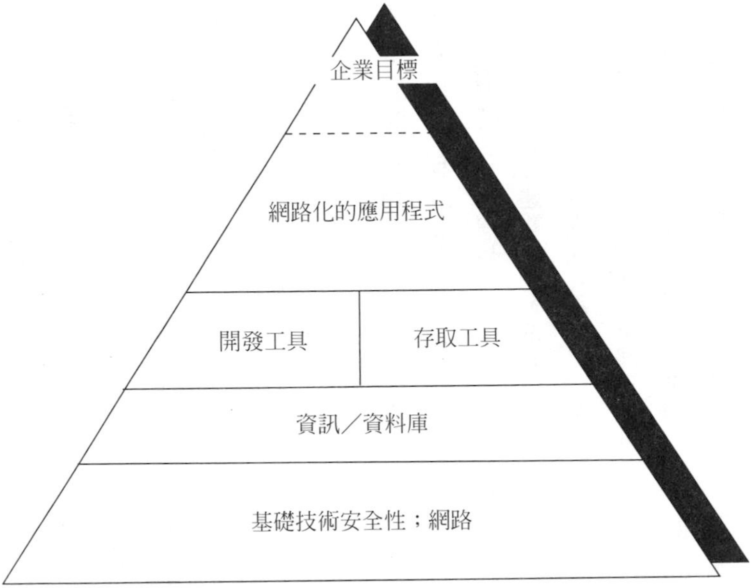

圖1-1 電子商業架構 網化就緒需要一個架構基礎，這個基礎涵蓋一個運用標準且遍及整個企業的技術平台。組織可在這個平台上部署加值型的應用程式和網路。

■我們需要何種東西，才能設立具有商業智慧的科技組織，以及設立具有科技智慧的商業組織？

■在電子商業環境的每個角落，我們堅持簡易、標準化及彈性嗎？

■整個企業中，所有人的才能是否已獲最佳運用？

■我們的解決方案是否有足夠彈性，以適應改變？

■我們的解決方案是否能依顧客需要而訂製？

讓企業的基礎設施就定位這件事的重要性，我們再怎麼強調也不爲過（圖1-1）。一旦建立好架構之後——網路、資料安全性、資料庫，選擇何種科技建立在這個架構之上，就變得沒那麼重要。傳統上，最底層的經理人往往過度強調，架在基礎設施上之科技層的重要性。工具的確重要，但若沒有用對科技，在管理架構、領導風格和專長能力三方面最有進展的公司，也會對於進展感到挫折。

然而我們相信，熱切希望網化就緒的公司應該重新調整優先順序。不要搞錯我們的意思。科技議題不容被忽略，只是網路速度使得科技決定——無論是經人提示或一知半解的——很快就變得不適用。換句話說，由於科技生命週期極其短暫，我們很難會做出不好的科技決定。考慮音樂網站CDNow公司購併其競爭者N2K的案例。兩家公司不相容科技的整合，需要許多困難的決策。每家公司都已建造無法被整合的專屬性商務引擎。在評估兩套系統之後，公司決定保留CDNow的架構，因爲其資料庫結構較佳，並且隨著網站成長，此結構較容易管理及調整規模。長期來看，這項決定從公司的策略觀點將不會有太大差別。CDNow科技副總克魯皮特（Mike Krupit）說：「在網路上，技術投資非常快速且表面化，你不可能會作錯決定。」「你只要挑選某樣東西，然後繼續前進。兩年後無論如何你都會挑選不同的東西。在網路世界中，技術的壽命都不會很長。」

若公司不具有運用標準的技術平台，網化就緒會變得極爲困難，因爲公司的基礎設施需要針對每一項應用重新設計。有了標準之後，組織會發現，部署新應用程式變得更容易、更便宜且更快。由於建立好的平台已經存在，每個步驟變得更容易、重複減到最少，因此提升規模調整能力。更便宜是因爲，標準通常會增進模組的重複使用率；更快是因爲，即使當商業程序中的新科技改變，變得更容易在整個企業中被整合時，標準仍容許企業適應變動中的商業需要。

除了少數例外，對網化就緒公司而言，向外取得科技與流程總是會比從頭自行開發要來得比較好。藉著依顧客需要而修改現有套裝程式或架構，組織可降低風險、省錢以及爭取時間。這個原則只有一個例外，那就是，當新科技必須與現有且被牢牢持有的流程緊密相連，使得硬插入商業替代方案將會稀釋公司的策略優勢時。（見第七章有關亞馬遜書店決定自行開發拍賣科技而不外購的討論。）

網化就緒的公司最關鍵性的專長能力為，是在科技方面具有商業智慧，並在經營方面具有科技智慧。你可能已有資訊科技程序委員會，以及將資訊科技與企業其他部分整合的流程。但這些作法還不夠。網化就緒公司的資深經理人，會讓事業經理人與技術經理人持續進行資訊科技相關的熱烈討論。但最重要的一點是，要在強勢企業領導人的掌控之下進行這項討論。這個領導人必須欣然接受技術經理人所提供的意見，也要全力注意這項報酬：替公司創造價值。

展現高度網化就緒的組織，在電子商業環境的每個角落，都堅持簡易、標準化及彈性。很多公司都會宣揚標準化，但僅有少數能堅持。藉著設定架構標準，以及密切審視例外狀況的眞正成本效益，網化就緒企業透過電子商業計畫推動簡易與彈性。它們藉由降低部署之科技與平台的數量，來處理複雜度問題。

網化就緒的世界中，「軟東西」（soft stuff）眞正變成「硬東西」（hard stuff）是個事實。我們的意思是，大部分領導人都知道，管理組織最具挑戰性的，是安排組織最終的軟體資產——人的意志與才能。贏得團隊的忠誠、將組織長處與組織使命相結合、維持員工全心投入、安置與道德及價值相關的協議、評量團隊的成效、適度地獎賞個人，那才是使經理人徹夜難眠的難題。儘管開發或挑選及部署正確科技的任務困難又具挑戰性，但與前者相較起來則顯得微不足道。

由於管理「軟東西」如此困難，投入的心力也難以評量，經理人的反射動作就是，對於較容易清楚表達和評量的管理事項，如部署硬體與軟體、開發應用程式、設計工具等，投入不成比例的注意力。

瞭解資訊科技與網化就緒的關係極爲重要。組織對於科技的選擇，導致複雜性的問題，之所以複雜，與組織採用多種管理架構模式，以保證能因應目前與未來之策略性需求有關。科技也使科技領導人的角色，轉變成凝聚網化就緒組織衆多不同電子網路的促成者。

存取資訊

網化就緒的組織，是全球經濟轉型一場不可挽回劇變的見證人。無論提供何種產品或服務，加入電子經濟空間的組織，正把它們的心力重新集中在資訊的存取。直到若干年前，大部分集中管理的組織仍仰賴資本取得與行銷刺激成長。而今天，隨著大衆逐漸強調分權管理的營業單位，以及全球經濟中科技變革的速度，科技與資訊已經變成與資本、研究發展、行銷，以及先前其他的成功驅動力，具同等的重要地位。最後會在這個全球市場茁壯成長的企業，將會是資訊導向的公司。企業的存活與動輒數十億美元的風險關連密切更甚以往，若無法立即又正確地存取資訊，對於每一項必要的決定，公司將得承受更大的風險。

科技議題在此會與管理架構的議題結合。至少近十年來，老牌的企業與資訊系統高級主管，一直想辦法將資訊科技與商業活動更緊密地結合。特別是在商業需求倍增，資訊科技提供的解決方案，與經理人所面臨的經營挑戰，兩者差距逐漸加大時，兩方陣營開明的代表，再度加深他們對於結束這種分離的承諾。他們努力追求的理想是一種結合策略，使得資訊科技所提供的內容，及對使用者的服務，都達到最佳化。

資訊系統的焦點，已經從內部（不公開的）程序自動化，轉移到建立多方的機制，以便直接將產品或服務遞交到顧客手裡。在生死交關的急迫壓力下，這些系統很多被用來建立競爭優勢，進而更增加其複雜度。現在的核心論點，變成了如何組織資訊科技單位，以取得更高度的競爭優勢。

隨著今天產品生命週期更加縮短，舊有的資訊科技文化已無可避免地，會導致嚴重的開發進度落後，以及無法達成交付目標。企業壓制整體資訊科技成本的努力是老舊的心態，也可能造成問題，使得艱苦經營的事業單位，還得面對現有、有時甚至是稀少的資訊科技資源的競爭。儘管資訊科技與事業單位有更廣泛的結合，這樣的努力仍必須維持資訊科技的效益及系統的標準，並且容許資訊科技專業人員有實際的生涯選擇。若你能同時提供機會與技術，就會有更好的機會看出具有競爭優勢的系統。

將這些新情況內化的公司，已大幅消除資訊科技與公司管理階層之間的分離。無論這些管理架構模式被命名成學習型組織、虛擬組織或是其他名稱，它們都提高取得及處理與全球競爭情報、新產品資訊、研究發展、市場趨勢、環境與法規的衝擊等相關資訊的機會。

科技原則

一旦缺乏網化就緒其他要素，即便是本質最好的科技，也會對公司的網化就緒毫無幫助；但若沒有取得科技，網化就緒的確會令人難以捉摸。總而言之，要網化就緒能擁有精純的科技，需要組織堅守下列原則：

■**具備建立及推動遍及整個企業之標準的能力**　這些標準涵蓋所有的基礎設施，包括應用程式、網路與安全措施。建立一個無所不在、連接遍及整個企業的電子公告模式。

■**經驗證的規模調整能力**　保證現有的基礎設施（網路服務、硬體、軟體及安全措施）已就緒，並且能夠往上及向下調整規模，以符合新興的要求。

■**事業經營導向的科技策略**　企業同時保有經營與科技的觀點。網化就緒的公司知道需要做什麼，才能建立具有經營智慧的科技組織，以及具科技智慧的企業組織（資訊科技單位與事業單位之間，絕對有必要能夠共事、共同承擔責任以及達成共同的目標管理）。

■**堅持簡易**　有很多壓力迫使組織朝向複雜、非標準化及專有僵化的方向運作，網化就緒的公司已經學到如何對抗這些力量。它們通常擁有我們稱爲「仁慈的獨裁」的特質。組織中會有人（可能是資訊長）推動簡易（例如：「只要是甲骨文（Oracle）的資料庫，就能使用任何你想用的資料庫。」）

■**與企業目標密切配合的人力資源**　成功的公司保證，企業所有人員的才能都已做最佳運用。

■**成熟的「自建」模式與「外購」模式**　克服「非自製」症候群乃是一個關鍵性的成功因素，這種病症會促使組織去開發它們可更迅速購得的東西。

企業管理階層具備網際網路知識，並且資訊科技單位具有企業知識。	1 2 3 4 5
我們具備同時且有效管理多重關係(包括內部和外部)的經驗。	1 2 3 4 5
我們能夠快速建立及解散關係／合夥關係（建立並管理一個電子經濟系統)。	1 2 3 4 5
技術	
我們有已建立好且遍及企業的標準資訊科技基礎設施。	1 2 3 4 5
我們有必要的技術基礎設施（網路服務、硬體、安全措施)。	1 2 3 4 5
我們的解決方案具備足夠彈性，以適應改變（內部和外部)。	1 2 3 4 5
我們的解決方案可依顧客需要而訂製。	1 2 3 4 5
我們絕大多數的新應用程式開發，是以電子商業爲導向。	1 2 3 4 5
小計	- - - - -
總分	_____

計分 加總你所回答所有項目的總點數。換句話說，每次你圈選 2，則加 2 到你的總數；每次你圈選 5，則加 5 到你的總數。最後加總你每一欄的小計。下列的分數提示你的組織目前網化就緒的程度。

超過180：網路遠見者	你的企業正展現出絕佳的網化就緒，相關的電子商業創新業務應該會成長茁壯。
150至179：網路領導者	你的組織網化就緒的程度令人印象深刻，但是仍缺乏許多重要的部分。本書應該能協助你彌補這些缺口。
120至149：通曉網路者	網化就緒議題的注意及運用術語方面，你的組織呈現高於平均的水準。
90至119：注意網路者	與其說你的組織網化就緒，不如說僅注意到網路而已。重新思考你投入電子商業的認眞程度，有必要加強主要的基礎作業。
低於90：不知網路者	電子商業並非你組織的考慮之一，無論你現在如何努力都是枉然。有必要更瞭解網路的影響以及你應扮演的角色。

表1-3 網化就緒計分卡

說明：

針對每項陳述，指出你同意或不同意，此陳述反映你的組織眞實現況的程度。若你強烈不同意或有點不同意，請分別圈選1或2；若你有點同意或極爲贊同，請分別圈選4或5；若你對此敍述保持中立，請圈選3；若你不確定，則只要在這個項目留白，並繼續看下一項敍述。祝你好運！

分數值：

1	2	3	4	5
強烈不同意	有點不同意	中立	有點同意	極爲贊同

領導風格

高階主管能適應電子經濟所帶來的機會／威脅。	*1 2 3 4 5*
我們目前的電子商業活動與經營策略密切整合。	*1 2 3 4 5*
我們的組織展現出整個企業資訊共享的文化。	*1 2 3 4 5*
我們的組織有公開化且廣被接受的，十二至十八個月電子商業成功執行準則或計畫時程。	*1 2 3 4 5*
我們對電子商業強調策略／價值創造，而不強調運作效率。	*1 2 3 4 5*

管理架構

我們的組織有針對電子商業新構想開發的標準管理程序。	*1 2 3 4 5*
我們已建立評估電子商業新構想所帶來之衝擊的標準。	*1 2 3 4 5*
我們已淸楚定義電子商業新構想的角色、責任、責任歸屬和控制。	*1 2 3 4 5*
我們已經提供電子商業計畫適當的資源與誘因，以達成目標。	*1 2 3 4 5*
資訊科技部門被視爲是，提供營業單位網際網路顧問服務的電子商業夥伴。	*1 2 3 4 5*

調適力

企業能夠應付快速持續地改變。	*1 2 3 4 5*
建置電子商業解決方案時，我們展現貫徹的執行力（例如，三至六人，三個月時限）。	*1 2 3 4 5*

你網化就緒的程度如何?

為協助公司確定其組織網化就緒的程度，我們已經設計出「網化就緒計分卡」或「網際網路商數」(Internet Quotient, IQ)。「網化就緒計分卡」是用來評估組織移轉到電子商業世界的能力，由對應到網化就緒四大支柱的一系列電子商業陳述 (statement) 所構成。電子商業這個術語，適用於所有以網路為基礎，企業對企業、企業對消費者、企業對供應商以及企業對員工的商業應用環境。

我們邀請你完成如表1-3所示的計分卡簡化版。這份簡化版提供目前你的組織網化就緒程度的約略估計。計分卡中的每項陳述，讓你從1到5的範圍選擇同意或不同意。

若想知道你的組織網化就緒IQ更複雜更精確的計算，你可到網化就緒網站 www.netreadiness.com 找到電腦計分工具。對於你的組織縱橫於電子經濟的能力，這項工具的網路計分版本提供了更完整的評估。該版本就是用來幫助你描繪出貴公司網化就緒的現狀，以及協助評估相較於產業中的領導者，你們網化就緒的程度，同時提供一組處方式的建議。本書附錄B也附有「網化就緒計分卡」的完整版本。

2

網化就緒的十一個趨勢

驅動電子經濟營運架構的建立

市場機會從載具移轉到內容

商業流程則由簡而繁；產業從靜態而動態

商品愈趨客製化；通路愈彈性

新資訊中介商崛起；「匯集整合」可以創造商機

數位化、資訊化；且壓縮傳統互動成本

相對的，優勢卻變得更為短暫

本章探討網化就緒的十一個趨勢。當新經濟的這十一個驅動力趨於會合時，它們將重新定義商業行爲的最基本規則。電子經濟使有秩序的流程、靜態的供需評量方法、區隔定價及大量生產等舊有的規則統統失效。總之，這些驅動力塑造出在電子經濟中的營運架構。

網化就緒趨勢

到目前爲止，傳統經濟已經喚起我們對實體產品與服務的製造與配送的注意。這種對供需靜態模式的強調，正以超乎我們形容的速度改變。儘管如此，還是讓我們試著說明，電子經濟如何造成利用這股趨勢的人諸多策略性的轉變。

人類歷史的每一段時期，均由產生一組新力量的經濟力量組織而成。例如，在人類瞭解農業的原理之前，狩獵與採集活動主宰整個世界。狩獵與採集的原則既簡單又容易充分瞭解：人們消耗掉狩獵及採集的成果，然後往下一個目的地前進。此時的經濟規畫，僅局限於考慮如何獲得下一餐。

另一個例子是資訊時代，它在一九五〇年代某個不確定的時點挑戰工業時代。起先，工業經濟的經濟要素與假設，限制了資訊處理的可能性。電腦就像今天功能最強大的機械工具那樣，龐大、被集中鎖在玻璃的房間，長時間執行分類的工作。電腦侵蝕諸如分類與校對等後製作業。電腦由有自己專用語言的技術人員管理，他們一再倡導電腦既複雜又危險的觀念，就像鼓風爐或精鍊設備那樣。直到一九八〇年代早期，個人電腦革命才促使資訊經濟交到終端使用者手中，他們在極短時間內，利用個人電腦這種棒極的工具改變這個世界。

網際網路最後結合了工業經濟與資訊經濟，創造出電子經濟，一種具有全新經濟現況以及全新運作原則的環境。網化就緒的十一個趨勢分別是：

1.內容與載具：價值的轉移
2.流程由簡而趨繁
3.產業隨產品無形化而轉成動態
4.客製化：顧客更挑剔
5.配銷通路愈來愈彈性
6.新資訊中介商興起
7.匯集整合起來就有機會
8.數位化：形式與功能分離
9.資訊化：智慧型產品激增
10.壓縮：交易成本逐漸降低
11.優勢變得更短暫

內容與載具：價值的轉移

由「內容」（content）與「載具」（container）的角度來看，網路正從產品與服務的傳統觀念，轉型成新的經濟價值評量方法。對於體認到這個趨勢的經理人而言，電子經濟產生了令人興奮的機會。依據我們對於成功與失敗企業的經驗，我們相信，成功將屬於能夠瞭解，藉提供內容或載具來增加價值兩者之差異的公司。我們也相信，若想要在電子經濟中創造價值，公司必須提供針對內容或載具具有說服力的論點。很多成功的企業兩者都提供，但會個別集中心力提供產品。

我們已經提出論點說明，電子經濟的運作規則，與大多數公司過去所習慣的工業世界運作規則大為不同。經濟可從兩個關鍵角度來看：經濟產出與市場。在工業市場裡，經濟產出代表產品與服務，市場則是這些產品與服務推銷的對象。舉個網化就緒的例子可能會有幫助。若我們將這些工業世界的定義應用於惠普公司（ＨＰ），經濟產出將變成是測試與測量的設備，或是 Laserjet 系列雷射印表機。在舊有模式下，經濟指的是準備購買這些產出的使用者（也就是指市場）。

電子經濟中，這類關係已不復存在。從市場區隔的觀點來看，電子經濟中的顧客不僅更有權力，而且可以再細分。電子經濟中，市場可以是個人、關係密切的團體、企業以及同好社群。同樣地，我們的經濟產出則變成是載具或內容

傳統市場明顯區分內容提供者與載具提供者，企業一般僅提供其中一項，若要從其中一項轉換到另一項，可能需付出極大代價。相較之下，電子經濟對於內容與載具這兩種策略領域，差別就不明確且動態得多。電子經濟的競爭要素乃是，企業能悠遊於內容與載具兩個領域靈活度的函數。在進一步探討之前，讓我們先將這些術語解釋清楚。

內容（或稱訊息）　可以賦予行動價值或架構的資訊、資料、經驗或知識。提供內容的公司是指，無論用何種形式——印刷、廣播、文字或是多媒體，產生資訊、資料、

方法、知識或智慧的公司。內容就是價值。我們會在本書中檢視許多提供內容的公司，及其運作經營模式。

載具（或稱傳送工具） 改變、存取、遞送或應用內容的基礎設施。社群因內容而建立，商務因社群而產生。

載具可能指產品、服務、交易、產業、價值鏈及其他實體，藉此而能在各種不同的商業類別中產生價值。我們以惠普爲例，檢視內容與載具的連續關係（continuum）。

儘管惠普可能以印表機和個人電腦爲其最有名的產品，它同時也是數十億美元測試與測量產業的領導者。惠普製造出許多受到全球高度重視的測試與測量儀器。此外，惠普藉著提供衆多與產品相關的資料，邀請工程師與技術人員造訪它的網站（www.hp.com）。很多工程師將此網站加到瀏覽器的書簽中，以獲知更多惠普測試與測量設備的資訊。他們也可能將惠普主要競爭者的網站加到書簽中，最可能的對象是太克科技（Tektronix）。惠普的測試與測量產品此刻將之歸類爲載具最爲恰當，除非灌入內容（測試與測量資料及應用程式），否則將毫無用處。

圖2-1中我們找到惠普在電子經濟地圖中的位置。這毫不令人驚訝。在測試與測量市場中，惠普採用企業對企業模式，被擺在左上角區域是因爲，它的設備正好是測試與測量功能的傳送工具（載具）。惠普似乎已經體認到，自己猶如需要採用電子經濟術語，將其價值主張做更好呈現的一隻巨獸，因此將自己分割成電腦、影像及測試與測量的不同組織。

從競爭與競爭者的傳統觀點來看，惠普在電子經濟地圖中具有良好的定位。現在讓我們看看，當我們將 VerticalNet 公司電子部門的測試與測量線上（Test and Measurement Online, TMO; www.

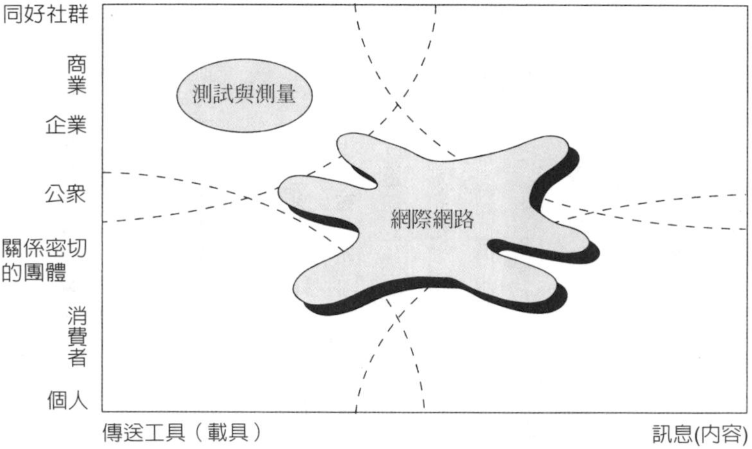

圖2-1 在測試與測量市場中，惠普以企業對企業模式及載具形式來交付測試與測量產品。購買載具之後，使用者必須灌入資料或應用程式，才能使它變得有用。

testandmeasurement.com）擺在電子地圖上時，會發生什麼事？TMO這個在網路上誕生的同好社群，將本身定位成，網際網路上與測試、測量、資料取得、資料分析，以及儀器應用設備產業有關之尖端技術資訊的最主要來源。

TMO以企業對企業模式運作。讓從事這個領域的工程師、設計師、系統整合人員或技術人員，可以即刻使用一個傳播各種相關主題最新技術資訊、內容包羅萬象的資料庫。

顯然，TMO的功能是做爲內容聚集者。基於這個理由，我們將它定位在電子經濟地圖的內容端（見圖2-2）。

但是TMO並不滿足僅僅做爲聚集內容的一項工具而已。它渴望成爲通路建構者（enabler），也就是指，以嶄新且創意的方式運用網際網路的一種力量。我們將在第七章討論通路建構者。在此，TMO網站是做爲測試與測量社群的一個入口網站。藉著內容的聚集，它提供針對測試與測

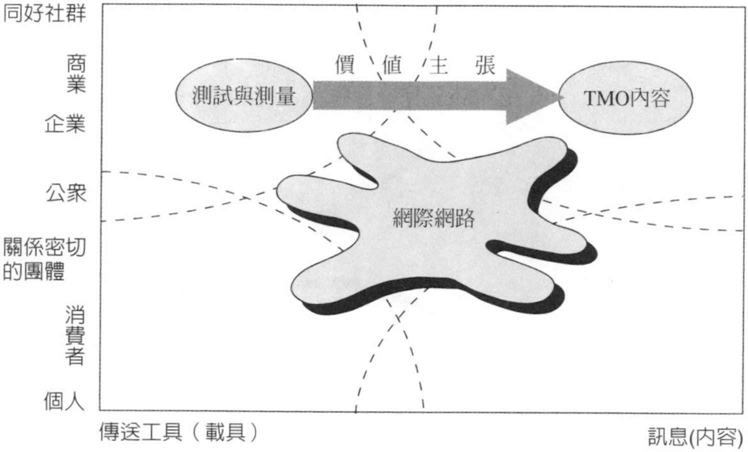

圖2-2 在滴答一聲之後的未來時間，TMO 就成爲測試與測量產業的內容聚集者。在此服務運用了含有附加價值資訊與應用程式的測試與測量儀器的功能。

量設備的標準、客觀資訊以及一次購足的採購。VerticalNet 最近甚且與 Onsale 公司（線上拍賣領導廠商，是少數成功的線上企業之一）結盟，以提供同好社群的商務元件。換句話說，Onsale 成爲 VerticalNet 內部的商務引擎，以提供針對廣泛工業用品的企業對企業商務。

如果這樣的網路只專營目前的服務，應該會促使惠普與太克自問許多重要的問題：

■工程師若可以從某個網站獲得各種比較性資訊，然後能方便地從這個值得信賴的來源取得設備時，他們爲何還需造訪其他的網站？

■這種模式對我們的事業可能造成怎樣的影響？

■這種模式可能衝擊我們的營收或利潤嗎？

■這種模式對於我們接觸顧客的方式，會有何種程度的影響？

■我們應該依據TMO的模式來建立自己的

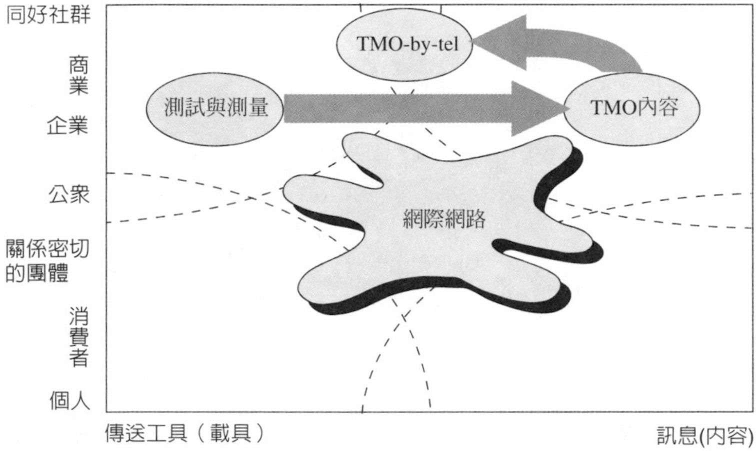

圖2-3 當 TMO 開始提供虛擬測試與測量服務時（TMO-by-tel），它在電子經濟地圖上的位置會向左移動，因爲這家公司將同時提供內容與載具。

同好社群嗎？

■我們應該購併TMO並利用它嗎？

■我們應該購併TMO並結束掉它嗎？

但是TMO這樣定位自己的方式，其威脅力量遠甚於，只是從傳統銷售通路搶得一部分的產品銷售額到TMO網站而已。我們相信，TMO很快會將自己定位成如其名稱所隱含的：在線上實際提供測試與測量服務的能力。電子商業以及其將功能與形式分離的能力，極可能使測試、測量的交易及功能透過網站來提供。試想不必在房裡有實際儀器（載具），就能夠獲得所需之測試、測量功能的能力；完全與實體儀器分離，也能夠及時獲得必要的測試、測量功能的情形。這將對測試與測量市場造成巨大衝擊。當測試、測量服務能以虛擬的方式提供時，對於以下各項會造成何種影響？

■銷貨成本

■銷售通路

■定價模式（每次使用、租用、分時的應付費用）

這種情況極可能動搖產業核心，那也是新通路建構者進入市場後產生的結果。從圖2-2所在時點的兩次滴答聲的短暫時間之後，TMO將會進展成爲測試與測量領域中，買賣雙方的單一經驗來源（圖2-3）。

目前惠普控制整個測試、測量市場。但是電子經濟地圖預示，爲了維持領導地位，惠普可能必須採取非常的行動。在電子經濟地圖上找出組織的電子商業新構想，可迫使公司自問下列關鍵性的問題：

■我們位於地圖上的哪個位置？
■從某個象限移動到另一個象限會產生什麼價值？
■我們的選擇方案爲何？
■我們應該坐回原位，然後看看會發生什麼事嗎？
■我們需要何種專長能力才能夠遷移？
■爲了建立這些能力，我們應與誰結盟？

讓我們檢視其他載具公司如何利用地圖中的機會。當電腦製造商與線上服務供應商結盟，分享由電腦硬體導引至線上服務供應商的消費者所產生的營收時，他們已具有正確的想法。在這些案例中，線上服務供應商提供硬體製造商來自其使用者的部分收入，彼此分享財富。此處的商業模式極類似行動電話業，免費提供手機，收入來自服務。這個流程很清楚地遵循，市場機會從載具轉移到內容的演變。

內容與載具有何差異？

內容與載具是電子經濟中另一個經濟評量方法。傳統經濟不是以製造載具（像印表機或電影放映機）爲主，就是以製造內容（具有附加價值的智慧，如Adobe公司的印刷字形、軟體或錄影帶）爲主。若缺乏附加內容的價值，載具一般價值相當有限。若沒有東西要列印，印表機就沒有用處；若沒有電影放映，電影放映機也毫無用武之地。

電子經濟消弭了這種分歧，使載具與內容的區別變得模糊，並且堅持成功通常必須兩者兼顧。電子經濟下的企業必須嚴肅地自我檢視，企業參與的領域是載具或內容。接著必須自問，是否那就是想要的處境。可能載具公司能夠藉由成爲內容提供者，而加入更多價值，並獲取更大的報償。在大部分的案例中，公司並不需要爲了擁抱另一個領域，而放棄原有的領域，它們通常能夠因兩者兼顧而獲得報償。

重點是，儘管載具可能是個有形的組件，例如個人電腦或微晶片，但是其最有價值的呈現，乃是當作無形的組件，也就是指傳送某種有價值東西的機制，例如應用程式、架構、通路、平台或是基礎設施。

獲得訊息

電子經濟，會愈來愈支持有機會從電子經濟地圖某一邊遷移至另一邊的公司。找出這類機會的公司，接著便能夠期望，藉著瘋狂的創新以及完美的執行將成功鎖定。重點是，電子經濟較偏袒採取行動者，而極少獎勵停滯者。甚且，儘管電子地圖的兩邊都有機會存在，大部分的行動都似乎發生在地圖的右邊。造成這種轉變的一個理由是，載具的利潤正逐漸縮水，用途也漸漸變成一般商品。例如，隨著個人電腦價格持續滑落，此情況正是電子經濟如何對待純粹載具的一個完美例子。

面臨利潤縮水與更多競爭，個人電腦製造商如何處理？為了增加價值，個人電腦製造商正將內容加到它們的載具中。但是要加入何種內容？應該隨機附贈軟體嗎？不，他們已經這麼做了。個人電腦製造商已獲得結論，所要追求的內容應是，附贈網際網路的存取。

流程由簡而趨繁

電子經濟沒有所謂的現狀。每天都是新的競技場，改變的腳步就如同網際網路的速度那樣快。表2-1顯示，內部經營結構、產業界限以及顧客結果與期望，一旦受到電子經濟難以捉摸行為的影響時會產生的改變方式。

表2-1　傳統市場與電子經濟相較下的顧客成果

注意，請在傳統市場與電子經濟之間的差異，幾個對顧客相當重要的層面：

市集	電子經濟
行銷訊息	
簡單	複雜
受到控制	開放
獨白式的	對話式的
配銷通路	
受限	無限制
靜態	動態
產品／服務開發速度	
緩慢	快速
按部就班；循序漸進	持續不斷；版本導向
產品與市場的演變	
有形的	無形的
標準化	客製化
強調載具	強調內容與經驗
產業界限	
靜態	動態
自有	利用他人
彼此競爭	結盟
與別人對立	與自己對立
顧客期望	
寬容的	有鑑賞力的
由賣主驅動	由顧客驅動
廣爲散播	互動式
一對多	一對一
一視同仁的	同意行銷

產業隨產品無形化也轉成動態

藉由徹底消除全球與區域的分別，電子經濟將產業界限從靜態轉變成動態，結果造成本質十分激烈且不可預測的全球性競爭。先前在不同領域競爭或結盟的企業，現在發現他們彼此竟然產生了衝突。

佳能（Canon）與惠普間的複雜關係是個典型例子，它說明電子經濟如何產生複雜性，以致威脅到甚至是最親密的夥伴。多年來，佳能一直替惠普的雷射印表機製造雷射引擎，但現在，佳能的影印機事業正受到惠普行銷手段與產品閃電般的威脅，惠普的目標是以無處不在的小型印表機取代大型企業的影印機。這項努力乃是根據電子經濟令人生畏的洞察（針對像佳能那樣的影印機公司）：當文件可透過電子郵件散播並能從就近的印表機取得拷貝（hard copy）時，獨立式影印機的用途將大量減少。

同樣的情形，柯達（Kodak）這家發明攝影技術的公司，並未領會惠普網路印表機所代表的含意。柯達從未在其核心相片處理事業中，將惠普記錄在雷達中當成競爭者。數位風潮吹起時，柯達把太多心力集中在數位相機的發展上，而未體認出，眞正使數位攝影術結合在一起的，是能在個人電腦上及以熟悉的快照形式，拍攝、儲存、處理、散佈及顯示照片的產品與網路結合成的一種系統。惠普推出 PhotoSmart 印表機時，柯達便已因落後太多而無法趕上。

這種情景應該會嚇著你，因爲無論任何市場的區隔，都無可避免會發生這種情形。電子經濟要求你注意範圍更寬廣的競爭現象。偏執狂在電子經濟中有眞正的生存價值，因爲今天競爭會來自任何人與任何地方。

電子經濟的取與捨

摒棄：垂直整合

誰在乎擁有？一切都和使用與取得有關。在舊時代，擁有是爲了控制垂直供應鏈。通用汽車（General Motors）擁有鋼鐵工廠及鐵礦和煤礦，其策略就是爲了控制汽車製造流程的每個細節。有好長一段時間，這種強勢的資本主義策略還是行得通。

在美好的時光裡，擁有並不困難。當經濟活動往南方擴展時，擁有便產生問題。今天，擁有任何有形的東西只會產生摩擦。你不會想擁有那些東西，你只想擁有權利。思科部分的成就，是來自它從未接觸過的百分之五十它所銷售的產品。

所以就向外採購吧！協商應有的權利並結盟。「擁有以便利用」已逐漸變得沒有必要，通常也顯得愚蠢，因爲這樣做會阻礙靈活度，會消耗用於他處會更好的資源。將心力集中於專長能力和顧客的接觸點，再外購其他的東西，制定一個專門針對電子經濟的經營策略才是關鍵。特別是，組織的哪個部分應該增加價值？組織又該以何種方式接觸顧客？現在或可能的未來，會有誰和你們在相同領域中競爭？只有在決定這些問題之後，你才能做有關哪些流程是應保留的核心能力，以及哪些流程可外包的明智決定。

一旦決定哪些能力要外包之後，是否要交出這些能力的困難決定就出現了。一旦將程序外包，你仍然必須保有該項能力以便管理這種關係，並明訂與外包夥伴結盟的規則。當然，主宰產業實力愈強就愈容易這樣做；擁有的控制權愈少，產業領導者就愈容易將你擊敗。

採納：水平合夥關係

我們在此討論的是適用於各種情況的聯繫，也就是指建立與結束都同樣快速的合夥關係。新策略：定義你的核心能力，並與尋獲的最佳夥伴緊密配合，以開拓市場上短暫出現的機會。然後重新改造你的企業以及結盟結構，以利用下一個不可能的機會。尋找、開拓以及解散水平合夥關係的能力，是企業在電子經濟中必須培養的新能力。

摒棄：實體規模

花旗銀行的目標是在全世界擁有超過十億名顧客，同時將實體辦公室的數量盡可能降到最低。這個目標支持一個論點，也就是當你能從任何地方存取網路資訊時，實體規模逐漸變得不相關。然而，電子經濟能以新的方式運用實體規模，例如邦諾書店（Barnes and Noble），便有一項優勢勝過亞馬遜書店：邦諾實體店面的網路，提供消費者另一個通路。這項優勢是否能轉變成有意義的競爭利器則有待觀察。

採納：網路規模

當你成爲網路的一部分時，就可以放鬆緊握的東西。你的力量並非來自與任何資源的強烈關連，而是來自與多項資源的鬆散連結。儘管網路的範圍可能遍及全球，然而網路的基本原件（就是指你）卻可以是有限地應用在特定範圍，也可以把焦點擺在核心能力上（是指爲了要抓住手上的機會必須具備的能力）。

摒棄：階層式組織

金字塔頂端的人已不再有自大的空間。高階級決策者與底層貢獻者間的緩衝機制正逐漸消失。讓決策者與最接近顧客者、甚至顧客本身直接連結，這樣的系統才符合未來的需要。

採納：網路組織

網化就緒要求決策訂定從最頂端擴散至最接近顧客的節點，並且在某些情況下，更進一步擴散到顧客本身。網路是擴散力量的媒體，因爲它們同時也是聚集力量的機制。以網路相連的組織力量存在於節點交接處，其大小與節點本身的力量相當。

現今，電子經濟存在大量原本爲有形的產品與服務，突變成無形的例子。這個突變過程通常自然得像透明而毫無縫隙的變化；這種突變和人類歷史同樣久遠。最初是以物易物，也就是有形東西的互相交換。進而，金錢以及各種無形價值所帶來的好處，迅速取代了以物易物。今天電子商務正將美國轉變成一個無現金的經濟體。因此這個過程一點也不算新，只是速度加快而已。以下便是許多例子：

- **電子票（E-ticket）**　過去你一向都是去旅行社取得要交給登機人員驗證的紙製機票。現在你只需造訪一個網站，便能取得電子票，可以讓你能在機門邊的票亭取得登機證的個人識別碼(personal identification number, PIN)。很快地，你將只需要PIN就可以。
- **軟體販售**　過去軟體配銷都是透過有形的磁碟片或光碟，未來軟體將可直接從網站下載。
- **參考書籍**　過去你會到圖書館查閱有形的參考書籍——百科全書、字典等。這些資源逐漸可從線上取得，人們只要上網就可取得，而且永遠提供最新版本。

客製化：顧客更挑剔

大量客製化是電子經濟企業的組織原則，正如大量生產是傳統經濟的組織原則一樣。大量生產者要求一對多關係；大量客製者利用資訊科技，產生競爭者無法比擬的產品與服務。爲什麼能這樣？因爲這些產品與服務皆獨一無二，這是企業與每位顧客持續不斷一對一對話所產生的結果。如同我們即將更深入檢視的，這種結果通常令我們大感驚訝。例如，戴爾電腦是一家與企業顧客及個人顧客均保持一對一關係的公司，它只依照實際下單而組裝電腦。電子經濟實體依照顧客訂製而生產的範圍是無限的。

客製化容許組織擁有權力，讓每位顧客對組織有自己獨特的看法。如同「我的雅虎」或「我的電子海灣」之類的服務，允許每位使用者依照自己的興趣與要求，建立與公司獨一無二的關係。客製化的接觸對數百萬人而言不是幻覺，他們已經有了眞實的體驗。客製化的論點是基於一種假設——每個人對於各種產品與服務，都應該有個像「我的雅虎」一樣的介面。消費者逐漸想要擁有更多權力，來定義他們想消費的東西。就個人消費而言，大家都努力想要與供應產品及服務的組織，建立一個獨一無二、量身打造的接觸點。在電子經濟中，每家公司都應該將這個觀念當做是個邀請——不！是個要求，以便建立提供產品或服務的個人化版本。

幾乎所有電子經濟的領導企業，都已爲其最重要的顧客，建立了客製化的互動資料庫。無論喜歡與否，企業將被迫訂製與其關鍵顧客的互動關係。訂製與潛在顧客或顧客的獨特接觸所增加的成本，正日漸減少。一旦成本降到夠低，追逐原本需求量太低的目標，突然開始變得有意義。電子經濟中，互動關係的客製化已不再是一種奢侈，甚或不是能有最好，而是一種必須有的要求。

爲何你應該吃爲別人而調配的維他命？現在你不必再如此。一家網路維他命製造商 Acumin (www.acumin.com) 依照每位顧客挑選的配方將維他命、草本植物及礦物質混和配製，最多可將九十五種配方壓製成藥丸，結果就變成適合你個人需要的營養補充劑。這令人回想到過去由藥劑師親自調製配方，而不僅只是把幾顆藥丸放到瓶子裡的年代。爲達成這項依顧客訂製的工作，Acumin 公司提供暱稱爲 Smart Select 的線上診斷測試決定你的需要。這份問卷鼓勵你敍述，想透過個人處方來治療的特別健康議題——倦怠、壓力、膽固醇太高等。接著該公司將從一組近一百種成分（及數百萬種可能配方）的維他命、礦物質及抗氧化劑，加上不可思議的工作人員調配特製的藥丸，以配合你的健康需求。

顧客的處方會因爲反映顧客表達的健康需求與顧慮而改變，且這些互動會加強忠誠度。當然，顧客會因訂製而慷慨付款，通常每月約六十五元美金（這個金額可能與很多人從健康食品店自行搭配而購買的瓶瓶罐罐，所花費的金額差不多）。然而，Acumin 執行長歐伯華格（Brad Oberwager）解釋：「這類的客製產品與顧客的配合度極好。」他又說，萬一這些顧客背棄他們，「就會意識到自己是在決定購買次等的產品」。

沒有數位化，就不可能客製化。對於製作客製化型錄，呈現針對訪客特定需求及興趣而量身訂做的環境，電子經濟是個理想場所。達成此目的的一個辦法，是依據訪客過去造訪網站的紀錄，提供個別訪客不同的介面。例如，每天使用型錄的採購經理已能夠處理一套複雜的工具，而首次造訪的訪客則需要一步步瞭解各項功能。除了導覽的協助外，客製化的網站也能夠提供顧客過去的購買經驗。將訪客與他們的公司結合在一起的型錄，可提供特殊定價，及其他購買或促銷誘因。

電子經濟已使傳統一對多的行銷觀念開始轉變。當科技使追蹤每位顧客變得可負擔時，行銷工作便從替產品找顧客，轉變成替顧客找產品。這個新商業規則普遍稱爲「一對一行銷」，首先出現於羅傑斯（Martha Rogers）和派柏斯（Don Peppers）合著的《1：1行銷》（*The One to One Future：Building Relationships One Customer at a Time*，中文版由時報出版，1995年）一書中。此書強調，在一對一的未來世界中，賣方將會使用新科技蒐集與個人相關的資訊，並直接與個人溝通，以形成持續而親密的商業關係。（更多有關羅傑斯與派柏斯的資訊，請造訪他們的網站 www.1to1.com）。

這種更親密的新商業關係，將所有即時推動力——速度、價值鏈整合、新資訊中介、同意行銷

（permission marketing）——都結合在一起，以建立傳統量販商與買主間的基本新關係。最好的小型企業一直享有與顧客間的一對一關係。你附近是否有與顧客保持相互關心的書店？「見到你眞好！你是否喜愛我推薦給你的傑佛遜自傳？好極了！那麼你可能也會欣賞，我替你預留的這本關於邱吉爾的新書。」這種一對一的關心，讓任何顧客都感到特別窩心。

傳統量販商（例如皇冠書店）首先找出一樣產品（暢銷排行），然後嘗試替該產品找到顧客（會對折扣有反應且在意價值的買主）。但現在隨著資訊處理成本的快速下降與功能日益增強，一對一販售商（如亞馬遜書店或邦諾書店）已能夠記住每位顧客每筆交易的每個細節。因此，這類企業便能夠提供量身訂做的溝通、個人化的服務，以及大量客製化的產品。

一次一位顧客

買主購買習性及偏好的精確資訊，乃是使一對一行銷成爲可能的觸媒。很多隱私權團體開始擔心這類資訊的蒐集與散佈；他們當然有權擔心。但是這類資訊已存在，並且通常在未經買主同意的情況下被使用。傳統經濟中，買賣主間的關係通常是對立的。

電子經濟中，良好的一對一廠商，成爲小心守護顧客隱私的守護者。有別於量販商僅將姓名的價值，當成是銷售清單的一部分，一對一廠商卻瞭解顧客及其相關的資訊，乃是最有價值的東西。聯合航空承認，與MileagePlus及信用卡顧客有關的資訊所構成的資料庫，乃是該公司最重要的資產，他們會萬分小心地處理這些資訊。

這並不表示聯合航空不願分享它所擁有的資訊。事實上，聯合航空願與其他廠商共享買主偏好及需求有關的資訊，以嘗試包裝出個人感興趣的商品與服務。不過共享資訊並非指必須與其他公司共享買主。藉著與多家組織建立夥件關係，聯合航空便能從其中組合出既定的服務提供。若某家公司沒有買主需要的東西，它就會去其他公司搜尋，在不提供買主姓名與住址的前提下，找出能將產品包裝好出售的方法。

客製化並非沒有風險。做不到完美，顧客就會離開，不再回頭。從好的方面來看，客製化消除了「顧客犧牲」——指儘管低於需求標準，卻是顧客所能得到的最佳結果，因而不得不妥協。客製化提供一種可能性，使消費者有可能獲得汽車、電腦、衣服、眼鏡、維他命丸、光碟片、書籍，正好是客戶心中任何想要的東西。客製化不利的是，在針對個人訂做產品時，不容許有任何錯誤發生。顧客期待再高也不過了，由於是針對個人市場而設計，因此退回來的商品完全是損失。

電子經濟已經培養了日漸增加的一類消費者，他們對於能夠獲得完美的產品、完美的服務以及完美的資訊萬分著迷，並且幾乎視爲理所當然。消費者愈來愈期待能立即送到的完美服務與產品。今天客戶會要求電子商業商店，提供過去幾年認爲是不可能的服務水準。而現在這種服務已成例行性服務，因此無法跟上潮流的公司就要倒楣了。

電子經濟將力量的均勢從賣方轉移到買方手上。買主慢慢開始發號施令，從告訴賣主他們的產品價值何在，到指定賣主型錄的格式，各式各樣的要求都有。大體來說，消費者期待賣主表現出最高度的卓越營運。客戶堅持被當成有價值的夥件看待，亦即被當成有權被充分告知的精明社群成員。要求更多，但相對的也更不容許失誤。顧客對於在執行上或理念上沒有採納這種新顧客導向模式的賣主，已逐漸變得更無法寬容。

每次交付產品或服務而新成就的水準，會進一步提高門檻。電子經濟顧客對於非零缺點的商業交易，很快就會變得不耐煩。精明的消費者已經將顯露馬虎或有剝削意味的任何產品，降低了該產業的進入門檻。多年來，顧客已經聽慣了以客爲尊的客套話。在電子經濟中，顧客相信這句話，同時也希望要回他們應得的重視。

電子經濟的取與捨

摒棄：以賣方爲中心的經濟

組織不斷運用科技降低傳統銷售過程的成本，但是這種強調降低成本的努力，總是擺在使交易對賣主更有利的角度。這樣的情況正在轉變。現在科技會協助買主——對於這點有爭議的賣主很快就會瞭解到，買主已變得更精明、更不容許失誤。這毫無開玩笑之意。看看旅行社職員，甚至是電子經濟旅行社職員，他們的咬牙切齒和殷殷等待就可以知道了。爲了控制網際網路機票銷售，航空公司正在削減佣金，並且限制旅行社所能銷售的機票數量。它們已漸漸獲得成效。根據網際網路旅遊服務協會（Internet Travel Service Association）統計，近兩年來，美國航空公司線上機票銷售的占有率，已超過原先的兩倍，從二一％增加到四八％。

採納：以買方爲中心的經濟

電子經濟中買主占據了駕駛座。顧客隨時隨地都想要解決方案，若無法立即獲得，他們就會到別處去。接受這個事實的公司，藉著與顧客重複對話，試圖賦予買方權力，設法與現有顧客建立更緊密的關係。擁抱以買主爲中心模式的公司，已經發展出許多在電子經濟中做生意的方法，每種方法都以買方爲主。

配銷通路愈來愈彈性

電子經濟引發了配銷通路與相關之通路管理策略的革命，我們稱之爲「通路突變」(channel mutation)。傳統模式中，配銷通路策略都是根據市場規模、地理區域或應用方式來組織及落實。爲了接觸目標市場，產品與服務供應商會設計並嘗試控制成本最低、阻力最少的通路，買主因而被迫接受通路所提供的相關產品與服務。

爲了獲得新市場中不一定能接觸到的潛在買主，供應商便須對新通路投注大筆投資。由於回收的不確定，建立新通路的成本已足以嚇阻許多的創業者。如此，便已將嚴苛的條件加進了這個市場，因爲競爭者會發現進入成本實在太高了。

電子經濟改寫方程式的兩邊。電子經濟不僅降低建立新通路的成本，也會增加銷售的確定性，因為消費者願意把自己當成潛在顧客。藉著容許顧客駕馭其想要的通路，甚至建立更適合他們需要的通路，電子經濟將重新定義買賣雙方的關係。在這個前提下，為了提供顧客最多的電子經濟介面，賣主嘗試發展並支持一個豐富多變的配銷選擇系統。顧客有無數多的接觸點，並且透過電子經濟剪貼式開發工具，使得現在已經可能接觸到微細區隔的市場（microsegment）。基礎設施已就定位。對於範圍廣泛的第三者，最成功的供應商已使合併銷售、強化及重新銷售產品與服務變得容易，通常這只要一紙一次解決的特別配銷協定就可以達成。

關鍵性問題

- 對你的企業而言，客製化代表什麼含意？
- 你要將價值鏈套用於何處？
- 你的通路權益（channel equity）是什麼？
- 誰控制通路權益的主要部分？

例如惠普、3M、Mead和微軟等公司，分別鼓勵Staples這家辦公室用品零售商，採用從它們網站中取得的元件，來組合Staples的網站。這種組合方式，資訊中介商乃是指，藉著將各個供應商所提供的組件，組合成專門為其目標客戶所設計的完整解決方案，擁抱並拓展配銷系統的組織。許多資訊中介商將產品搭配在一起（例如辦公用文具），其他人則把心力集中於特定的辦公用文具產品（例如雷射印表機碳粉匣）。賣主運用這種電子經濟通路策略，讓產品出現或連結到潛在消費者可能會看到的所有網站。最成功的供應商已經將新策略定位就緒，使傳統批發商將他們的參與當成是個合作機會，而不是威脅。

這股影響力帶動許多先前未受到足夠關注的市場，為許多專營轉售及提供附加價值服務的供應商創造商機。這些新資訊中介照顧到了製造商可能從未發覺、瞭解或能夠接觸到的微細區隔市場，供應商則認可他們對於商品推銷及後勤運籌的專業價值。軟體透過這些買主定義的新通路，支援商品與服務的重新配送，同時維持原本製造商及通路中所有資訊中介商所設定的條款、條件與定價。供應商最大的挑戰之一，是決定哪些部分應該支持，哪些又應該外包並讓其他人管理。

新資訊中介商興起

電子經濟最經得起考驗的神話之一是，經由自經濟體系中排除像經紀人那樣的第三者，及其所造成的無效率，讓全球資訊網有系統地消滅所有的中介者。「反中介」（disintermediation）這個絕妙行話指的是，將介於兩層或兩項功能之間的那層東西或功能去除。這只有一個問題：這種情況根本不會發生，至少不會像部分專家所相信的那樣。儘管許多中介團體可能會消失，全球資訊網的本質卻也開啟了人類增加價值的新利基。能夠在複雜市場快速而靈活偵測出機會的公司，將會以扮演資訊中介商而獲致成功。這類新創造出來的利基，便是我們所說的「價值網」（value web）的一部分。如果能夠找到新利基，你就可能成爲新價值網中的新商家。

你會說，等一下！商業週刊（Business Week）裡那些有關反中介的有名例子，又該怎麼說？亞馬遜書店不是已經除去消費者與書籍銷售商之間的這一層了嗎？答案當然是沒有。亞馬遜書店已經改變某些市場區隔購買書籍的方式，但是你所見到的是以新通路取代舊通路，而非反中介。亞馬遜書店是全球資訊網如何加入加值型零售通路的理想範例。一旦維京書店（Viking）、麥格羅希爾出版社（McGraw-Hill）或蘭燈書屋（Random House），開始大費心力將它們出版的書籍直接銷售給消費者時，眞正的反中介才會發生。儘管有可能直接從麥格羅希爾或普藍提斯霍爾（Prentice-Hall）等出版商的網站上直接訂購書籍，訂單還是透過中間商來處理。儘管批發商對買書人來說好像是透明的，但它確是中介商。類似的情形，亞馬遜書店透過書籍批發商來執行其配送服務。亞馬遜書店提供顧客很多引人注目的好處，但是那些好處不屬於反中介的討論議題。

今天的中介商身處險境。他們要不是能夠利用目前所占據的空間，就是會遭到失敗。例如，一般認爲旅行社會被全球資訊網擠掉，但是大部分消費者依舊比較喜歡與中介商打交道，而較不喜歡直接與航空公司、旅館、遊輪、汽車租賃公司等對象協商。眞正的問題在於：消費者是否願意支付中介商所提供的服務？如果願意，中介商是否能夠調整成本結構，使他們的經營模式依舊能夠生存？

讓我們面對事實，線上與實體旅遊服務的經營模式完全相同。在這兩個案例中，健全的加值型通路，就介於顧客與實際服務提供者之間。儘管聯合航空（www.ual.com）及美國航空（www.americanairlines.com）現在都能夠在網站上提供未出售的座位，但仍然直接將機票銷售給消費者。有別以往的是，他們的銷售模式正從機票辦公室或透過電話，轉移到全球資訊網上。這種轉移有利於連上網路的顧客，因爲可降低成本，但這也不算是反中介。

既然 Autobytel.com 可讓你在網路上購車，汽車經銷商就變成了恐龍，不是嗎？只要有知名的汽車經銷商網路，答案就是否定的。Autobytel.com 是一家利用汽車產業先天資訊不一致的領先優良經紀商，它開拓出一個賺錢利基，將汽車買主與賣主聚集在一起。但是交易依舊發生在顧客與汽車經銷商之間。Autobytel.com 省去許多踢輪胎及討價還價的動作，但是通用汽車、福特汽車及克萊斯勒仍極小心處理，以避免與它們的主要銷售通路，也就是經銷商對立。

電子經濟已經開始撼動，三大汽車製造商與其獨立經銷商之間的關係。例如，福特汽車現正展開與戴爾電腦類似模式的實驗，使消費者能夠「建造」他們心中所選擇的汽車（車款、傳動、內裝、顏色選擇等），接著替消費者製造汽車，並透過就近便利的經銷商交車。儘管福特經銷商可能會滿意地接受，沒有讓他們附加任何價値的交易佣金，他們應該自問：若是福特能夠直接接單，那麼有什麼辦法可以阻止他們直接交車？

正當報紙上刊登有關本書消息之際，微軟宣布成立一家合資企業，將其 CarPoint 線上汽車服務，與福特汽車所領導的主要汽車製造商資源結合在一起。這家依舊稱爲 CarPoint 的新企業體，已誓言要發展出汽車產業首見，將消費者與製造商連結的線上接單生產購車系統。這套系統開放給所有的款式與車型，讓消費者從 CarPoint.com 和 Ford.com 開始，再擴及更多網站，購買依照他們要求的規格而建造的各種品牌汽車。這個試驗性步驟依舊保留經銷商的角色。但若消費者能夠在線上訂製汽車、決定價格，並且能夠透過網路指示工廠製造車子，製造商要不了多久就會開始問道：「爲何我們要讓經銷商插手參與銷售的行動？」

潤滑價值鏈中的空間

這個教訓是，若想在電子經濟中競爭，便需利用能夠充分互動的資訊，以占據可以潤滑介於顧客要求與現有產品或服務之間空隙的利基。如此買賣雙方會更願意支付，能消除阻礙交易的通路干擾或摩擦的加值服務。對於在發展時就特別計畫利用這些機會的新資訊中介商，會更容易獲得這樣的成功。但因爲不斷創新的企業提供以往需收費的服務，使得現有的資訊中介商總是得冒著被判出局的風險。若不瞭解匯率何時變動，那就不用做生意了。例如，提供收費電子郵件服務的公司（例如Prodigy），已經被提供免費電子郵件的組織（例如Geocities）排擠出市場。這些新公司已經推算出，獲得「眼珠閱讀數」（廣告刊登者願意付錢的這種注意力）的價值，超過傳統網際網路服務供應商的潛在收入。

站在生產者與消費者間的任何人，都需要在食物鏈中往上移動，否則因反中介而出局的風險將會是全面性的。占據顧客與能完全符合顧客要求的資訊家電（information appliance）之間的任何實體，終將失去舞台。另一方面，這種現象對中介商而言並非毫無希望。若他們瞭解自己所營運的空間，並且能夠替顧客增加價值，便能夠從這類的機會中擠壓出可觀的利潤。然而，僅提供配送能力的第三者，最好準備改變經營模式，發展出調適的能力，使之能朝加值型服務與支援的方向邁進。

一旦公衆交換網路允許消費者直撥自己的電話號碼時，數千名電話接線生就失去中介的工作。近來銀行自動提款機（Automatic Teller Machine, ATM），使顧客接手先前需由銀行櫃員處理的工作——提領現金、檢查餘額、從某個帳戶轉帳到另一個帳戶。一如語音回覆系統與公衆交換電話系統自動化，就削減了數以千計的中介人員。

無一技之長的工人不是唯一瀕臨危險的人。先前被隔絕於自動化進展的知識工作者，也不再是安全無慮。例如李維牛仔褲公司（Levi Strauss）有個製程，可以接受顧客的精確電腦測量數據，製造合身的牛仔褲。零售商利用網際網路將這項資訊直接傳送給工廠，接著自動化的系統便製造出，依顧客要求而設計製造合身的牛仔褲。在這裡什麼東西不見了？熟練的裁縫師已不復存在於前述的景象之中。整個價值鏈的商店採購者、存貨工人、貨品事務人員也不需要中介，因爲顧客的需要可直接提供給製造工人，便能夠不受干預地滿足顧客需要。這個趨勢對消費市場及企業市場而言都是眞實的。

這些新資訊中介商幾乎在每個產業都逐漸浮出檯面。舉電子零組件配銷事業爲例，像亞諾（Arrow）和 Avnet 傳統上已主宰整個市場，而像 NetBuy 和 Fastparts 的新加入者，正試著巧妙地滲透這個市場。我們已經見到，某些如本書前言所描述的脆弱市場，便出現高度分裂、可數位化、無效率、買與賣雙方資訊不對稱的現象。公司必須辨認出這些要素，同時自問，自己或別人的價值鏈（在上游或下游）中，何處有這類的機會存在？

匯集整合起來就有機會

匯集整合（convergence）是指，將兩種或多種現有技術、市場、產品、界限或價值鏈結合起來，產生一種比單純將各部分加總，還更有力量、更有效率的新力量。匯集整合不是新的動態現象，只要人類不斷發展及改進技術、角色或市場，這種現象就會持續存在。我們至少可區別出對電子經濟而言重要的三種一般性匯集整合領域：技術與基礎設施、資訊家電、市場與經濟夥伴。

技術與基礎設施的匯集整合

有史以來第一次，人類將電子經濟基礎設施的各種組件匯集整合起來，產生了全球資訊網。這種匯集整合給了使用者適當的信心，訊息將會順利通過網際網路的各個角落傳送，並且所有資訊家電如筆記型電腦、個人數位助理器（PDA）、行動電話、傳眞機等，都能夠連結到網際網路。我們要記住的重點是，認知導致匯集整合的推動，而非現實的情況。例如語音與資料的匯集整合，就是其中一個最震驚世界的轉變。今天，各國的交換式電話網路承載大約等比例混合的語音與資料。未來五年之內，資料與視訊負載將占九九%的網路流量，語音將逐漸退居頻寬的一小部分。

匯集整合發生的速度甚於去管理它的能力。依據CIO雜誌的一份調查，超過半數的資訊長期望未來三年內，語音、資料與視訊在他們的網路上將會有可靠的整合。這些資訊長指出，整合語音與電子郵件的通用訊息傳送服務，乃是有計畫匯集整合的一個例子。遠離傳統電路式語音驅動網路，而邁向封包式資料驅動網路的這項舉動，正是匯集整合所呈現機會的最好例子。然而是何種力量驅動這種匯集整合？背後的關鍵驅動力是，像多媒體或是以網際網路協定承載語音（voice-over Internet Protocol, VoIP）那樣的應用程式嗎？或者在匯集整合上，基礎設施比應用程式扮演更多的角色——想降低基礎設施成本並最大化資訊科技生產力的一種欲望？這個基本問題的答案，決定了組織策略是否有足夠的企圖心利用匯集整合所產生的力量。

如同一種策略，價值鏈轉移支持開發整合供應鏈系統與顧客接觸系統的即時系統，使整個價值鏈成爲單一且具整合性的流程。藉由零件訂單、組裝時程、托運者通知及相關財務交易這一連串步驟的控制，整合式電子經濟系統改善了下訂單、裝配及製造的流程。從價值鏈整體且完整的觀點所獲得的知識，可以讓供應商在決定何處該投資、何處該外包時有所依據。

資訊家電的匯集整合

企業總是能從資訊家電的整合而受惠。本書乃是移動式鉛字列印與造紙技術匯集整合的結果。今天，數種資訊家電的結合使得更複雜的裝置誕生，進而促成人、流程與網路的匯集整合。這些裝置將會成爲明日的自動提款機及銷售點裝置，容許使用者存取資訊、從事電子交易、驗明身分、以及執行今天仍無法想像的其他功能。

任何重大匯集整合的結果絕對無法完全預測。人們有時候會相信，匯集整合的運作方式是，將技術A與技術B結合，然後獲得具有兩者明顯元件的某種混合物。但這並不是匯集整合運作的方式。當汽車與公路建造技術匯集整合產生州際公路系統時，沒有人預測出一個移動式的社會，竟然會產生如此巨大的社會崩解——從速食到人口遷徙。同樣情形，當無線電與電影技術匯集整合而產生電視時，沒有人預測出這些至今都還無法完全理解的整合／分裂的力量。每當有重大技術匯集整合時，「非預期結果」這個法則就會大展威力。

市場與經濟夥伴的匯集整合

詢問IBM的主管，請他們說出個人電腦事業的競爭者，最明顯的答案會是戴爾、惠普與康柏

(Compaq)。然而電子經濟中的競爭，由於電子商業所引發的市場匯集整合，而變得更爲複雜。ＩＢＭ主管怎麼會預料到，威名百貨（Wal-Mart）會與韓國一家ＯＥＭ廠商結盟，提供接單生產的個人電腦，並且直接賣給消費者？大部分的產業正在整合中，並且還會持續發生。我們已經在財務服務、網路及很多其他領域中見到，改變看待競爭與競爭威脅的方式，是縱橫電子經濟的關鍵。

理性的市場變得更有效率，且更確定可以獲利，許多供應商也針對這些觀察結果採取行動。顧客因較低的成本而受益，這是由更有效率的訂單處理、更低庫存量、較便宜的供應品、更好的品質所導致的結果。電子經濟中新興的電子商務科技，賦予對通路具影響力的買主權力。這種影響力產生了新的微市場（micromarket）——一種大規模通路客製化的流程。爲了提供最多顧客接觸點，賣主被迫要盡可能在網路出現。供應商因爲容許（通常甚至是鼓勵）任何網路轉售商代言他們的產品，而獲得成功。新資訊中介商藉著提供解決方案給這些新微市場而浮出檯面。例如亞馬遜書店的書籍網站，以及CDNow（www.cdnow.com）及Liquid Audio（www.liquidaudio.com）的音樂網站，都積極努力盡可能出現在更多不同網站顯著的布告欄上，每個布告欄都代表一個可能有利可圖的進入點。

將原本不相關的技術、產品與資訊結合，以產生令人注目的產品與服務，這種作法也強調載具與內容的觀念。幾乎所有傳統經濟所提供的商品不是載具（像印表機或照相機那樣的實物），就是內容（像軟體或是軟片那樣具附加價值的智慧產品）。匯集整合漸漸意指，電子經濟中產品以新穎的方式結合內容與載具的特性，而產生新價值鏈的意思。爲使匯集整合在你的公司行得通，你得面臨一項具有三重目的的工作。首先，必須判斷你所提供的商品，目前是做爲載具或內容的比重較高。其次，必須考慮如何將內容加到目前所提供的載具中。第三，若判定目前是屬於內容事業，則必須設想可以提供何種額外的基礎設施，附加價值到現有的內容中。對本章所描述的十一個主題保持注意，將能協助你想出載具與內容的組合，進而在顧客心中創造眞正的價值。

數位化：功能與形式的分離

從最簡單的意義來看，數位化是指以○與1，也就是以電腦的語言表示內容。但是以這種方式表示內容——文字、視訊、語音、影像——的能力，開啓了通往空前機會的一扇門。數位化及其他網際網路所帶來的主題，共同將社會帶入一種速度文化（壓縮）、帶入以個人爲單位的行銷（客製化），以及帶入將產品與服務混合的嶄新世界（資訊化）。

數位化本身沒有多少用處，只有在與其他主題結合時，數位化才能產生價值。例如，沒有數位化，客製化就不可能。一旦顧客資訊數位化之後，就可以放入資料庫分類排序；並在網際網路上散播。網際網路使企業有可能將資料從線上訂單表格，移轉到工人的工作場所。

數位化最重要的含意在於，它如何促使形式與功能的分離；功能與形式的分離涉及以不同方法來傳遞功能。如同我們在本章前文討論過TMO所指出的，將價值鏈的功能從實體呈現分離出來，創造了龐大的商機。我們會在後面的章節中描述很多類似的機會，但是讓我們在此先看一個例子。藉著將大部分品管測試的流程數位化，思科已經成功地虛擬化零組件測試這項步驟，使思科工程師與測試設備不必非得實際在現場，依然能夠進行或監督測試工作。由於將測試流程數位化，思科得以節省金錢，以及壓縮交貨週期（有關思科的 Autotest，以及它如何將形式與功能分離的更多資訊，請見第五章「將功能與形式分離」一節。）

數位化使服務公司能夠將服務功能從傳統形式中分離出來，並在這個過程中產生新的市場與機會。舉個例子，如同多數大型軟體公司，組合國際電腦公司（Computer Associates International）（www.cai.com）也擁有一個事業單位，可以提供系統建置之類的專業顧問服務。不久之前，這類的事務都需要顧問到現場提供服務，這要花費昂貴的旅費，並且是按日計酬。但是安置好適當的基礎設施，以及在部分初期的目標設定、討論之後，電腦顧問便沒有強制性的理由必須到現場。在嘗試運用網路與相關的技術，將功能從形式中分離出來之後，組合國際電腦的全球專業服務（Global Professional Service），實現了遠端佈建服務（Remote Deployment Services）的作法。如同現場佈建（on-site deployment），遠端佈建服務提供所有的計畫管理與規畫建置所需的資料，以協助確保能夠獲得有效的系統成果。唯一的區別是這種服務以數位方式提供。由綜合性的電傳會議評估開始，系統建置顧問引導客戶完成計畫的規畫階段。在連接測試成功之後，軟體便透過組合國際電腦公司遠端控制與軟體佈建技術的運用，安裝到客戶的網路上。

海陸服務（Sea-Land Service）（www.sealand.com）這家美國最大的海運公司，以及全球運輸業領導者，在其整個美國網路骨架中，使用組合國際電腦的遠端佈建服務，以便在愛爾蘭與菲律賓的地區資料中心，部署策略性的網路連接系統。海陸服務的船隊擁有九十四艘貨櫃船，超過二十二萬個貨櫃，服務八十個國家與領地的一百二十個港口，營運全世界技術最先進的終端作業。海陸服務技術架構經理羅藍（Leslie Rowland）說道：「藉著將規畫、測試與安裝的工作交給組合國際電腦公司，我們能夠在三天內完成十天的工作，同時免除不必要的旅行開銷。」「這樣做加速了出船率，使我們全球的員工能夠集中心力於策略上優先事務，並且保證能從軟體與人員的投資中獲取最大價值。」

在消費者面前，博德連鎖書店正在注意數位化結合客製化帶來的神奇魔力，以協助它從其實體的零售業務中擠壓出更多價值。博德書店將策略賭注押在數位書籍批發商新苗（Sprout），希望能提供買主在書店內依照要求印出書籍的能力。新苗的技術能將書籍保存在電腦檔案中，依照顧客的需求，將檔案接送至印表機，以產生裝訂完美的平裝單一複本書籍。藉著降低出版商與零售商儲存、運送書籍的成本、增加立即可供銷售的書籍數量、降低保有銷售速度較慢之成書的門檻、以及消除退書的風險，博德書店因及時（just-in-time）列印而受惠。這對博德書店及顧客都有好處，但是也意味著某種風險。此風險是指，及時書籍所造成的鮮明對比，應該會帶來使所有零售書店都躊躇的兩種明顯情況。首先，若 7-Eleven 便利商店決定在其兩萬家便利店中安置列印亭子（kiosk），那情況會怎麼樣？又有什麼辦法可阻止 Kinko's 影印店涉入這項行動？感謝有了 KinkoNet，這家公司已經準備好網化就緒基礎設施，並且備有必要的高速印表機。其次，若書籍可在獨立的亭子依照需求印出，或甚至可在消費者家中印出，剩下來的書店還能夠提供什麼服務？

無噪音的無限複本

數位化改變複本的觀念。在電子經濟中，複本幾乎是免費，而且無法與原稿區別，其中隱含的意義眞是令人吃驚。

在檢視這些隱含意義之前，讓我們先仔細回顧傳統經濟中複印的專制行爲。在市場上複本是昂貴的，並且通常與原稿一樣貴。在傳統類比市場中，複印也是無效率的。每影印一次文件，複本的品質就會下降；複印的過程也會有噪音。我們都知道影本的影本通常難以辨讀；錄製音樂的類比拷貝，也會產生同樣的情形。品質會隨著一次次的複製而降低。

但是有了數位化之後，複本可以無限制地製作。甚且，每份複本都免費，或是近乎免費。因此，Windows 98的第一份複本可能花費微軟五億美元，但是之後每份複本的成本則只是包裝費而已。當消費者從微軟網站下載軟體時，所增加的成本對微軟而言實在微不足道。

數位化產生了智慧財產權及著作權法諸多社會與法律問題，電子經濟必須與這些議題達成協議。但是數位化所產生的經濟力量如此龐大，使得對其隱含意義的瞭解，已成爲在電子經濟成功的關鍵。

資訊化：智慧型產品激增

我們將之稱爲滲透性智慧（penetrating intelligence）。你若找不到方法將智慧加到產品中，競爭者就會這麼做。電子經濟中，產品都已資訊化。科技嵌入產品，而大衆化產品的使用環境，更可以便利交易及選擇產品和服務的相關資訊流動。採用大部分的網路軟體後，顧客便可依照自己的偏好開啓或結束功能。產品本身其實是一個主要介面，介於終端使用者、製造商、通路商以及顧客想要與之溝通的其他當事人之間。

資訊化改善複雜系統排除故障。如果你對於巧妙地處理顧客抱怨感到困難，請細想位於南卡羅來納州格陵維爾（Greenville）的哈特尼斯國際公司（Hartness International）（www.hartness.com）這個案例。該公司的產品裝箱機器，負責生產線上瓶子裝箱的工作。若其中一台裝箱機動動停停，整個生產流程就會陷入停頓，導致客戶每小時數千美元的損失。藉著預測顧客需要，以及提供更好的服務，哈特尼斯已經設法回應了這個困境。這家公司建立一個影帶回授系統，利用無線攝影機將工廠各樓層、角落的詳細影像傳回給 Hartness 的服務技師，利用視訊會議的常識，以及 Picture Tel 公司（www.picturetel.com）的協助，才得以解決。現在一旦機器發生故障，由哈特尼斯顧問所指導的現場顧客技術人員，可排除八〇%的小故障。

哈特尼斯的創新是電子經濟中智慧型現場服務的一個例子。顧客現在已忙於與哈特尼斯親密地對話。透過提供更多產品給每位顧客，該公司已經擴展了顧客占有率。而且哈特尼斯僅僅是讓消費者更容易仰賴其產品，就鎖定了忠誠度。這套視訊系統不僅變成了該公司的自營事業——Hartness Technologies，還吸引了裝瓶產業以外的顧客，例如惠普與克萊斯勒。這項方案是個好例子，說明公司如何透過跨越其核心產品，轉移到提供更好的服務，進而擴展顧客的需要。

供應商現在能夠在服務台、技術支援及顧客服務的人員配置上，減少相當多的花費，同時還能眞正提高顧客滿意度。蒐集、分析和回應產品使用與效能資料的數位系統，取代了舊有的類比系統。與顧客使用型態有關的一般性資訊，突顯出提供、支援及補充消耗品例行性服務的必要性。深入的績效分析，則能夠揭露升級、重新配置或改進績效之建言的需要。此外，從匯集整合績效資料所獲得的新知識及洞察力，能夠用來協助設計下一代產品，顧客也藉此免除了使用產品的許多共同議題，例如決定何時該更換零件、記得要訂購消耗品，以及嘗試改進產品績效（大半不會成功）。可能智慧型連網產品最有價值的好處是，它們很少故障，或很少次級品。

車費多少？請看手錶

流行與功能的結合是匯集整合的一個案例。Schlumberger 和帥奇錶（Swatch）發表了一款新手錶，其中加入一種可儲存大衆運輸車費的智慧卡付款系統。這兩家公司聯合生產的這種無線電子售票手錶，目前已在市面上出現，並且獲得芬蘭共和國的採用。

這種稱爲 Swatch Access 的手錶有四種設計，在芬蘭的 Swatch 商店及大衆運輸當局都有出售。這款手錶結合用於 Schlumberger 的易通（Easypass）無接觸式智慧卡。爲了使用這款手錶，旅客支付一定量的金額給大衆運輸當局，當局便將那筆款項儲存於錶上的智慧卡，當乘客通過電動十字轉門時，乘車費用會自動從儲存於智慧卡上的數值扣除。最後，這款手錶可當作多用途電子錢包，儲存於其中數值可用來支付報紙、打電話、飲料或其他低價值項目。

可與製造商或資訊中介商溝通的產品也稱做智慧型產品，它們可改善績效、降低成本及提高收入。智慧型產品激增的最明顯例子是，嵌入式電腦晶片幾乎存在人們生活中的每種裝置裡。大多數人都相當瞭解，嵌入式電腦晶片在汽車所扮演的角色。今天汽車上智慧型電子裝置的金額，正逐漸趕上鋼鐵車體的價值。消費者知道晶片存在於電子產品，如微波爐和立體音響，但是嵌入式晶片也廣泛存在隨處可見的用品中，例如電梯、空調設備、車庫開門裝置、旅館門鎖、自動提款機、冰箱以及清涼飲料販賣機。讓我們更進一步審視這些智慧型產品，它們有何共同點？它們都把網路當作一個合作平台，並藉由自動化或消除例行性人工流程傳遞價值。

智慧型旅館鎖

這個點子是，旅館的每扇門都應該包含一片晶片。這在十年前似乎是荒謬可笑的電腦晶片，但是現在即使是按時計租的房間，也都裝有一閃一閃又會嗶嗶叫的晶片。如果國家半導體公司（National Semiconductor）恣意而為，每件聯邦快遞公司（Federal Express）的包裹，都會被貼上一片可聰明追蹤內容物的拋棄式矽薄片。條碼可附加價值，但是條碼無法說話；它們只能表達一個字的句子，而且也無法聽。智慧型產品的普及意味著，所有製成品——從錄影帶、跑鞋、手電筒到兒童食用穀類製品外包裝——都將會嵌入網際網路協定（IP）裝置，而連接到網路的一小片智慧型薄片。

智慧型旅館鎖使深夜到旅館登記而進到旅館房間的旅客，能夠使用信用卡來開門。若門鎖是旅館預訂系統的一個節點，則用來保證支付旅館費用的同一張信用卡就應該能夠將門打開。將智慧加入這個流程的好處，免除了登記並實際持有鑰匙這個令人沮喪的步驟。這個系統有許多隱私及安全問題待解決，但是我們相信這一連串的事件必然會發生。

智慧型自動提款機

每個人都用自動提款機，這些機器似乎也蠻聰明的，但是大部分自動提款機都和 Tupperware 一樣聰明。一旦自動提款機變成了商品，金融機構就有誘因將自動提款機差異化。可能獲得顧客忠誠度的最好辦法，是設計出具學習能力的自動提款機。譬如你每週都使用自動提款機，且一向喜歡有西班牙文的操作說明、你總是將錢存到支票帳戶、總是會提領六十美元現金、總是將五百美元轉帳到儲蓄存款帳戶、並且總是會檢查兩個帳戶的餘額並印出結果。若自動提款機不必你問就知道你想要什麼，那對你將會有多大的吸引力？

目前美國的自動提款機還無法這樣做。但是當英國 Natwest 銀行（www.natwest.com）的提款機，與美國功能不全的自動提款機比較起來，就像可領羅氏獎學金的學者一般。美國爲什麼做不到？一旦有了新的顧客選擇服務，顧客就能夠事先設定自動提款機，選擇能記住顧客偏好的一組服務。從任何方式來看，這都不算是自動學習，而是一項進步。要求顧客自己設定也不算完全不可靠，這類的設定代表加諸使用者更高轉換成本的一項投資，並且有助於將顧客鎖定在 Natwest 的自動提款機網路中。每當你能夠讓顧客投資時間與心力於某種關係時，將會使顧客在轉換時考慮再三。

智慧型電冰箱

關掉冰箱門時，你確定冰箱中的燈已經熄掉了嗎？新一代智慧型電冰箱也許能夠告訴你答案。它們也能夠監控全家的牛奶消耗量，並且能幫忙代訂，讓你從不會沒有牛奶可喝。新一代冰箱運用網際網路、條碼掃瞄及微晶片感應技術，以確保不會讓你沒食物可吃，並確定各廠家不會缺乏與你的消費習慣有關的資訊。

智慧型電冰箱代表虛擬空間中的新戰場，並且很快地會出現在你的廚房。食品雜貨製造商、超級市場及線上食品雜貨商，正趕緊設法想出如何運用新興科技，將它們的產品直接放入你家中。藉著將智慧加入冰箱，雜貨店實現一個由來已久的夢想：預先知道消費者需求。富及第家電產品公司（Frigidaire Home Products）最近推出內含有微處理器、觸控式螢幕、條碼掃描器及通訊埠的一種智慧型家電。由富及第與ＩＣＬ這家位於倫敦的科技公司所推出的冰箱，允許消費者將食品雜貨採購自動化。每當某樣產品數量變少時，他只要將產品紙盒在冰箱的條碼掃描器上掃過，此項產品就會被加到採購清單中，消費者準備好時，清單就可以傳送到像Peapod（www.peapod.com）這類電子雜貨店合作夥伴的手上。食品雜貨不是送到消費者家門口，就是打包好以方便消費者提取。

智慧型蘇打水販賣機

自動販賣機銷售，從購買的角度而言非常有效率，但是從整個價值鏈的觀點來看卻極無效率。它們受到時而可預測、時而無法預測的大幅度季節性波動及購買模式影響，造成配貨商面臨兩難的處境，不是派遣卡車到不需補貨的機器補貨，就是容許機器因缺貨而失去收入。智慧型自動販賣機解決了這個問題：它們有足夠的自我注意力，知道何時將會缺貨。在缺貨發生前，嵌入式電腦晶片會打電話或是以無線方式通知經銷商，提供及時的補貨。同樣的方式，這些機器也足夠聰明，知道何時將需要服務，並且也能夠在令顧客感到挫折想踢它一腳，或更糟糕的情況之前請求維修。

這個策略具有明顯意義，不但令每台機器的收入達到最佳化，改進對零售商的服務，並且避免了最終消費者的挫折感。但是我們的論點還要更深入。智慧型系統眞正的價值，源自於此系統所提供的即時資訊。試想取自好幾千台這類機器的資料，如何用於建立可預測的模式，以評量個別事件對機器販售所造成的影響。例如，搖滾音樂會或是足球賽時，機器是否獲利更高？獲利率是否受室外溫度或是其他因素的影響？自動販賣對價格有多大的敏感度？藉由對銷售的即時監控，經銷商便能夠找到這類問題的現成答案。相同資訊也能夠以近乎即時的方式，來評量促銷活動的效果。能用來追蹤數百萬美元行銷或廣告方案的資料，其價值爲何？此外，這些資料對於協助公司合理化清涼飲料生產與配銷策略，具有重大價值。現在讓我們採取下一步，考慮這種資訊對於洋芋片或個人用品販售商，所可能帶來的價值。要見到這類資訊之價值超過清涼飲料之價值的可能性並不困難。

壓縮：交易成本逐漸降低

可能電子經濟對商業所造成的最戲劇性衝擊，是它在有系統地降低交易成本這方面扮演的角色。穩定地從虛擬價值鏈中壓縮（compression）交易成本，將會持續改變與顧客互動的每一層面。傳統經濟中，維護單一顧客資訊的成本約一美元；今天，每位顧客的成本遠少於一美分。較低的交易成本容許公司控制追蹤，在幾年前還因太昂貴而無法獲得及處理的資訊。任何對於電子經濟眞正衝擊的評估，都必須包括，透過釋放網路影響力、增加回收及建立經濟範圍（economies of scope）與經濟規模（economies of scale），才能產生較低的交易成本。電子經濟便是以這種方式，重新塑造了企業結構與產業結構。

「壓縮」與本章所討論的其他網化就緒趨勢結合在一起，擠出了很多傳統的互動成本，亦即顧客與公司在交換貨品、服務與意見時，無可避免的搜尋、協調與監督。「壓縮」以多種外觀與形式出現，在最強而有力的形式中，「壓縮」甚至不被認爲是一種單獨的力量。但是無論外觀爲何，「壓縮」

會擠壓出或消除掉，行銷、配送及顧客服務流程中最昂貴的部分。服務與支援愈傾向商品導向，「壓縮」就會更毫不留情地將它們帶入歷史。我們在本書中所舉出的大多數成功企業，都將它們的成功歸因於節省時間與開支的能力，並藉此大大地降低了交易成本。

「壓縮」從流程中擠壓出距離與時間，並消除大部分傳統經濟長久以來所認定的固定成本。壓縮使距離變爲無關的力量。到目前爲止，地域位置一直在決定誰與誰競爭方面扮演關鍵性角色的考慮因素，是在傳統經濟中極大的一種限制力量。電子經濟中，你的企業能夠與全球的顧客相連；當然「壓縮」也同時帶來這種好處的另一面：你將會直接面對全世界的競爭者，它們與你同樣容易地能接觸到你的顧客。

例如，僅僅三年的時間，Autobytel.com 公司實際上已變成全美第二大汽車經銷商。這項成功大部分得歸因於，從網站上購買的價格差距顯著地比傳統汽車通路來得低。原因之一是，「壓縮」使地理位置變得較無關緊要。像 Autobytel.com 所提供的服務出現之前，地理區域將顧客局限在少數經銷商之中——通常製造商在每個銷售區域只有一位經銷商。但在電子經濟中，顧客能夠容易又便宜地比較，遠大於原來範圍的經銷商所提供的價格與選擇方案。實際上，Autobytel.com 及其線上競爭對手，正在解除經銷權所扮演的銷售與服務角色。現階段經銷商的服務與維修功能大致維持不變，但若經銷商仍打算置身於不僅僅是汽車修理服務設施的這場遊戲中，這種情況就必須改變。當愈來愈多的顧客決定在網路上買車時，經銷商將會發現他們已被放逐到價值鏈之外，只能提供像輪胎轉動及機件調整那樣的商品化服務。基於類似的理由，微軟的 Expedia 旅遊網站在短短兩年之間，就已經成爲最大的線上旅行社之一。傳統旅行社將必須以提供新服務以茲回應，才能與 Expedia 天生的成本優勢相抗衡。

在企業對企業領域中，情況也沒有任何差別。例如，思科將其大多數的成功歸功於，運用「壓縮」改變與顧客互動的成本及品質的能力。思科已投資大量資金，建立運用網際網路的完美系統，讓顧客方便地透過思科的網際網路市場，找到價錢、簡化產品設定及交付訂單與追蹤訂單的狀態。實際上，思科已經將這部分的事業開放並外包給顧客。透過製造連接線上（Manufacturing Connection Online, MCO），思科與通路夥伴的關係也已經改變。思科已經運用在線上的地位，將供應商與製造夥伴整合，並把供應鏈的組裝與發貨部分交給製造夥伴，以便直接出貨給顧客。同時思科也維持對此流程的端對端控制。

在此有個好問題要問：你能夠將與顧客、供應商、合作夥伴或員工有關的企業關係及活動的哪個部分，轉包給這些關係人，並且還讓他們因此感謝你？

時間就是金錢

藉著縮短時間及孕育更快速的改變，電子已經成功地進一步降低交易成本。成功的電子經濟角逐者，接受一種不斷改變的文化，而且願意不斷拆解並重建他們的產品與流程——即便是最成功的也一樣。身處一個瞬間連接的世界，能即時回應市場並從中學習進而適應市場的這種能力，將會獲得極大的報償。「壓縮」驅動零延遲的經濟模式，其中蘊含的意義是令人難以置信的：

電子經濟沒有耐心　即刻（immediacy）是電子經濟的關鍵驅動力。在一九五〇年代，像電子照相術（xerography）或快照技術那樣的技術發展，確保了幾十年的收入來源。同時，設計一款汽車從觀念成形到量產，眞正需要花十年的時間。今天爲了要成功，企業必須在加速的情況下營運，並透過立即資訊，持續且立即地調整變動中的營運狀況。做爲電子經濟的一種價值，壓縮的主要焦點在於縮短週期時間。消費性電子產品典型的生命期少於六個月。儘管今天克萊斯勒設計一款車只要兩年，而不是十年，但以年來計算還是太長。我們相信三年之內，我們詢問過的公司，有超過半數的收入將來自今天不存在的產品與服務。

「壓縮」驅動新經濟規模　虛擬價值鏈的壓縮重新定義了經濟規模，並容許小公司在由大公司所主控的市場，達成產品與服務的低單位成本。美國郵政管理局仍然依據某種產業典範來看待這個世界，因此顯然不可能在全美每個家庭中都成立一間郵局。但是聯邦快遞眞的做到了，它透過全球資訊網上的公司網站，讓個人透過網際網路來追蹤包裹。（消費者也可以要求軟體不僅容許他們追蹤包裹，而且還可以隨時查看他們與聯邦快遞交易的整個過去紀錄。）無論在任何時刻，也不論有數百萬使用者或是僅有一位使用者請求提供服務，這種新經濟規模，使聯邦快遞能夠提供，實際上對每位顧客而言就像小店面那樣的服務。

「壓縮」驅動新經濟範圍　電子經濟中，利用一套數位資產在多個不同且異質的市場提供價值，企業便能夠重新定義經濟範圍。例如，USAA（www.usaa.com）這個保險巨人，以九七％的市場區隔占有率，主控軍官保險市場，其營運規模是建築在直接銷售之上。現在因數位資產（它所蒐集到與其顧客有關的資訊）產生的新顧客關係，使企業正逐漸擴展勢力範圍。運用其虛擬價值鏈，USAA便能夠協調跨市場的組織活動，並提供更廣的高品質產品線與服務項目。

「壓縮」獎勵從供應端移轉到需求端策略　企業在電子經濟中蒐集、組織、篩選、綜合及散播資訊，及在市場管理原物料及製成品時，就有機會感受及回應顧客的渴望，而不僅僅只是製作、銷售產品與服務而已。USAA感受到顧客群的需求，然後將這種需求連結到一個供應來源。電子經濟中，供應通常都跑得比需求還快，因此若希望獲得成功，經理人必須逐步將注意的焦點放在需求端策略。

優勢變得更短暫

你如何在電子經濟中創造優勢？我們將在本書第二部涵蓋這個議題。現在就讓我們將概念化優勢的舊方法與新方法加以區別：在工業時代，經理人集中心力獲得競爭優勢是合理的，而且一旦取得優勢，就能夠持續保有優勢。當成功的基石是以原物料、市場、資本與勞力的稀少性來評量時，比競爭者將這些要素組織得更好就產生了價值。當經濟是種零合遊戲時（「若我們多一項，你就會少一項」），競爭優勢可能就是一種值得保護的東西。不幸地，花在保護優勢的精力與資源，無法獲得有效的利用——代表你的顧客創新。（表2-2）

電子經濟下，我們得向前看，不要回顧。歷史證明，相信組織能夠規畫競爭優勢這種想法，純粹是種過度自信。讓我們檢視美國企業中最有名的系統，例如美國航空（American Airline）的Sabre系統，或美國醫院供應公司（American Hospital Supply）的ASAP訂單系統。儘管這些系統事實上已經替它們的創造者帶來了顯著的競爭優勢，在觀念上，它們有的卻是企圖心小得多，但更值得尊敬的目標。之所以設計這些系統，爲得是能使顧客與合作夥伴，在生活上更輕鬆自在。

一旦組織邁向資訊時代，它們所犯的錯誤是，假定資訊科技能夠驅動持久的競爭優勢。即便許多資訊科技的新構想，促使公司向前邁進並協助創造價值，但事實完全不然。基於某些理由，仰賴資訊科技的競爭優勢將會產生不良後果。例如，在一個科技可快速又容易複製的時代，如此便會過度強調科技，因為擁有容易被複製的東西毫無優勢可言。此外，以競爭優勢為目標會失去重點。競爭優勢不應該是個目標，它應該是某個更基本事項的結果：提供節省顧客時間的產品或服務，使他們生活過得更輕鬆自在，或是使他們的關係更豐富。企業必須藉由將那樣的事情做好，以獲得競爭優勢。

然而，因為優勢短暫就變成無關緊要，這種假設也是個錯誤。事實上正好完全相反。我們的研究指出，最成功的網化就緒組織乃是最早採用網際網路科技與方法者。有四個主要原因可說明這個結果。首先，早期採用者可親手挑選最高利潤的顧客，若這家公司是在網路上誕生，則會比較容易取得創投資金。我們的經驗顯示，其他條件都相同的情況下，成功地在早期採用網路科技的人，最後將會攫獲利潤較高的顧客，並且能夠保有較高的市場占有率。以美國為例，五〇%的連網家庭收入高於五萬美元，其中的五〇%全家收入超過七萬五千美元。80／20法則指出，藉由最早在產業中攫獲最多數最高利潤的顧客，網化就緒公司所帶來的影響，將遠遠超過它們在電子經濟中所占的比例。電子經濟模式指出，對很多成功掌握先機者而言，所獲得的成本優勢達一五～二一%之多。拖延太久才投資的公司，在與這些快速移動者競爭時，將會遭遇到困難。

其次，掌握先機者傾向於早期便整合品牌的價值。在電子經濟，品牌的價值是無與倫比的。當市場愈來愈擁擠，愈來愈令人困惑之際，消費者本能會對信任的品牌產生信心。掌握先機者有較好

表2-2 電子經濟中的動態優勢

電子經濟中的優勢是短暫且由買主所驅動的	
市場	**電子經濟**
安置	移動
固定	有彈性
位置	遷移
賣主決定	買主決定
供應驅動	需求驅動
依特徵決定價值	依狀況決定價值
外在定價因素	商議定價
對立	合作
零合；「我贏，你就會輸」	雙贏

的機會在不擁擠的市場空間中建立品牌。

第三，掌握先機者可最先挑選最好的合夥關係。電子經濟中，沒有任何組織可獨力完成所有工作，與較喜歡的合作夥伴結盟的重要性，再怎麼樣也不會被過度高估。晚進駐者必須與第二級或第三級的對象培養合夥關係。(有關電子經濟中合夥關係的完整討論，請見第九章規則五。)

最後，由於能吸引到一流人才，成功掌握先機的人能獲得相當多的競爭優勢。我們在就業市場所見到的現象是，頂級天才會跑到各電子商業類別的頂級角逐者那裡。最令人滿意的企管畢業生，通常較喜歡已經建立品牌的掌握先機者。晚進駐者在招募新人的競爭中將會發現，一流人才早已經被訂走，必須提供非常吸引人的酬勞配套方案，才會獲得對方的慎重考慮。對於晚進入市場者而言，這些挑戰相當嚴酷。

3

找出策略性選擇方案

困難不在機會稀少，而是太多

電子商業經理人必須接受

每項行動方針都涉及機會與風險的取捨

取得兩者的平衡

就能產生省錢又能創造新價值的機會

電子商業價值矩陣可以提供整體的觀點

看待不同新構想間的資源競爭

電子商業價值矩陣（E-Business Value Matrix），是評估電子商業新構想時有效的評量工具。本章描述組織如何跨產業，將企業目標及活動對應到網際網路的新業務構想，以及這項評估可以對後續策略提出何種建議。

要在電子商業中成功必須面對的挑戰之一是，哪些新構想具有最佳機會，可以產生你所想要的強大影響力。這個挑戰並不容易克服。網化就緒的結果極像是策略組合管理的運用。

網化就緒的高階主管意識到，電子經濟是眞實的，它不是一時的風潮，也不單只是一個選擇方案。困難在於，儘管大多數企業知道自己必須採取行動，卻很少知道重點在哪裡，或是該如何執行。困難不在於機會稀少，相反地，機會多得是；若是把這看成問題的話，那就是太多的方向會把組織壓垮。我們的研究顯示，企業通常會面臨一種處境：資訊科技組織都積壓會降低它們專注與執行能力的新構想。讓許多公司在設法找出行動方針更加困難的原因是，「反正要改變總是困難」這樣的想法。甚且讓事情更複雜的是，管理階層正面臨雙重災難的打擊。首先，他們接收到來自組織各部如潮水般的緊急電子商業要求；其次，他們也受到電子商業販售商的擺佈，不斷向他們丟出宣稱能夠解決企業問題的解決方案。

關鍵在於，公司如何從過多的可能性中，挑選出將會成爲贏家的電子商業新構想。當我們說，挑選贏家方案或即將成功的新構想是十分困難時，我們是把明顯的部分誇大了。

不幸地，我們在今天市場上見到的是，企業（尤其非在網路上誕生者）以一種非常特別、機會主義及雜亂無章的方式，選擇未來的機會。這種在電子商業投資的獨特方式，表示企業不懂如何善用資源。問題在於，大部分組織對於電子商業的投入方式，都不是非常成功。大多數組織仍對電子商業如何協助提升公司的聲譽，瞭解得太少。依我們的經驗，在決定關鍵性選擇時缺乏嚴密的思考，就會容易招致失敗。失敗將以下列形式出現：

- 網路化的孤島
- 缺乏明確想要的利益／影響
- 缺乏驅使利益產生的必要努力
- 無法帶動組織全體一起朝目標努力
- 無效的責任歸屬
- 不恰當地收買顧客
- 無法達到的期望
- 無法決定是否應該採取行動
- 「可解決所有問題的兩年期計畫」

現在你的公司處於哪一個階段？未來將往何處去？什麼東西對公司而言是重要的？這些問題對任何熱切期盼在電子經濟中爭取地位的公司，都只是基本問題。在電子商業環境變動不居、技術推動者此起彼落，以及競爭者不斷換手的前提下，瞭解如何在電子商業中管理投資，乃是成功的基本要項。

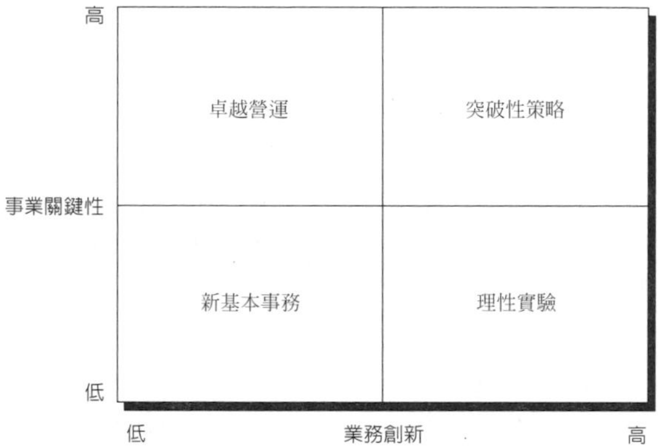

圖3-1 電子商業價值矩陣 提供追求網化就緒時的深度觀察。在此架構下，我們可以找到任何網路化業務或流程的位置，藉此更瞭解爲了使成功的機會最大，需要有什麼事情發生。

電子商業價值矩陣

爲了協助企業在電子經濟下找出電子商業問題，我們已經發展出客戶認爲特別有幫助的一種評估工具——電子商業價值矩陣（圖3-1）。這個價值矩陣沿著事業關鍵程度及業務創新或新穎性二個垂直方向，分成四個象限。我們是經由研究所累積的經驗挑出這兩項要素。當我們檢視成功網化就緒的驅動力時發現，就驅動競爭優勢而言，這兩個變數的差異最明顯。我們試著標示其他變數，例如成本、收入或市場占有率，但是儘管這些是重要驅動力，卻沒有一個像事業關鍵性及業務創新這兩個變數，可以可靠地預測出網化就緒的成功。在圖上標示出電子商業新構想，可以讓我們有能力去分辨兩種張力(tension)排名都高的新構想，各自會對組織造成什麼影響。其他條件都相同的情況下，部署事業關鍵性及業務創新這兩方面排名都高的新構想會比較好。問題是，其他所有條件不可能都相同。

我們無意暗示，在事業關鍵性或業務創新方面排名相當低的新構想不受歡迎。這類新構想對企業其實具有眞正的價值。幾乎任何一種網路化應用，都會有內在價值，無論是降低成本、增進反應速度、促進價值鏈成員的關係更爲密切，以及在你自己的商店加入網路經驗，所有這些優勢都讓人想要擁有。因此我們鼓勵你去追逐低懸的果實，並網路化你的員工名錄及401(k)計畫。這並非關鍵性業務，但是你將可以降低成本並獲得經驗。我們的論點是，如果你想獲得眞正能帶來重大影響的策略優勢，就必須在每個象限都有創新業務的構想，其中也包括右上象限。換句話說，你必須學習如何建立電子商業新構想的策略組合，以及如何管理。

簡單來說，電子商業價值矩陣的四個象限爲：**新基本事務**（最基本的企業運作）；**理性實驗**（這是個新程序，但不一定具事業關鍵性，因此萬一失敗，企業仍能生存）；**卓越營運**（高度事業關鍵性，但屬於現有業務）；以及**突破性策略**（具高度關鍵事業，且屬於新構想）。我們要強調，這項分析絕對沒有定性的說法，某個象限並不會優於另一個象限，而每家公司必然在每個象限都會有各項的流程與業務。甚且，要把業務歸類在哪個象限的決定，也有很大的變化，不同公司會以完全不同而有效的方式，評估類似業務。

電子商業價值矩陣的垂直軸，衡量你打算要網路化之業務或流程對事業的關鍵性有多高。換句話說，這項業務、這個流程或這種營運模式，對於你的企業使命有多重要？有些業務株連甚廣，其他就相對沒那麼重要。例如，網路化顧客帳務系統，這是一項以企業爲賭注的措施，便具有高度事業關鍵性。首先，成功部署以全球資訊網爲基礎之帳務系統，所帶來的策略性利益極爲龐大；其次，若部署失敗，則系統對於事業的排斥，將會造成極大的影響。因此，這類決定不應該輕率爲之。大部分組織都是由網路化應用程式開始，一旦失敗也不會使企業面臨太大風險。在展開部署事務性的應用程式，如公司電話簿或旅行開銷收據系統等網路化版本的能力時，就可以接著進行更關鍵性系統的網路化。

水平軸——業務創新（新穎性）——衡量業務、流程或營運模式的原創性。這種業務或模式在你的產業中有多新？這是一種新業務，或早已現存？它是在現存系統的新增步驟，或是代表更基本的躍進？舉例來看，若是一家公司開發企業內網路，使員工能取得401(k)組合的資訊，那麼這項業務應該擺在水平軸的哪裡？從產業觀點來看這當然不是一項新業務，所以我們會將這項業務擺在矩陣的左下角。

讓我們從垂直軸的觀點來考慮同一項業務：提供企業內網路取得401(k)資訊有多重要？若沒有可透過網際網路取得的401(k)程式，公司會關門大吉嗎？可能不會。所以我們會將這項業務擺在兩個軸的低點。我們並未指網路化員工401(k)組合資訊是不受歡迎的，相反地，基於許多明顯的理由，也可能基於尚未完全被瞭解的理由，這樣的行動是明智之舉。最低限度這樣做，提供了員工最想要的三種網路特性：獨立、所有權及控制。然而，推行這項業務並不會帶給公司任何眞正的競爭優勢。

第一象限：新基本事務

這個象限傾向於，較不具關鍵性之現有事務應用的網路化版本。似乎每個人都在部署網際網路應用程式，但若仔細觀察，大部分這些應用程式都是企業會注意到且較爲表面的雜務。這些基本應用程式通常投資金額較小，且短期內會有適度的回收。此象限內不一定都是策略性事務：不嘗試去建立新市場，或重新定義經營模式。對人力資源或市場研究而言，網路化應用程式仍具有意義，在進行下一步之前，每家公司都需完成一定數量的這類應用程式。

這個象限甚至沒有任何自滿的空間。隨著時間演進，決定不網路化事業新基本事務的組織，其風險將會與日俱增。例如將公司電話簿放到線上並沒有重大的策略優勢。又或者眞的有優勢嗎？我們同意，當公司能夠藉著將電話簿放到網路上，刪除分送成本及讓名錄保持在最新狀態時，我們同意的確會有經營優勢及成本節省。但是到最後，是否將電話簿擺到網路上的公司，會處於較好的競爭位置？

我們相信是的。這樣的應用，遠比單單能讓使用者即時取得電話號碼和電子郵件位址，並簡化名錄的維護，提供更多價值。假設這份電話簿能在公司內提供個人查詢的功能，諸如某人的專業領域、在某個應用或領域的經歷，或是過去是某特定團隊或計畫的成員。突然之間，這種運用企業內網路的電話簿不止影響到公司獲利（削減成本），還有可能增加營收（創造價值）。然而更重要的是，這類的網路新構想，對於組織的電子文化或網路文化具有重大影響。像網路電話簿那樣低垂的果實，便可以大力協助塑造並驅動具更高度影響的未來網路活動。要在電子商業上成功，具有網路文化是個關鍵。

第二象限：理性實驗

一旦公司嘗試拋開傳統智慧——通常是挑戰現有經營模式，就會產生理性實驗的結果。這個象限中的新構想，試圖在不一定會成爲關鍵任務的領域中，開拓新市場並產生營收成長。任何競爭優勢都有生命週期的傾向。更持久的競爭優勢，端賴持續不斷識別並執行電子商業新構想。電子商業新構想中的理性實驗，傾向於把焦點放在：

- 新組織業務及領域（例如新顧客區隔、新產品通路）
- 營收增加多於成本降低
- 較不具事業關鍵性的應用（因此風險較低；若某項活動失敗，可能不至危害到企業本身）
- 若成功的話，可能成爲企業關鍵新產品或服務
- 提供組織關鍵性的學習機會

一旦原本是理性實驗的方案眞正流行起來時，這項方案通常會成爲一項突破性策略，或者在少數情況下，直接成爲卓越營運。

第三象限：突破性策略

這個象限就是數位經濟著名的廠商，如戴爾電腦、思科、亞馬遜書店及雅虎等，之所以卓然成名的關鍵所在。這些公司在建立新穎且具有高度關鍵性的突破性策略上有極爲出色的表現，因而落入卓越營運那個象限。突破性策略這個象限的新構想傾向於：

- 把焦點放在具事業關鍵性的流程
- 強調可產生競爭優勢的流程（例如新市場建立、改變產業規則、改變競爭本質）
- 強調成長、創造新價值及產生營收

■接受高度風險

■演進成爲產業標準

■當競爭者企圖趕上時，快速行動

只要看到突破性策略，直覺上就能辨認出它們。E*Trade 這家公司便是改變證券購買遊戲規則的一個例子。當然，快速行動是 E*Trade 的優勢，但是它要冒極大的風險，並且藉著在第三象限中執行成功，而定義了線上證券產業，並迫使所有競爭者苦苦追趕。但競爭對手眞的趕上了，現在嘉信理財便已取得線上經紀市場更大的占有率。

第四象限：卓越營運

這個象限的網際網路新構想，把焦點放在轉變關鍵性任務流程及產品特色，以維持競爭優勢。例如對大多數企業而言，管理組織的供應鏈是項關鍵性工作。藉著在通路管理應用網際網路服務，以提升競爭優勢的新構想，乃是提升卓越營運的一項嘗試。成功享有的高報酬，相對會有同樣的失敗高風險。在卓越營運這個象限的電子商業新構想傾向於：

■集中心力於轉型

■強調供應鏈與需求鏈改進

■接受中度至高度風險

■變成維持競爭優勢的關鍵

想要獲得成功並維持競爭優勢的組織，必須在這個象限中表現良好——簡單來說，在第四象限中很少有失敗的空間。

電子商業價值矩陣的含意

將公司的活動對應到電子商業價值矩陣，提供了許多深刻觀察（圖3-2）。正由於電子商業價值矩陣的預測能力非常高，使它成爲強而有力的工具。在對應數百個組織到此矩陣時，我們看到許多結論浮現了出來。

首先注意到，矩陣左邊的焦點集中在成本降低、提高營運效率、提高獲利；矩陣右邊的焦點集中在新價值創造、成長、提高營收。何者對你的組織較爲重要？答案若是提高營收或建立新市場，那麼你必須提出業務創新的構想，並接受爲獲得更高報酬所伴隨的高風險。另一方面，有些組織也有正當理由決定讓其他人去衝鋒陷陣。這類公司的策略是，使現有業務更有效率並降低成本。這些公司的活動將會落在矩陣左邊的兩個方格中。

其次，市場運用極強大的逆時針壓力，會將突破性策略推向卓越營運，然後再推向新基本事務。換句話說，新構想的對應並不是靜態的，它們會隨時間而遷移。這也意味著競爭優勢難以維持，同時更強化不斷創新及版本化（versoning）具有關鍵性這個事實。例如，戴爾電腦藉由突破性策略的建立打破產業規則，但隨時間演進，戴爾模式已成爲產業公認標準。透過戴爾的零失誤，一股巨大的動力，將戴爾所創新的活動推向卓越營運，然後再推向新基本規則。這項無可避免的結論是，若是你的後勤支援無法像戴爾執行地那樣好，那麼你要在同樣市場空間中成爲角逐者將困難重重。

第三，我們的調查研究顯示，已獲得任何類型競爭優勢的公司，在此架構的上半部（儘管不僅

效率	新價值創造
卓越營運	突破性策略
新基本原則	理性實驗

圖3-2　藉著將企業目標對應到電子商業價值矩陣，就能決策哪些資源是對它們最爲有利。

如此而已）都表現得非常好。每個組織都必須建立新構想的組合，並且在每個象限中都有顯著的活動，但是組織若企圖維持競爭優勢，毫無選擇地，它必須在位於上半象限的活動中獲得成功。

運用電子商業價值矩陣做爲企業工具，能夠以前瞻的方式提供許多協助，包括：

- **評估你的夥伴及競爭者的新構想**　確定新構想在矩陣中的位置，然後確定競爭者之新構想的位置，並進行差距分析。只有當你判定是否有差距存在，才可能聰明決策資源的分配。
- **在可能的新構想之間分配資源**　在知道新構想於矩陣中的位置愈高，風險與報酬也都愈高的前提下，價值矩陣可用來當作協助這些資源籌措資金的工具。
- **監督影響如何隨時間演進及改變**　數位經濟中的新構想絕不會是靜態的，它們總是從某個象限遷移至另一個象限，並且是由電子經濟的現實所推動。

電子商業組合管理

為了促使電子商業成功，或至少維持正常營運，組織必須避免以特別的方式分配資源，而改採積極建立涵蓋四個象限的新構想組合策略。這項行動需要有電子商業組合管理策略的配合。以下是一些基本原則：

■將現有的電子商業新構想對應到電子商業價值矩陣，以降低現行活動的複雜度，並協助把焦點集中在值得嚮往的機會上。

■針對每項電子商業新構想建立價值主張，包括成本、期望的結果（創造的價值）、商業動機、風險程度及執行困難度。

■替你的企業建立電子商業新構想十二到十八個月的執行準則。

■藉著主動隨時間強化組合及風險方程式——提供資金／不提供資金，繼續支持／計畫終止——策略性地管理所有電子商業投入的組合。

■當新構想實施後新機會興起時，每隔六個月改變並調整組合。

電子商業經理人必須接受，每項行動方針都涉及機會與風險的取捨。甚且，每個象限的電子商業新構想都有不同的風險特性，這些特性構成公司建立組合型態的基礎（圖3-3）。取得機會與風險的平衡，就能產生既省錢又能創造新價值的最佳機會。思索組合中應包括些什麼，才能使組織瞭解控制機制的外貌，讓決策者能以更整體的觀點，看待不同電子商業新構想之間的資源競爭。這種

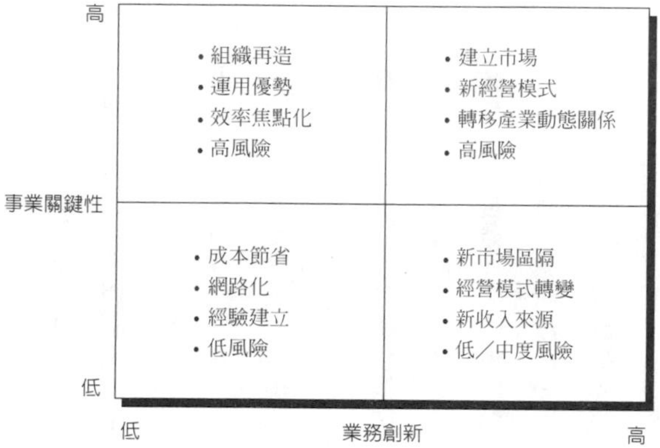

圖3-3 電子商業價值矩陣的風險特性 組織接受風險的意願，可藉由將其電子商業新構想對應到電子商業價值矩陣的方式，加以預測。右上象限的活動愈多，我們就可以說組織對於風險有愈高的承受力。

架構可協助建立平衡的新構想組合。如此公司將會自問：「我們在每個象限中是否都有足夠的活動？」組織如何建立組合，將會隨經理人不願承擔風險的程度、可利用的資源、組織的專長能力等因素而定。

組織類型

瞭解風險的權衡取捨及這些取捨對企業的潛在衝擊，可以透露組織想要建立藉以推動新構想的組織結構的類型。我們從參與各種型式電子商業的公司調查中發現，以網路爲中心（純玩家）的公司，及轉型成電子經濟的現有企業之間，存在有某些組織上的差異。以網路爲中心的公司可以從下列行動中受惠：

■把焦點格外集中在電子商業及顧客
■營運複雜度較低
■較少官僚及逢迎諂媚的結構
■迅速下決定與執行

轉型成電子經濟的現有企業傾向於：

■更關心通路衝突

■花更多時間分析與決策

■因慣性致使執行速度較慢

■把心力放在他們認為比電子商業還更重要的議題上

然而，許多與我們合作過的公司，最近已採取一種不同的方法。組織依照期望見到的改變型態，而投入電子商業的各項努力。運用電子商業價值矩陣，可以協助公司思索該以什麼新方式組織電子商業。隨著改變範圍及企業衝擊的增減，組織會需要不同的組織類型。

圖3-4舉例說明四種基本組織類型：

■**草根型組織**　這種類型激勵及授權現有組織，依照電子商業重新設計流程。大多數公司藉著允許員工播撒電子商業種子，而從此類型開始。隨著組織成熟後，它們將移往整合型模式。

■**育成型組織**　這種組織類型產生專門的一組人員，運用公司資源特別把焦點放在電子商業新構想（新事業、產品、服務）上。這種類型有助於觸發公司內部的轉變，因為公司能夠比透過草根式努力還快的速度自我調整。通常受到新激勵方案的鼓舞，以及把焦點集中於電子商業，使這些實體打破成規，並且在某些情況下，建立具有衝突性的新構想。如果成功，這些新構想通常會移往獨立型模式，或甚至移往整合型模式。這種模式對於試圖跳入並開始從事電子商業的傳統公司特別適用。

■**獨立型組織**　這種類型是從現有組織分離出來的不同實體，是四者中唯一把焦點放在建立並

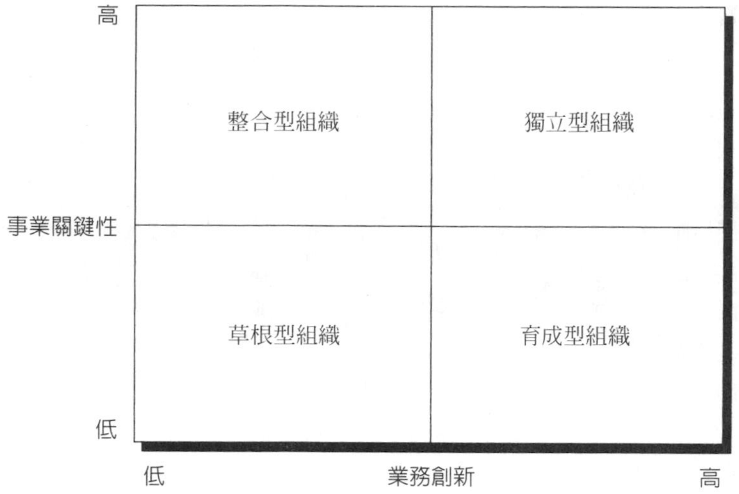

圖3-4　電子商業價值矩陣的四種基本組織類型

推動新事業上。這個團體是由公司內外的一流人才組成，只要他們認爲合適，就能自由執行這個新構想，而不必受到母公司的限制。這個團體極可能分離出來成爲不同的公司（如.com 公司），甚至遷移到不同的地區。這些類型對於組織也會有會計上的含意（例如，新的價值計算、稅賦沖銷等）。更重要的是，它們可以吸引足夠的注意力去建立獨立企業。在某些情況下，爲了日後的好處，現有企業有可能對自己產生一種威脅。公司有許多類型可挑選——合資或合夥（buy.com）、子公司（e-citi、HP.com）、收購（Kbtoys）或是純網路公司（BancOne 銀行的延伸公司）。

■**整合型組織**　這種類型組織推動電子商業，使之成爲組織事務的核心；而如何能夠將其運用於整個公司乃是關鍵主題。建立能被瞭解且能有效管理的主管主權及責任歸屬是個關鍵。對於試圖調整全組織電子商業規模的現有企業而言，這種模式最爲重要，並且需要運用第一章所討論的管理架構政策。

依組織電子商業投注心力的位置而定，選擇正確的組織類型將會隨組織而異。在很多案例中，獨立型組織及育成型組織在公司內部會隨時間而變成整合型組織，如同嘉信理財的 eSchwab 構想一樣。然而，管理模式並非也不應該是靜態的。企業需要思索今天正確的類型爲何，以及何時它們應該轉變成另一種類型。

此外，依組織網化就緒程度而定，不同的管理架構模式會更具有意義。例如，網化就緒程度較低的公司可能會想從育成開始，尤其是在領導風格方面較弱的公司。網化就緒得更好的公司，更能夠將電子商業新構想整合到組織中並善加管理。

將新構想對應到電子商業價值矩陣

我們已經試著找出許多組織電子商業新構想在矩陣中的位置。例如，亞諾電子的網站（www.arrow.com）是小冊子軟體的一個好例子。我們並非在批評亞諾，這種安排是網站處於演進早期的一種象徵。那也正是我們將網路店面設置，擺在新基本事務這個象限的緣故。

戴爾與思科的核心電子商業努力（商務引擎），正好落於卓越營運這個象限。兩家公司都已著手進行許多極具關鍵性使命的事業改造，重要的是，兩家公司都做得相當成功。圖3-5在電子商業價值矩陣中，列出我們已經討論過的很多新事業的對應位置。

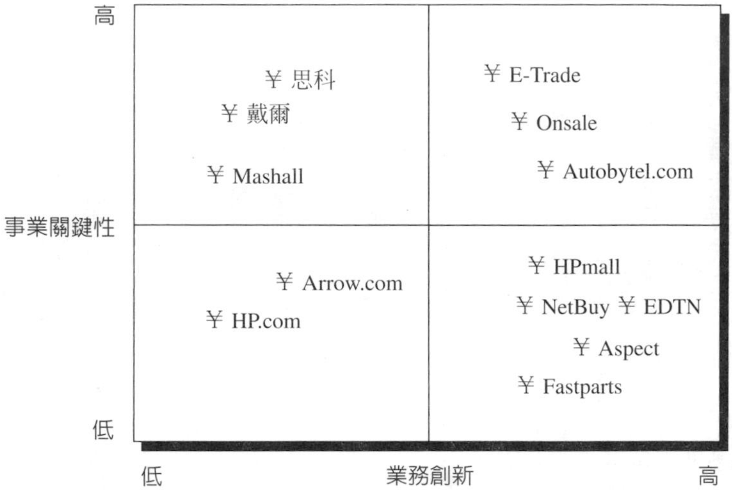

圖3-5　將組織對應到電子商業價值矩陣　列舉網化就緒組織的例子及其在矩陣的位置。

行進中的電子商業價值矩陣

藉著標示戴爾電腦及富魯特倫公司（Fruit Of The Loom）兩家公司的活動，分別落在矩陣的位置，可以讓我們檢視行進中的電子商業價值矩陣，其中一家公司是在網路上誕生，另一家則是轉變成網化就緒的傳統公司。

戴爾電腦

如同許多的產業公司，戴爾基本上是從方格圖的左下角（草根型）開始。多年來，它在透過傳統直接郵購通路銷售產品這方面做得不錯。但是當戴爾考慮公司是否能夠透過新興的網際網路，將其產品放到網路上時，戴爾就移到理性實驗這個象限。它提出許多新構想，一旦成功的話，這些構想將會產生重要性不明顯的一種新通路；萬一這些新構想失敗，公司也不會陷入危機，因爲傳統通路仍會被保留下來。

戴爾的實驗不但成功，而且遠超過任何理性預期。華爾街日報最近給予戴爾近乎商業上最高的榮譽。它創造一個新名詞：把對手「戴爾掉」（to dell），如同「三年前亞馬遜書店將邦諾書店『戴爾掉』。」這個句子一樣。事實上，戴爾已經徹底改變行銷PC的本質。但隨著時間過去，其徹底改變的各項業務，已經遞移到卓越營運這個象限。換句話說，對電子經濟中的企業而言，戴爾模式現在已成爲現況的一種標準。就今天而言，戴爾開創性的工作僅代表任何競爭者的進入成本而已；大約在一年前，戴爾眞正的競爭優勢已削去大半。當競爭優勢只是愈來愈便宜的技術功能時，迎頭趕上甚至直接超越產業領導就變得容易得多。個別的新構想通常以逆時針方向隨時間移轉（見圖3-6有關戴爾網際網路新構想的演進情形）。

電子經濟對戴爾經營的影響

我們並非指戴爾已經失去競爭優勢。這家公司的成功以及其承擔開創性實驗的意願，乃是以超過十年以上所建立的兩種專長能力爲基礎。戴爾成功的關鍵在於，它在最近十年開發修正後獨一無二的供應鏈管理系統。要建立及時存貨系統，並非建好一個網站就算數；要複製那一套系統並非易事。第二種專長能力是對於基本事務的貫徹執行，這可能是其最經得起考驗的成功原因。

戴爾電腦損益表的第一行：提高營收

■每月營收成長二〇%

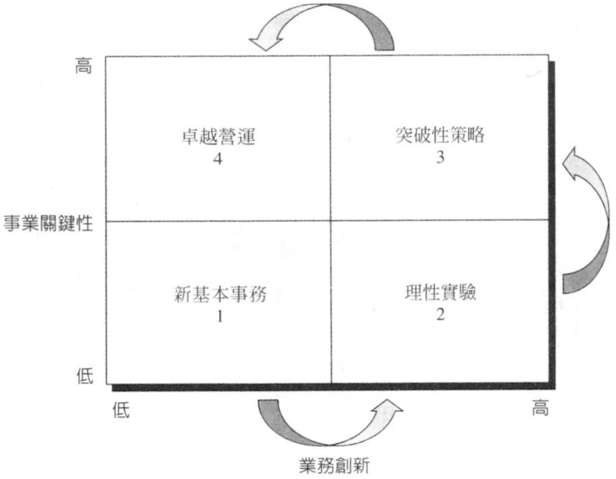

圖3-6 **戴爾電腦網際網路新構想的演進** 戴爾由新基本事務(1)開始它的網際網路新構想透過檢視是否能將產品及接觸顧客的流程移到線上，戴爾迅速遷移到理性實驗(2)。一旦這個觀念證明受到歡迎，戴爾便將非凡的後勤本領及貫徹執行的態度與其網路通路結合，進而產生使其成為 PC 領導銷售廠商的突破性策略(3)。最後它的高度成功改變整個產業，成為在此市場生存的實際標準，使其從突破性策略遷移到卓越營運(4)。戴爾的努力造成市場變動，並使它的卓越營運成為現今競爭者的進入成本。

- 改進留住顧客的能力
- 增進領導地位的能力
- 增進個人化（我的戴爾）
- 新通路
- 來自合作夥伴的新營收

戴爾電腦損益表的最後一行：降低成本

- 增加每位員工銷售金額
- 降低訂單與存貨管理費用
- 降低服務與技術支援費用
- 降低供應商協調費用
- 降低實際工廠數量

富魯特倫公司

戴爾電腦在電子商業價值矩陣的演進，遵循傳統的逆時針動態變化，但是仍有其他模式存在。例如，富魯特倫公司的全球資訊網新構想，便是依循順時針方向而轉動。讓我們看看是什麼原因造成這種差異，以及這種差異如何對公司營運模式，和對其在電子經濟中獲得成功的前景造成影響。

順便一提，你將無法在富魯特倫的消費者網站（www.fruit.com）中找到這些新構想的直接證據。最成功企業的電子經濟策略，無法單單從其網站上明顯看出來，因爲公衆網站只呈現冰山一角而已。例如，富魯特倫有詳盡的電子經濟策略，但是其核心隱藏於公司的後端作業及供應鏈管理。就像大部分全球資訊網誕生之前就存在的公司，富魯特倫透過建立可於網路上執行的應用程式，與合作夥伴溝通的方式，而從新基本事務這個象限開始。富魯特倫首先成立一個提供很多小冊子的網站，但隨即改造關鍵性企業流程，其中並涉及將其合作夥伴與關鍵性經銷通路整合。富魯特倫在尋找一個能以及時方式，供應產品給其經銷商的經銷通路（見圖3-7）。

讓我們考慮及時絹布製版印刷及配銷系統，如何使供應鏈更有效率及消除存貨風險。富魯特倫將龐大的營運賭注，投注於運動類絹布製版印刷商品。而其挑戰在於，如何預測並預知，隨不同國家足球聯盟球隊的運氣而波動的商品需求。如果達拉斯牛仔隊星期天贏得比賽，需求就會上揚；反之需求就會減少。在傳統供應鏈模式中，爲應付需求高潮而將存貨擺在手邊的代價變得極爲昂貴。富魯特倫運用 Activeware Online 企業外網路（extranet）系統解決這個問題。依據星期日球賽的結果，經銷商在幾小時內手中便可以擁有適當的存貨，滿足預期的需求。

Activewear Online 企業外網路，建立一個公司經銷商、供應商、合作夥伴、甚且是競爭者之間的加值型網站。在其最基本形式中，提供包含規格說明、存貨情形，及定價資訊的富魯特倫產品網路型錄。這個企業外網路使該公司的供應商與經銷商，更方便與富魯特倫維繫生意的往來。到目前爲

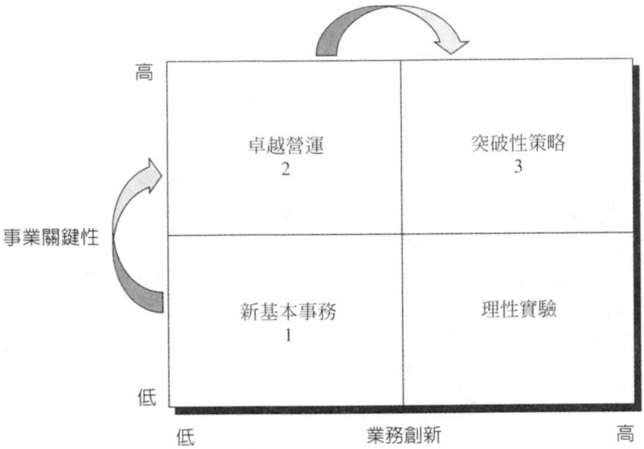

圖3-7　富魯特倫公司網際網路新構想的演進　富魯特倫的網際網路新構想以順時針方向演進。爲促成新基本事務，富魯特倫建立一個稱爲 Activewear Online 的企業外網路，在歷經時間考驗後，已在公司占有突破性的比例。Activewear Online 運用網路，將公司與經銷商和供應商連接在一起。它包括一份網路型錄、存貨情形及定價資訊、一份訂單塡寫表格，甚至還有競爭者的資訊。富魯特倫在策略上做了一百八十度轉變，它找到了需要的合作夥伴，並替每個夥伴建立網站，然後放在富魯特倫的平台上。

止，一切都很好。富魯特倫在這個階段，仍然位於新基本事務這個象限。在決定承擔替數百家供應商、經銷商、批發商及運送合作夥伴，建立個別網站這個責任時，富魯特倫才開始起飛。這些網站都有線上訂單系統、客戶摘要、促銷和最新資訊摘要。起初這些網站只提供富魯特倫的產品，但是現在漢斯（Hanes，www.hanes.com）和其他競爭者也加入到這個平台上。富魯特倫已經路經卓越營運，而邁向突破性策略這個象限。它已經強化所有的關係，並且逐步鎖住其合作夥伴。有了這個網路，任何競爭者都必須賭注投入超乎能力的投資金額，才能趕上富魯特倫在電子經濟中的規模地位。

策略：提高轉換成本，鎖住價值鏈成員

這種擄獲並留住價值鏈成員的「鎖住藝術」，其年代如同綠色郵票一樣久遠，卻又如同搭機常客的計畫那樣具現代感。事實上，一種新的資訊中介者正在升高戰事，企圖引誘並鎖住彼此最好的顧客。富魯特倫的策略是，將其顧客像深堀壕溝般將其圍在企業內網路所涵蓋的服務網之中，致使任何考慮離開的參與者，都必須付出可觀的費用及劇烈變動的代價。透過接收到的好處，參與者的各項選擇使自己更加緊密地被鎖在富魯特倫的價值網中。這個基礎架構逐漸地將所有參與者的利益結合在一起。這個結果對每個人都有好處，尤其是顧客，他可們從一個環環相扣的價值鏈中受益。

任何網站，只要有評論文章、加值型服務、談天室、拍賣、有品牌的電子郵件或是建議，都會受到相同現象的影響。顧客告知這些早期領導者如何改善流程，並且通常願意承擔部分責任，以獲得他們想要的東西。藉此他們也願意把自己鎖定在某種關係中。嘗試複製這種經驗的競爭者，將會遭遇極大的困難。

富魯特倫的網站都依照每個夥伴的需要各別訂做，並且可能包括一個訂單系統、具有搜尋機制的線上型錄，以及含有最新摘要說明及促銷的客戶資訊。數百家富魯特倫的合作夥伴，都能夠利用

這項提供的服務，結果演變成強化富魯特倫及其合作夥伴關係的一種基礎架構。爲了結束這種關係，富魯特倫的夥伴現在都必須付出極爲可觀的轉換成本。富魯特倫也藉由同樣的領先差距，提高進入電子經濟的障礙。事實上，已經沒有任何競爭者可以做到這樣的地步。

由於投資獲得成功，富魯特倫於是決定，若要基礎結構可長可久、具有高度價值，就必須有足夠寬廣的心胸來接納競爭者。否則這個平台將會被指控有所偏袒，一旦有人開發出不徇私且更滿足人們需要的平台時，這個平台就很容易遭受批評。

Activewear Online 一直是非常成功的網站，超過六〇%的經銷商已簽訂合約參與這個企業外網路。許多實際上已經在他們的網站上投資的經銷商，也選擇加入成爲 Activewear Online 的一員。少數最先採用 Activewear Online 的經銷商宣稱，已經接到高於預期兩倍的訂單量。Activewear Online 是個已加上安全機制的企業外網路，並且只對授權的成員開放，就是這種會員制讓富魯特倫產生投資報酬。此處所提到的關鍵要點是，富魯特倫帶到市場上的，是比單單賣衣服還更爲強得多的價值主張。目前在本質上，它已經同時兼具基礎設施提供者，以及網際網路服務提供者的角色。這家公司已經能夠藉著提供龐大的價值，以及改變市場的競爭本質，替關鍵性合作夥伴建立彼此依存的關係。

計畫優先序矩陣

建立電子商業新構想組合只是成功方程式的一部分。如同在前言中所討論的，貫徹執行是成功的關鍵驅動力，也是大部分組織有待更臻完美的一種能力。公司如何保證執行的電子商業新構想走

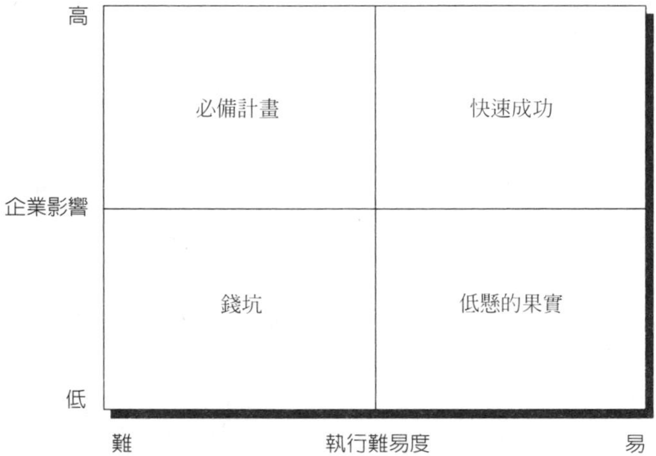

圖3-8　計畫優先序矩陣　藉由確定電子商業新構想在計畫優先序矩陣中的位置，應該最先考慮獲得資源的新構想就會變得明顯。最吸引人的候選構想傾向於聚集在「快速成功」這個象限：這些新構想對企業具有高度影響，且非常容易執行。我們標名爲「低懸的果實」的計畫也具有吸引力：雖然對企業不具高度影響卻很容易執行。最後一點，大多數公司仍必須著手進行，對企業影響深遠卻難以執行的「必備計畫」。若是你能先獲得許多「快速成功」的美好經驗，那麼「必備計畫」就不再那麼令人望而生畏了。

向正確？又如何保證這些構想確實落實？如何保證公司將會得到預期的好處？

企業需要更細分的實施流程。電子商業新構想應該被劃分成許多關鍵性計畫。這些關鍵性計畫是指，將會交付給使用者（顧客、供應商、合作夥伴、員工等）的電子商業功能。爲了協助公司能迅速執行，我們提供了計畫優先序矩陣(Project Prioritization Matrix)（圖3-8）。

計畫優先序矩陣是組合管理不可或缺的，因爲它能夠快速看出提供最多利益的新構想。這個矩陣可直接對應到電子商業價值矩陣（圖3-9）。我們採用電子商業價值矩陣，將電子商業新構想的組合，對

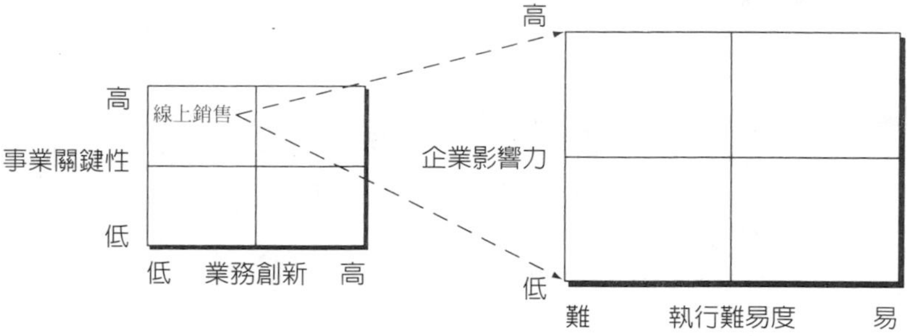

圖3-9　將電子商業價值矩陣對應到計畫優先序矩陣　將電子商業價值矩陣對應到計畫優先序矩陣，便能夠在企業影響及執行難易度構成的二度空間上，排列出新構想的各種計畫或任務的優先序。我們的目標是找出快速成功的計畫，並首先進行這些計畫。

應到依照事業關鍵性及業務創新這兩方面所形成的二度空間。在計畫優先序矩陣中，卻是將組成計畫對應到事業關鍵性及執行難易度這兩個向度，這是一種可提供常態性資訊的安排。計畫優先序矩陣回答一個基本問題：因爲即使是普通的電子商業新構想，也都是由衆多的計畫或任務所組成，但並非所有計畫、任務都應一視同仁，因此公司應該從何處開始著手？

計畫優先序矩陣會提供你答案。無論從商業價值或是消耗資源的角度來看，各項任務的重要性都不會完全相同。並非所有的任務都能夠在三個月內，或更短的時間內執行完。若無法在三個月內完成，它們就必須被分成更小的單位。經理人的主要責任之一，是將有限的資源分配給最有價值的計畫。產品優先序矩陣是協助管理計畫依存關係的一種工具，其焦點放在排序或是貨品交貨時機這個核心議題上，以及計畫的瓶頸上頭。換句話說，這個矩陣允許負責交貨的經理人，專心致力於對企業影響最大、最快又最容易實施的計畫上。這些對應到矩陣右上角的任務，都是快速成功的任務，是大多數經理人都會想最先執行的項目。經理人第二順位的選擇是「低懸的果實」計畫（右下角）及「必備計畫」的計畫（左上角）。聚集在「錢坑」這個象限（左下角）的計畫提供企業極少的價值，又最困難執行。我們極力建議企業將這些計畫擺在最偏遠的角落。

特殊計畫的執行難易度將視許多因素而定：

■資訊／資料庫揭露的程度
■必要的企業流程改造
■必要的變動管理
■必要的專長能力
■互動程度

讓我們從考慮一個一般性的線上銷售應用程式，更進一步練習這項對應。線上銷售應用程式，是許多具相關性及獨立性的模組或功能的複雜電子商業組合，例如：

■線上訂購
■服務合約
■退貨認可（RMA）／服務訂單
■配置
■定價
■產品升級

- ■訂單狀態
- ■通知
- ■開出發貨單
- ■退回
- ■退回狀態
- ■帳單寄送地址變更
- ■訂貨至到貨時間

經理人應該首先建置這個應用程式的哪些模組或功能？圖3-10提供許多具體的線索。藉著將個別計畫與企業關鍵性及執行難易度對照來看，經理人便可以迅速決定哪些計畫應落在「快速成功」這個象限，也就是應最先受到注意的這個方格。這個方格中的新構想最容易執行，並且能提供最高度的商業影響。這個練習透露出，最先進行的計畫應該是訂單狀態、定價、訂貨至到貨時間、開出發貨單、通知和產品升級。在「低懸的果實」這個象限中的計畫（退回、退回狀態和帳單寄送地址變更）應該接著進行。在「必備計畫」這個象限中的計畫（線上訂購、配置、服務合約和退貨認可／服務訂單）提供最高度的企業影響，但也是最難以進行的計畫。很多經理人都會想將這些計畫擺在一邊，直到它們已經有了「快速成功」計畫的經驗爲止。

優先序排列原則

1. 識別出打算提供資金援助的關鍵性電子商業新構想

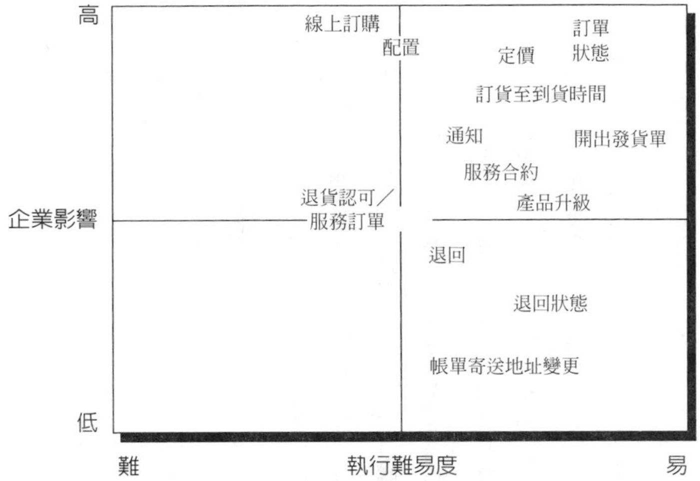

圖3-10　替一般電子商業應用程式排定計畫優先序　構成一般性電子商業線上銷售應用程式的計畫，在此處會被對應到計畫優先序矩陣。從矩陣中可明顯得知，對應到「快速成功」及「低懸的果實」這兩個象限的計畫應該最先考慮。並非所有在「快速成功」這個象限中的計畫情況都相同，這個矩陣只是區別出，對企業具有高度影響但相當容易執行的計畫。在其他條件都相同的情況下，依常理判斷，這些計畫應該最先處理。

2. 將關鍵性新構想細分成核心使用者功能（計畫）
3. 將核心功能對應到優先序矩陣
4. 識別出連結關係／相互依存關係
5. 建立可交付事項的計畫執行準則
6. 驅動執行（三個月、三至六人、五萬至二十五萬美元）
7. 依據例外來衡量

結論

爲了在電子經濟中永續經營，組織必須在電子商業價值矩陣的每個象限中，都維持相當多的活動。然而，爲了維持競爭優勢，成功地執行矩陣的上半部事關重要。爲什麼？因爲若沒有將心力集中在突破性策略，然後將它們遷移至卓越營運，組織就可能會被競爭者迅速趕上。今天的顧客想要知道：「你最近替我做了些什麼事？」他們不耐煩等待新產品與服務的產生，將會懲罰反應不夠快及不夠有創意的組織。

以下是個我們經常要求客戶完成的練習。我們相信這個練習能顯示，電子商業價值矩陣如何能夠透露出，渴望更高度網化就緒的特定公司或部門的優點和限制。

描繪你的新構想

在電子商業價值矩陣的四個方格內，確定你對部分網際網路相關事業投注心力的位置。有兩點特別申明：首先，做這項練習時不要感到沮喪。最有可能的結果是，你會發現你的電子商業新構想居然落入了矩陣的下半部。（那也還好：這樣的結果並不是定性敍述，公司在這裡也需要有創新的構想。）其次，要實際一點。除非新構想具體化，且已經改變競爭態勢，否則在定義上都不算是突破性策略。現在請回答以下的問題：

- 你的新構想集中在矩陣的哪個部位？
- 你的新構想的事業核心是什麼？
- 這個事業核心最重要的三項理由是什麼？
- 與競爭者比較你位在何處？與另一個事業單位比起來，你又位在何處？你如何終止／維持這個差距？

完成這個練習後，你應該能夠清楚地看出，你的電子商業新構想與其他事業單位或競爭者的活動，相較起來的差異程度。

4

衍生性電子經濟經營模式

每一種模式都代表一種機會或威脅

「電子商業店面」爲C to C的公司創造空前的價值

「資訊中介者」是創造新財富的最可靠來源

「信任中介者」將交易與資訊分享的摩擦降至最低

「電子商業建構者」協助企業建構企業外網路

「基礎設施提供者」則依據共同基礎設施聚集同好社群

對於願意把焦點放在，電子經濟提供之五種經營模式中的一種或多種的網化就緒組織而言，機會多不勝數。

電子經濟及電子商業科技所賦予的能力，正在驅使新經營模式，或是企業新角色的產生。我們的經驗讓我們發現，五種正在改變價值傳遞方式的衍生性經營模式，正是網化就緒成功的組織所採納運用的模式。本章會仔細檢視網化就緒架構下的這五種模式。這些模式都建置在企業對消費者，以及企業對企業的環境。此外，對於太慢採用這些模式的現有企業，每一種模式都代表一種重大威脅。這五種模式爲：

1. **電子商業店面**
2. **資訊中介者**
3. **信任中介者**
4. **電子商業建構者**
5. **基礎設施提供者／商務社群**

新聞媒體充斥一夜致富的故事，指因擔任這些模式企業的主管而一夕成名。對於這類成功我們有兩點說明。首先，電子經濟中具重大影響的成功仍是極少數例外。如同我們在本書所主張的，大部分電子事業新構想都是隨興而爲，且與現有價值鏈整合不佳，要確定這些新構想是否能對投資報酬率（return on investment, ROI）有所貢獻，不是有困難就是不可能。其次，新聞媒體一味把焦點放在消費者，以及牽涉消費者的著名電子經濟成功的案例上，反而往往忽略了眞正具有重大影響，企業對企業的電子商業新構想。這很糟糕，因爲大部分令人興奮的網化就緒成果，都發生在企業對企業這個領域。我們將在本章逐一闡釋五種經營模式的機會，同時舉出消費者與企業對企業的例子。

電子商業店面

電子商業店面：電子經濟中的一種實體（企業對企業，或企業對消費者領域）。運用現有與新興的數位市場通路，使商務、利潤及價值都由此發生；通常都有個.com實體。

電子商業店面，是傳統銷售產品或服務方式的一個線上類似的對照。類似工業時代的對應實體，電子商業店面提供買主最終的購買平台；它們也容許持有人交互銷售和併售、維持較高利潤，以及最重要的是，藉著降低交易成本以壓縮價值傳遞系統。但是和電子商業店面重新定義消費者價值鏈同樣重要的是，它們對於企業對企業模式具有更深遠的影響。透過創造新市場和品牌、消除流程中的衝突及資訊不對稱，電子商業店面爲企業對企業的公司創造了空前的價值。

電子經濟創造價值的流程通常是無形的，但是最終的價值卻是顯而易見。就某種意義來說，亞馬遜書店、E*Trade、Onsale、電子海灣等所有到目前爲止所討論過的實體，都可以算是電子商業店面，也都代表網路與電子商務的交集（表4-1）。

佛瑞斯特研究公司（Forrester Research）預期，企業對企業銷售金額於二〇〇二年將會增加到一·三兆美元。這項加總最顯著的部分，是電子及電腦運算零組件與產品的銷售。對上市時間敏感的產業發現，運用電子商務加速購買流程，會具有極大的優勢。

表4-1 電子商業店面

電子商業店面乃是電子經濟的網路店面。當終端使用者需要購物時，他們有可能會到電子商業店面去購買。

提供物

產品（提供產品、接受訂單）
服務（發貨、顧客服務及支援）
內容（產品與服務相關資訊）

目標對象

利基市場與買主

活動

提供運用網路的獨立運作產品、服務及以電子經濟模式散播的內容

必備的專長能力

多重關係管理
快速形成／解除關係的能力
包含成長計畫健全／有彈性的基礎結構
能自行調整以面對演進中的挑戰／機會
不斷創新提供產品及服務顧客等方面

目標

主宰目標利基

收入來源

產品／服務利潤
廣告

例子

英特爾
亞馬遜書店
E*Trade
聯合航空（UAL）
思科
戴爾電腦
Bluefly

全球最大半導體製造商英特爾（Intel），擁有一個生動活潑的電子商業店面，這個店面的正面櫥窗可從 www.intel.com 這個網址進入。英特爾建立這個運用網路的企業對企業採購應用程式，乃是企圖使晶片的交易成本合理化。英特爾的最大顧客對此報以熱烈迴響，在網站成立的三個月之內，英特爾每個月就賣出超過十億美元的產品。自一九九八年開發以來，英特爾的電子商務計畫涉及兩百位顧客、小型至中型OEM廠商，以及始終與英特爾直接接觸的經銷商。藉此，英特爾降低銷貨的交易成本，並且削減交付產品的週期時間，讓每位參與的顧客，都能夠透過自訂的網站查詢價格、產品交貨時程，以及購買產品。此外，報價的行政錯誤也已經顯著減少。隨著半導體價格習慣性地下降，任何交易成本的降低，都會直接反映英特爾的獲利。

我們見到證券經紀業所能索取的交易費用，也有類似的下降情形。E*Trade 及嘉信理財的電子商業店面，已經將傳統提供全方位服務的華爾街經紀業經營模式，搞得天翻地覆。例如，美林證券（Merrill Lynch）藉著提供研究報告、建議及服務，以獲取高於一般定價的交易佣金而致富。現在交易商基本上已經放棄在交易過程上逐利，企業存亡則端視所提出的建議價值有多高，以及關係管理的品質而定。

E*Trade 也無法安於既往的成就。交易手續費持續下降，對 E*Trade 的威脅甚於對美林的威脅。預期到了交易成本不再是一項可獲利的事業基礎，E*Trade 便必須擴展服務範圍。網化就緒的一個啓示是，只要有衝突，就會有機會。爲因應新情勢，E*Trade 以十八億美元購併 Telebanc 金融公司，使它得以在新興的網化就緒銀行業務上競爭。E*Trade 的目標是，透過多角化獲得更穩定的收入來源，並預期有一天證券交易市場將會無利可圖。在證券交易處理成本不斷下降的情況下，這一天已爲期不遠。我們預測，E*Trade 甚至是美林證券等公司，很快將會免費提供股票交易。我們只消看銀行開始自每筆自動櫃員機交易索取一美元手續費時，受到消費者及法規上的抗拒就知道了。爲何股票交易成本差異如此之大？E*Trade 藉著與壓縮銀行服務的同樣方式，壓縮證券交易服務的內容，未來將會取消銀行交易成本，同時替自己打下一片江山。E*Trade 將其投資運用於基礎設施時，有什麼會比角逐網際網路銀行業務市場還更好？

E*Trade 決定進入虛擬銀行業務，說明了網化就緒的另一個啓示。如同 E*Trade 嘗試想做的，藉由遷移至電子事業價值矩陣的另一個象限，讓其電子事業新構想多樣化，組織便能夠創造價值。挑選網化就緒新挑戰是首要的決策；公司如何選擇遷移途徑，變成下一個關鍵性決定。公司應該從頭開始發展新構想，或是購買現成的東西？兩種方法都有好處。結果 E*Trade 買下了 Telebanc，並決定將其開發資金用於強化本身證券業務的基礎設施會比較好。相較之下，當亞馬遜書店跨入線上拍賣領域時（請見第七章「亞馬遜書店跨入拍賣領域」），它其實可以購買任何數量的拍賣引擎，但它卻選擇自行建造。

資訊中介者

資訊中介者：撮和內容、資訊、知識或經驗，以便替特定的電子商業交易加入價值的實體；亦被稱爲內容彙整者（content aggregator）。

資訊中介者將買主和賣主集中在一起，並藉由提供報告、個人服務或其他利益等形式的內容，來提供價值。資訊中介者可以成爲潛在顧客的匯整者，或是成爲買主辯護者。不像電子商業店面有存貨要搬動，資訊中介者通常不擁有任何東西，它們必須仰賴合作夥伴才能成功。在營運上，資訊中介者把焦點放在形成大量的夥伴關係、維持廣泛的內容，以及向買主促銷它們的網站。佣金、廣告與租賃交易、供應端訂閱，都是產生收入的常見方法。

我們排斥「反中介」這個神話。電子經濟中大部分的價值是由資訊中介者所產生，並且在可預見的將來，情況依舊會是如此。不像神話描述的那樣，資訊中介者非但不會被電子經濟消滅，還會是產生新財富的最可靠來源。資訊中介者涵蓋像雅虎那樣的入口網站，以及在網路上創造獨特市場的網路新創公司，例如旅遊彙整者 Travelocity (www.travelocity.com) 或 Expedia(www.expedia.com)。許多資訊中介者簡化無效率的購買流程，例如做爲飯店及食品服務經營者虛擬訂貨櫃台的 Instill 公司 (www.instill.com)。其他資訊中介者是吸引消費者的磁鐵，透過提供值得信賴的資訊或服務匯集整合買主，然後導引他們到製造商及服務供應商，並以此獲取一筆費用或是交易金額的一部分作爲回報。這些服務包括像 Autobytel.com 和 Autoweb.com 的網站、像 Get-Smart.com 和 E-Loan 的信用貸款公司，以及像 InsWeb 的保險服務公司。

NetBuy 公司 (www.netbuy.com) 是企業對企業資訊中介者的一個典型例子。以技術術語來說，NetBuy 是實現企業間即時電子供應鏈這個電子商業新構想的一個例子。從營運的角度來看，NetBuy 提供包羅萬象的線上服務，可以讓買主從一個包含無數經銷商的整合性資源，按下滑鼠點選、採購標準的電子零組件。NetBuy 是個觸媒，它不擁有任何產品，而是專門撮和買主與賣主，交易完成時再索取一筆佣金，但買主永遠不必付錢。

NetBuy 以一次購足爲特色，它提供金額超過二十億美元的零組件，提供給兩千家以上的製造商，且所有零組件都有現貨供應。買主只消指定想要的零件，NetBuy 便以最低現貨價提供符合要求的零件。買主不須查詢產品名冊，或使用電話、傳眞詢問。報價與訂單都在線上處理，以便於投遞運送，並容許買主追蹤裝運的貨物，及透過單一對象寄送帳單。

NetBuy 所提供的價值主張，是以快速完成買主即刻就需要的訂單爲重心。儘管電子零組件的傳統現貨市場訂購需要花上二到五天，甚且更多的時間，並且通常需要買主困難地找到專門的供應商，NetBuy 卻只花數秒鐘就能找到現有的存貨，並在幾小時之內就處理好一份訂單。NetBuy 提供買主花較少時間及較低成本取得貨品的好處，同時也提供經銷商空前大好機會，可以遠低於傳統現貨市場交易的成本，接觸到新顧客。

運用電子經濟簡化複雜而昂貴的交易，存在許多最有價值的商機。Realtor.com (www.realtor.com) 是個針對購屋者而設計的網站，努力使買房子的夢魘成爲過去。購屋似乎是種直接來自黑暗時代的流程，涉及十來個甚或更多的中介。從房地產經紀人到房契代理人，每個人都加深磨擦及提高成本。Realtor.com 已成爲全國房地產經紀人協會的一員，並且站在這個協會的最前線：引導消費者到該協會成員那裡。這個電子事業藉著將房屋銷售的其他步驟自動化——例如資金籌措、勘測資料及房契蒐尋，以增加價值。

資訊中介者企圖成爲衆多買主與賣主的匯集中心。其關鍵性原動力是：一旦資訊中介者匯集達到臨界數量（critical mass）的買、賣主時，就會有更多人蜂擁至這個網站，因爲這正是行動發生的地點（表4-2）。資訊中介者能夠參與價值鏈的各個不同部分，而不僅僅是價值鏈的尾端。例如，E-Loan

表4-2 資訊中介者

資訊中介者通常不買賣任何東西，而是提供聚集買賣雙方的服務，以方便交易的進行。

提供物

聚集買主與賣主的服務
撮和媒介（在買主與賣主的需要之間）
內容（針對某個市場區隔、產業及部份產業價值鏈）
產品與服務（交貨能力）

目標對象

虛擬社群成員
價值鏈或是部份產業價值鏈的成員
市場區隔

活動

匯集買賣雙方，以便於散佈電子經濟模式中的交易

必備的專長能力

與產品／服務的提供有關的計費、開出發貨單、交貨及其他核心流程
終端使用者與資訊的聚集與仲介
建立合夥關係
與其他電子經濟夥伴關係的管理

目標

獲得最具影響的消費者心中的份量，或最主要的交易比重

收入來源

廣告
訂閱費用
收費合夥關係
交易費的百分比

例子

NetBuy
Autobytel.com
E-loan
InsWeb
Travelocity

公司（www.eloan.com）便攻擊抵押貸款經紀商——這個角色是房屋貸款過程的一個要素。現在E-Loan已經聚集非常多的需求，使出借者的角色就如同銀行一樣（請見第六章「擔任另一種角色」）。

電腦居中消除價差

人類自有經濟活動以來，財富得與失的原因很簡單——相同產品與服務在不同地方價格可能大不相同。經濟學家將這些造成價格差異的因素，通稱為「經濟摩擦」（economic friction）。當資訊中介者以彙整價格資訊的方式降低這些摩擦時，有史以來買方第一次可以完全得知市場資訊的情況就可能發生。一旦發生，同樣的產品無論何處購買，價格都會一樣。現今A購買數位相機時，百貨公司是一種價錢，折扣郵購店又是一種價錢，而廠商自己的網站又是另一種價錢。許多資訊中介者（見下一節CompareNet的討論），已開發出價格比較引擎，幫助消費者找出可能的最好價錢。

不過這些比價資訊中介者現正如履薄冰，因為愈多人使用網路獲知產品資訊與價格時，諸如數位相機或鞋子等特定產品項目，那麼世界任何角落就會以相同的價格銷售這些產品。這個觀念和股票無論何處購買價格都相同的情況類似，因為使用網路的股票交易員隨時可以取得需要的資訊。電子經濟將會提供每樣商品到電腦撮和的市場。一旦填充玩具或數位相機等類似商品可以自行決定價格水準，並呈現商品定價特性時，消費者便可以在像電子海灣那樣的社群中看見相同價格的類似產品。

對於網化就緒的公司而言，電腦撮和決定價格的啓示極為淸楚：把焦點放在提供最低價格的經營策略，並不是具有永續經營價值的方案。網化就緒的公司將被迫要以創新的產品設計、優異的顧客服務或是其他策略性特質，作爲競爭之基礎。

不過在此有一段題外話值得咀嚼：若是電子經濟能讓廠商提供低於成本的產品合理化，結果會如何？若是交易資訊的價值超過交易本身的價值，結果又是如何？令人驚愕的是，的確有公司能夠以九毛錢的價格提供價值一元的東西。網際網路及資訊中介者模式的神奇在於，能眞正實現以低於成本價格提供產品這個方案。Priceline.com 及 Buy.com 等許多網化就緒的公司，正進行這項迷人的實驗。

買主經紀人、賣主經紀人、交易經紀人、同好社群

資訊中介者共有四類：買主經紀人、賣主經紀人、交易經紀人及同好社群。爲能成功，公司在決定參與這些領域，並在電子經濟中擔任一種或多種角色（我們在整章中都討論到的觀念）時，它必須獲得某些專長能力。在後續幾節討論每種資訊中介商類型時，我們會依據派定給客戶的任務，以及過去四年來我們的實地研究，提供專長能力方面的建議。我們的建議是，任何要成爲成功的電子商業店面，都應該具備必要的或基本的專長能力。現在讓我們逐一檢視各類型的資訊中介者。

買主經紀人

買主經紀人：藉由彙整賣主資訊、產品資訊和評估性資訊，替買主降低交易及搜尋成本。

網際網路是從事比價購物的一項完美工具，但是電子經濟無意間構成的組成要素，卻不斷促成偏離這個流程的情況發生（請見「保障利潤：網路給你的，網路也會拿走」）。電子經濟的重大啓示

是，它會藉著限制或操縱資訊，懲罰任何使評估或購買流程產生偏差的企圖。要駁斥「網站僅是針對狹隘商業利益而設立的壞胚子」這種疑慮，方法是將評估過程與交貨分開。接受這種哲學最成功的資訊中介者之一爲 CompareNet 公司（www.comparenet.com）。CompareNet 提供一個功能強大的引擎，可以按照品牌、功能或價格找到產品，並設定詳盡的逐一比較。儘管 ComapreNet 已經與 Crutchfields 這類的配貨商合作，負責交貨事宜，但交貨這部分是獨立的，買主可選擇要或不要。

CompareNet 的買主，從頭到尾都可以取得各式各樣的產品資訊。首先，透過關鍵特徵搜尋，及利用可訂製的品牌比較圖表，購物者便能夠搜尋從汽車、洗衣機到跑鞋等衆多類別的產品。使用者然後便能夠搜尋、瀏覽並參與數千個網際網路討論群組，以便從同好中獲得產品意見與建議，並決定何種產品最適合他們的需要。同一群購物者可搜尋來自全國各地之消費者所張貼的分類廣告，並以二手價格購買舊商品。

CompareNet 見到依照購物流程而成立社群的價值。一九九八年，它與網路上最大的分類廣告服務公司 Classifieds2000，以及討論網路（discussion network）Deja News 公司建立夥伴關係。有了這些結盟關係，CompareNet 不僅允許消費者研究、比較數千種產品，也可以透過線上討論徵詢其他消費者的意見，以及購買在線上分類廣告內所張貼的二手貨品項目，藉此強化了 CompareNet 的服務。CompareNet 藉由加入社群（即同好社群）元件到公司的比價服務，以擴大提供給消費者的價值。CompareNet 結合含有網際網路討論群組及分類廣告的客觀產品資訊，以便替老練世故的買主提供有效率的購物資源。

PackageNet 公司（www.packagenet.com）彙整可便於滿足買主寄送包裹需要的相關資訊，該公司是買主經紀人的一個例子。PackageNet發展出巧妙整合不同類別寄送方式的新服務，將目標放在包裹與快遞兩個市場區隔。這項服務代表幾家快遞公司所提供的各種選擇項目，包括從幾家快遞業者中選擇寄送時間、成本及路線。這項服務除了替買主節省時間之外，也透過徹底搜尋衆多可能性的保證，而替買主省錢。有超過四千個服務地點遍及全國，PackageNet讓買主容易地決定最近的地點、營業時間、費用、保險服務及其他的考慮事項。買主只要輸入郵遞區號，就可以得到一列便利的地點。在某個地點上按下滑鼠，就會出現地圖、營業時間和其他資訊。PackageNet全國性的費率網頁，提供使用者包裹費率及預估寄送時間。買主可簽署PackageNet的優先寄送計畫（Preferred Shipper Program），以獲得額外的包裹保險項目、保證陸地運送及折扣優惠券這類的獨特服務。最後，買主可以到網站上追蹤透過優比速公司（UPS）、聯邦快遞或是Airborne公司運送的任何包裹。

這個網站在整個過程，都一步步帶領著不熟悉包裹寄送流程的買主。即使使用者不知道他們要寄送對象的地址，PackageNet也幫得上忙。在地址頁按下網址，將會協助使用者找出全美國任何人或企業的地址。型錄頁提供型錄特價商品，及型錄網站的連結。PackageNet正逐漸轉變成爲包裹寄送服務的載具，或是基礎設施提供者。這個網站提供一個零售商計畫，針對目前及未來之PackageNet零售商的一個專屬區域。PackageNet網路套件允許線上商人、零售商及其他網站連結到PackageNet網站，以提供顧客針對個人寄送及商品退還方面的完整寄送資源。

保障利潤：網路給你的，網路也會拿走

若遭濫用，網路就像使低價合理化的情形一樣，也經常被用來保護高價位。例如，儘管航空公司提供度假旅客在網際網路上選購票價的服務，主要是當成填補空位的方法，但他們卻認定商務旅客沒有這種特權。所有主要航空公司於週三以電子郵件寄出，確認隔週額外機位的票價及空位警示，都包含特別設計的限制，使這些票價不適用於商務旅客。

網路使比價購物變得容易，但是短視的商人甚且可能侵害這最好的技術。例如，當Excite公司購併Netbot這家網際網路比價購物公司時，做的第一件事，就是關閉使用者比價購買書籍及光碟的權限。在Excite購買這家公司之前，Netbot代理程式（agent）會搜索許多網站，以尋找一本書最好的價格。現在，Excite只允許消費者去搜尋一家書店，也就是它的合作夥伴亞馬遜書店。基於合約義務，Excite必須移除這些購物類別；當然，其他類別也存在類似的情況。當某個網站宣稱能夠協助找到好價錢時，消費者必須小心審視，因爲它所找到的特價可能不是目前最好的價錢。

然而，網際網路迫使價格合理化的能力非常強大，致使沒有任何產業能夠抗拒其壓力。舉例來說，要不就接受設定的價位，但更好的作法是，完全忽略這些價位。網路會徹底將任何既定價位的壽命減短。拍賣與智慧型軟體代理程式搜尋最佳價格的結合，終將決定所有產品與服

務的價格。除價格以外，企業還必須找出其他的競爭優勢。

這個結果聽起來可能有風險或不可行，但事實是，建構在網路上的市場對賣主而言，可能不是一件多壞的事。能夠預測定價決策確實影響結果的價值爲何？若企業能夠立刻計算加入更多產能是否划算，又有何好處？有兩點好處相當淸楚：首先，因爲買賣雙方總是可以知道市場的公定價格，因此公司就能夠刪減保有存貨的成本；其次，公司可以確定每次銷售都已經產生最大的收益。

賣主經紀人

賣主經紀人：藉由彙整及提供有關顧客及潛在顧客的資訊，賣主經紀人替賣主減少交易成本及搜尋成本。

Autobytel.com 網站，可能是今天電子經濟中最引人注目的賣主經紀人例子。它只有一個簡單目標：盡可能使汽車買賣輕鬆愉快、毫不痛苦。爲達此目的，Autobytel.com 公司（www.autobytel.com）彙整汽車買主有關的資訊，並代表汽車經銷商合作夥伴，將整個流程包裝成一組有效率的服務。Autobytel.com 是代表一種數量日漸增加，且讓消費者容易接觸新車與舊車交易所有細節的服務，這些服務包括融資、保險、更廣泛的服務協議，以及交易完成後的選擇方案。（Autobytel.com 在電子經濟中不僅僅是個賣主經紀人，本章稍後會解釋，爲何 Autobytel 也是電子商業建構者的一個主要範例。）

當 Autobytel.com 創辦人艾利斯（Pete Ellis）發明線上購買汽車時，他已經創造了一種買賣汽車的獨特方式，並在此過程中，發動了汽車買賣革命。其他網際網路上的服務僅僅張貼經銷商網站，並帶領顧客到傳統的汽車賣場而已，因此只能做爲傳統汽車銷售的導引者。Autobytel.com 已經發展出完全改變汽車購買流程的方案，因此不斷受到分析師的讚揚。這家公司於一九九五年成立於加州 Corona del Mar。從那時候開始，Autobytel.com 便一直有驚人的成長。一九九七年六月，Autobytel.com 獲鄧白氏公司（Dun & Bradstreet）及《創業家雜誌》（*Entrepreneur Magazine*），提名爲美國成長第四快的新興小型企業。自從一九九五年開始提供服務以來，它已經極力協助超過一百萬名的汽車買主。

Autobytel.com 已經運用電子經濟的特質，組成合夥關係、資訊來源及交易服務所形成的社群，以便努力協助銷售通路的每個部分。其次，這家公司也從聚集汽車買主，以及支援這些買主的成員（constituency），所發展出來的無數機會中擷取價值。所有成員都樂意與 Autobytel.com 分享增加出來的價值。這個網站的簡易操作，掩蓋其觀念上的微妙之處，以及在執行上如刀鋒般銳利的專注。從最單純的層面來看，這個網站彙整與汽車購買人有關的資訊，然後將銷售線索傳遞給付款享有這項特權的經銷商。從另一個層面來看，這個網站是彙整內容吸引汽車購買人。從這個觀點來看，Autobytel.com 提供了工具與資訊，消弭長期以來汽車經銷商在市場上無法凌駕的優勢，也因此消除長期以來使消費者處於議價劣勢的資訊落差。Autobytel.com 以消費者代表人的身分，克服了汽車經銷商的這個優勢，並替顧客創造出價值。

Autobytel.com 的彙整模式相當簡單。消費者造訪其網站、描述他所偏好的汽車、利用許多複雜的搜尋演算法、然後計算眞正的購買成本。接著 Autobytel.com 將這個線索傳送到已經加入 Autobytel.com 網路的當地汽車經銷商，這個經銷商有義務回應一個不二價的價格。儘管這個購物網站提供一種便宜的方式，吸引聰明的消費者，代價是網站會揭露經銷商比較機密的資訊——亦即，經銷商在每筆交易上所賺的金額。這是購買者可用來當作議價利器的有價值資訊。

但是 Autobytel.com 與顧客的關係還沒結束。Autobytel.com 被定位成進入網際網路的一個入口網站，提供每個購車步驟的協調性服務。持有汽車的時間週期比較長：包括購買、使用、維修及處分，Autobytel.com 便企圖針對這段週期的每個部分，提供具說服力的服務。這個網站已經提供很多交易後服務。消費者有舊車要賣嗎？這個網站可取得艾德蒙買主指南（Edmund's Buyer's Guides）、凱莉藍皮書（Kelly Blue Book）、汽車市場週報（Weekly AutoMarket Report）及其他資源的資料。使用者需要融資的報價嗎？需要汽車保險的報價嗎？所有這些資源只要點一下滑鼠就可以取得。

這項服務對消費者而言完全免費。Autobytel.com 的收入來自參與 Autobytel.com 網路之汽車經銷商所繳交的年費。這個網站向汽車經銷商索取二千五百美元到四千五百美元的年費，加上五百美元到三千美元的月費。由於 Autobytel.com 所提供之線索品質極佳，經銷商都樂於付費。已有超過兩千六百家經銷商加入 Autobytel.com 網路，並在去年產生超過一千六百萬美元收入。Autobytel.com 的例子，說明權力逐漸移轉至消費者手上的電子經濟規則。所有 Autobytel.com 所產生的價值正符合一項事實，亦即被賦予權力的消費者會是更有價值的消費者。顧客擁有愈完整的資訊，對每個參與交易的人都愈好，Autobytel.com 正是這個主張的招牌網站。Autobytel.com 改變了汽車交易是零合遊戲，這個普遍流行的看法：亦即汽車經銷商每損失一元，顧客就會獲得這一元。事實上，Autobytel.

com 說明了電子經濟中，汽車買賣可以是雙贏的主張。

汽車買主明顯地贏得了勝利。有了更好的資訊——包括對經銷商眞正成本的進一步瞭解，汽車買主便更能好整以暇地協商出可能的最佳價格。但是對汽車經銷商而言又是如何？Autobytel.com 是否只是從汽車經銷商身上奪取過多的價值，然後轉移給消費者？事實絕非如此。若沒有產生新價值，而只是將價值從某一方移轉至另一方，則沒有任何電子經濟基礎設施供應商能持續生存。Autobytel.com 的確替經銷商創造新價值。例如，汽車經銷端賴銷售更多汽車方得以生存，而 Autobytel.com 做得漂亮的地方是，它使經銷商能賣更多汽車，同時卻也能降低行銷成本。在傳統經濟下，賣出一輛車平均得支付三百三十五美元的行銷成本。成爲 Autobytel.com 網路的成員，經銷商的行銷成本就會降至平均每輛車八十六美元以下。正因爲這種非常沒有效率的銷售流程，才使得 Autobytel.com 能夠替經銷商重新獲得價值。

Autobytel.com 也藉由提供購買流程組件，給逐日漸增的汽車相關網站創造價值。例如，Autobytel.com 的引擎已被用於 Edmunds.com、美國電話電報公司（AT&T）的 WorldNet、CarPrice.com、和 IntelliChoice.com 等網站。Autobytel.com 進一步運用其身爲電子經濟基礎設施供應商的成功基礎，積極建立品牌及擴大客戶基礎。儘管 Autobytel.com 已經變成線上廣告先驅——它實際上也創造了，與 Excite、Infoseek 及 Netscape 這類入口網站達成獨家協議的觀念——但仍然未忽略在傳統經濟中的行銷動作。這個網站甚至還購買超級盃球賽的電視廣告時段。

透過打破規則者的身分，Autobytel.com 已經徹底掀起汽車買賣方式的革命。這是技術——主要是網際網路技術，用以摧毀然後重新塑造某個產業——的一個明顯模式，本案例指的是一兆美元的汽車生意。

交易經紀人

交易經紀人：透過將買賣雙方聚集在一起、協助配對需要及促使最終交易更容易達成的方式，同時降低買賣雙方的交易及搜尋成本。

Travelocity 公司（www.travelocity.com）是網路上最大的一次購足式旅遊網站。一九九八年，Travelocity 宣布每週交易量超過五百萬美元，這對於一九九六年三月才成立的網站而言，是個重大的成就。Travelocity 持續排名職場前二十五大網站，而三百五十萬個網站註冊會員，更使它廣泛地在電子經濟中的每個角落出現。這些會員多數是富有的商務旅客，更是電子經濟最有興趣的族群。Travelocity 認可這種會員關係的價值，因此提供了各種服務善用這種關係，例如：

- **航班、汽車及旅館預訂**　透過 Sabre 電腦預訂系統，可取得超過七百家航空公司的時刻表、超過四百家航空公司的預訂與機票、超過三萬五千六百家旅館及五十家租車公司預訂及購買能力。
- **提供三種最佳旅遊路線／最低費用的搜尋引擎**　這是一種 Sabre 特有的功能，可依據旅客要求，自動找出三種最低價的旅遊路線選擇方案。
- **最後一分鐘交易**　由不同供應商，針對最後一分鐘決定去旅行的旅客，所提供的大幅度折扣。
- **旅館地圖與照片**　所選定之旅館的街道位置地圖及照片。
- **航班資訊傳呼**　提供全國可以傳送文、數字的呼叫器擁有者免費的數位飛航資訊服務。

■**費率注視者**　一種免費的電子郵件通知服務，提供給 Travelocity 會員，讓他們知道在最喜歡的城市兩地間的票價，何時上漲或下跌。

此外，Travelocity 正在建造喜好旅遊者的同好社群，並且與許多販售商建立夥伴關係，提供書籍、行李箱、地圖、旅遊錄影帶及其他物品的商品銷售。

同好社群

同好社群：透過內容、社群建立及商務活動聚集買賣雙方，同好社群得以替有特殊興趣的買賣雙方，降低交易及搜尋成本。

同好社群經營模式，正從航空、食品到固體廢棄物等各種產業中興起。VerticalNet 公司（www.verticalnet.com）已經將這種經營模式發揮得盡善盡美。VerticalNet 是網際網路上特定產業內容，及企業對企業商務合作網站方面，成長最快的促進者（facilitator）之一，它在線上處理它部分的銷售交易。其所屬每個網站的目標，是將潛在的買主與賣主聚集在一起。買主可在網站上張貼提供建議書及報價的要求，並可要求賣主出價。藉著建立顧客、販售商及專家服務的產業社群，VerticalNet 證明，高價值的特定產業資訊，能在網際網路上以可獲利的方式刊出。

網化就緒策略

■**性質**：針對企業對企業之工業貨品與服務的同好社群入口網站。

■**公司名稱**：VerticalNet（www.VerticalNet.com）

■**提供服務**：在特定產業社群中聚集買主與賣主、減少隔閡，及運用電子商務機會與其他活動

■**網化就緒策略**：同好社群

這家公司在網路上以三十多個同好社群的形式出現（見表4-3）。一般企業主要是把 Vertical-Net 當成一種線上配對服務。賣主可在此找到銷售機會，買主可張貼他們對於特定機器或計畫的要求。一旦完成一項可能的配對，雙方通常是透過交換電話及傳眞號碼，或是親自見面的一般程序來完成交易。

VerticalNet 的第一個網站水資源線上（www.wateronline.com），也是它最大的網站，每個月都吸引將近十萬名訪客。特定產業的供應商可在水資源線上，及其他 VerticalNet 的網站上購買網路店面——可讓供應商擁有的虛擬廣告區。VerticalNet 的網站訪客，能從各種新聞連線及社論服務中，找到與他們的產業有關的最新消息，並且能夠造訪產品及供應商的線上名錄，以找出需要的資訊。當某位供應商在這個網站上剛好有店面時，訪客就可以免費取得更詳細的資訊。VerticalNet 社群也包含履

表4-3 挑選過的 VerticalNet 同好社群，以及支援它們的網站

每個 VerticalNet 的網站，都是設計用來將定義明確的用戶群，例如廢水處理工廠的環境工程師，傳送給願意付款，以得到這些用戶群注意的廣告刊登者。

流程群組	
化學線上 (Chemical Online)	www.chemicalonline.com
食品線上 (Food Online)	www.foodonline.com
製藥線上 (Pharmaceutical Online)	www.pharmaceuticalonline.com
碳氫化合物線上 (Hydrocarbon Online)	www.hydrocarbononline.com
半導體線上 (Semiconductor Online)	www.semiconductoronline.com
電子群組	
醫療儀器設計線上 (Medical Design Online)	www.medicaldesignonline.com
無線設計線上 (Wireless Design Online)	www.wirelessdesignonline.com
電腦原始設備製造商線上 (Computer OEM Online)	www.computerOEMonline.com
光電學線上 (Photonics Online)	www.photonicsonline.com
測試與測量線上 (Test & Measurement Online)	www.testandmeasurement.com
環境群組	
水資源線上 (Water Online)	www.wateronline.com
公共建設工程線上(Public works)	www.publicworks.com
固體廢棄物 (Solid waste Online)	www.solidwasteonline.com
污染線上 (Pollution Online)	www.pollutiononline.com
電力線上 (Power Online)	www.poweronline.com
財產及意外事故 (Property and Casualty)	www.propertyandcasualty.com

歷及職務張貼區，並且能張貼來自尋求出價及回應的公司建議書要求（request for proposals, RFPS）。

VerticalNet 運用五點原則在垂直產業中創造價值：廣告個別化、代管網站、建立及設計網站、贊助論壇（提供客座專家），以及協商每筆交易移往線上市場完成的比例。身爲日用品產品——從水閥到設計用軟體——的虛擬經銷商，該公司目前只在這部分產生相當少的收入，但是當愈來愈多貿易在線上發生時，該公司便見到了電子商務的龐大商機。

VerticalNet 獲取了大量有關其社群成員的興趣及購買行爲的有價值資訊——運用 cookie 及其他技術追蹤成員在網站上的動作，如此便可以向贊助者索取六千美元到二萬五千美元不等，允許其在 Vertical Net 的個別化電子郵件電子報中，傳送個人化的網路廣告及產品發表。當 VerticalNet 對垂直貿易社群所有的個別成員有更深一層認識，並使贊助者能傳送個別化的訊息給這些成員時，將會進一步提高其贊助者的忠誠度。

VerticalNet 的總裁兼執行長華許（Mark Walsh）說：「我們是商業活動的促進者。」「這與現有銷售通路的便利化與加速化有關。」除了建議書請求、報價請求及產品張貼之外，VerticalNet 還提供電子郵件、聊天室及佈告欄。已經在不同 VerticalNet 網站購買網路店面的公司，包括電機工程公司艾波比（ABB）、石油工程公司佛斯特·惠勒（Foster Wheeler）、奇異電器（General Electric）、惠普及新力公司。華許補充說：「對同時身爲買主與賣主的企業而言，全球資訊網所帶來的眞正衝擊，在於彼此如何相互產生關聯。」「這種情況發生時，線上商業的潛在市場將會極爲龐大。」

有些同好社群協助賣主將他們的後端系統連接到網站上，並容許即時存貨查核，及實現充分整合之會計作業。依執行長派瑞（Dave Perry）所言，Chemdex（www.chemdex.com）這家科學研究資料方面的同好社群公司，已經吸引了一百三十家供應商。其客戶包括製藥公司 Genentech 及哈佛大學，它們的員工能夠從一份含有三十萬種產品的目錄中訂購，並在線上付款。伺服器端的爪哇（Java）應用程式，負責將 Chemdex 的網站，連接到供應商的後端存貨管理系統中。

保健（healthcare）產業，是另一個同好社群可能會有所幫助的產業，這個產業一直受到無效率的流程、缺乏全世界都可取得的資訊、無法橫跨供應鏈來合作等狀況的困擾。而所造成的問題——醫師無法研究出新診斷設備的使用方法，醫院管理當局難以找出基本供應品的最好價格，或是供應商無法拓展新市場，則轉變成更昂貴更劣質的病患照顧。這個產業過去一直缺乏資訊科技的投資，這顯然是無效率的一個重要緣由。然而無數研究報告指出，這個情勢正在逆轉，使這個產業已準備妥當要運用網際網路，當作他們無所不在的企業連接工具。其中的一個回應是 Neoforma 公司（www.neoforma.com），該公司已經聚集一萬三千家醫院及藥品供應商，以及屬於七千五百家保健機構的七萬名買主。在網際網路出現之前，要擁有這麼大規模的同好社群絕對不可能。這種形式已經自行在很多產業團體複製。

同好社群在選定的利基市場聚集，聚集相同數目的不同買主群與賣主群，並且針對促進產品的流通而索取佣金。網路所引發的主要移轉是，網化就緒的市場權力已經從賣主轉移到買主手上。

資訊中介者必備的功能

只要某個產業有各自為政的供應商，或在產品價格及相對效能上忽略顧客的要求，資訊中介者就會有獲利空間。以下是逐步成形及富有經驗的資訊中介者，可能需要提供的一些新特性：

■**聚集需要**　結合幾項現有的需要，變成過去並不存在的新需要。範例：E-Loan（請見第六章「擔任另一種角色」）。

■**聚集服務**　結合幾項現有的服務，變成過去並不存在的新服務。範例：Autobytel.com（請見本章「賣主經紀人」）。

■**出價／詢價引擎**　通常透過電腦化流程，產生由市場所推動的浮動式定價系統，買主與賣主在這個系統中協商，來訂出價格。範例：Onsale（請見第五章「將產品往食物鏈上層移動」）。

■**可供諮詢的顧問**　搜索整個網路，識別出可茲利用的消費者欲購產品與服務的加值型服務。範例：Firefly及Sixdegrees。

■**隱藏性需求**　接受尚未存在之服務類別的訂單。在足夠的需求產生之後，才尋找能提供服務的對象。

■**配對**　識別買主的要求，並將買主的要求與賣主所提供的產品與服務配對。這是以一種特別的方式，並且是在先前對任一方都毫無所知的情況下進行。

■**協商**　提供能夠依照一組參數協商價格、數量或功能的代理程式。

■**通知服務**　通常透過電子郵件或傳呼，一旦可以提供服務、有價格變動，或到達某個事先設定的門檻時，就通知顧客。

■**智慧型需求顧問**　識別購買機會、替代性產品或服務。範例：Travelocity、聯合航空，或是美國航空所提供的週末電子費率通知，假日飯店(Holiday Inn)所提供的週末旅館房間折扣通知。

■**併售**　建議額外的產品或服務，使兩者都購買的消費者能享有聯合折扣，或是另外的好處。

範例：Gateway 電腦及戴爾電腦。

擔任資訊中介角色的入口網站

入口網站（portal）是個術語，通常與閘道（gateway）同義。入口網站是指，當使用者連上網路，或是連上使用者常會造訪的指標性網站時，會成爲使用者主要的全球資訊網開始網站。入口網站所提供的典型服務包括，一份網站目錄、搜尋其他網站、新聞、氣候資訊、電子郵件、股票報價、電話與地圖資訊的工具，以及不定時的社群論壇。入口網站已經吸引了衆多股市投資人的興趣，因爲這些入口網站被視爲有能力贏得大量讀者群及廣告的觀看者。

電子經濟中，每個人都想學會入口網站的行爲（請見後文「電力公用事業努力成爲入口網站」）。今天，居於領先地位的入口網站包括雅虎、Excite、Lycos、微軟網站及其他網站。當你撥入擁有一群私有網站的美國線上，該公司的 www.aol.com 網路入口，就可視爲是一個入口網站。許多大型網路連線供應商，提供使用者連接全球資訊網的入口。入口網站策略可從許多觀點加以檢視，但是從價值主張的立場來看，它們已展現出資訊中介者所有的特性。它們主要的角色是聚集買主與賣主，使買主更舒適地從事交易，賣主更有效率地進行交易。

就某種意義來說，入口網站了無新意。在傳統經濟中，像 The Sharper Image 那樣的型錄，便是以入口網站的模式運作。任何實體只要隨時能基於買主與賣主的利益提供及時資訊時，它便呈現入口網站的狀態。資訊一直是商務上不可或缺的。使入口網站成爲資訊中介者的理由是，在電子經濟中，商務已經逐漸獨占資訊。藉由將內容與讀者湊在一起，入口網站便成了資訊中介者。它們也能夠藉由匯集整合選定的同好社群增加價值，並容許這些社群以各種方式產生收入：廣告、介紹費，甚至獲得銷售額的幾個百分點。這個方法仰賴網際網路以由下往上的模式來傳遞資訊，以及提供低成本的資料存取途徑供給足夠數量爲消費者。

但是並非每個資訊中介者，都能夠以成爲入口網站的方式而獲得成功。事實上，大部分資訊中介者都會失敗，因爲他們犯了一個基本上的錯誤。雖然他們對入口網站具有的價值都有正確的認識，認爲這些網站能夠獲得大量電子經濟訪客的注意力，但是一心追逐消費者亟力想達到成功的電子商業店面卻抓不到重點。

這裡有個啓示：入口網站對於事業夥件的需要，甚於對使用者的需要。將入口網站視爲產品，而把使用者當成是消費者的電子商業店面都錯了。如同其他的媒體事業，「眼珠觀看次數」才是產品，而入口網站的廣告主、電子經濟夥件及內容提供者，都是消費者。

吸引眼珠觀看是一回事，留住它們又是另一回事；而認爲吸引到的眼珠觀看次數可獲利且值得留住，則更是另一回事。在消費者得以掌控他們所見到的東西的世界中，以能獲利的方式建立關係讓消費者持續回頭，這樣的競賽已然開始。例如，美國線上正不斷使它的入口網站具有黏度（sticky）。藉由提供給顧客三個C：內容（content）、社群（community）與相關資料（context），有黏度的網站創造了顧客忠誠度。例如美國線上的主要網站，提供會員與非會員建造個人網路社群的能力，或是從任何地方取得電子郵件的能力。美國線上將這些特徵稱爲「有黏度的應用程式」（sticky application），顧客藉著創作個人化的內容，而在這些程式上投資。

成功的入口網站已經知道，肯花時間告訴企業他的需要的顧客，較不會轉移陣地。這是增加轉換成本的一種方式——企業贏得忠誠度，顧客贏得個人化的服務。這些學習關係，正是以可獲利的方式吸引、留住顧客的關鍵。

在傳統經濟中，無線電台及電視台將它們的聽衆／觀衆數量資料賣給廣告刊登者。這也就是爲什麼尼爾森（Nielson）收視率調查會引起重大爭議的緣故：節目編排只是在商業廣告中間，留住觀看者注意力的一種方法而已。電子經濟將大部分這種經過試驗證明可靠的方程式，自行轉變成另一種獨特的方程式。首先，入口網站實際上並不需要更多的網路消費者。儘管上網人數成長可能是新成立入口網站的主要目標之一，大多數主要入口網站只賣出一部分的廣告存貨(advertising inventory)。（當你聽到入口網站談論到「廣告存貨」時，記住身爲網際網路使用者的你，正是這個存貨。）消費者供給將持續超過需求。

其次，入口網站的觀衆愈多，成本也愈高。觀衆愈多，入口網站需要投入更多硬體、更寬頻的網路連接及更多的支援人員，以維繫觀衆群。因此，除非入口網站能從增加的流量中得到收入，否則流量增加便毫無意義。這個在電子經濟中普遍存在的情況，完全不同於電視及廣播模式。一旦某個電（視）台進入市場並開始播送，無論聽衆／觀衆多寡，播送的成本是相當固定的。這個情況也不同於平面媒體，收取訂閱費是個常態；甚至也不同於在像美國線上及 CompuServe 早期的線上服務，以計算連線時間爲常態。

在電子經濟中，廣告主及電子經濟交易是入口網站的主要客戶。因此入口網站之間的爭奪戰，與眼珠觀看次數的爭奪較沒有關係，而是與潛在廣告主和其他業主彼此生意上的爭奪比較有關係。那個市場無疑是入口網站主要的收入來源。由於這層關係，若被迫要做選擇，入口網站寧可站在事業夥伴這一邊，而不是站在觀衆這一邊。這種安排方式將不會有所改變，除非入口網站直接與消費者交易，並成爲主要收入來源，情況才可能有所改變。

讓我們從另一個角度來看這種情況。有少數主要入口網站自行產生內容，且內容通常來自於與第三者供應商的策略聯盟，或是透過訊息佈告欄、聊天室及免費電子郵件的使用者所產生。換句話說，入口網站的角色是做爲資訊中介者。成功的入口網站運用力量建立關係、同好社群及社群，以驅動各種商業活動，並藉此擷取價值。

電力公用事業努力成爲入口網站

伊利諾中央照明公司（Central Illinois Light Company, CILCO），是位於伊利諾州 Peoria 地區的一家小型電力與天然氣公用事業公司。它的第一個網站肇始於一九九五年聖誕節，當時網站上只有大約一百頁靜態的說明小冊子。今天，CILCO 的網站已經是該產業中最先進的網站（www.cilco.com）之一。CILCO 的資訊科技服務資深企業顧問杜博（Mark Dubois）說：「現在的 CILCO 網站過去企圖成爲一個入口網站，它是網際網路上這個觀念早期的實踐者之一。」「其想法是去建立一個電子社群，並且提供讓訪客再三回到這個網站的理由。」

爲達此目的，這個網站不僅提供可預期的顧客服務選擇項目單（重新檢視電費帳單、付帳單、簽名要求、提供服務等），還提供許多有用的服務。CILCO 網站的訪客能夠查詢天氣狀況，或是追蹤透過聯邦快遞、優比速或是 Airborne 寄送的包裹。這個組合方案證明可行，每個月有超過五十萬人——超過 CILCO 服務地區人口的一百倍——造訪這個網站。尤其是因爲到二〇〇三年之前，美國將會完全解除電力公司所有的法規管制，這個關鍵性多數會使 CILCO 網站成爲有價值的商品。

到那時候，消費者可向數十家供應商之中的任何一家，購買電力及天然氣。爲保留競爭優勢，CILCO 決定要運用其網站，建立及維持必要的消費者關係。除了成爲入口網站之外，CILCO 網站還提供消費者商議電力及天然氣價格的能力。消費者能夠依照其預測能力，鎖定長期費率，或者也能夠協商目前的費率，以便利用價格波動所帶來的好處。

CILCO 瞭解經濟規模所帶來的價值。今天，CILCO 代管 Peoria 市的網站，從這兩個網站上都可以看到相同的社區事件與資訊。標題式廣告被連結到顯示的資訊上，使得商業性標題式廣告出現在 CILCO 的網站上，但是消費者標題式訊息會出現在消費者資訊的網頁上。該公司正將電子商務建置到其網站上，訪客已經可以在線上購買 CILCO 品牌的商品了。CILCO 顯然是個電子商業店面，也是個資訊中介者。

注意力經紀人

電子經濟中，注意力的品質受到曲解（strained）。每個人每天都剛好只有二十四小時，時間沒得協商，也無法移轉給別人。時間一如固定資產不容侵犯，必然導致電子經濟中注意力交換媒體的興起。過去的枷鎖依舊影響著電子經濟，使得企業依舊試圖運用傳統的廣告與行銷訣竅保障注意力。第一代的網站及標題式廣告會閃爍移動，使讀者的眼珠爲之一亮，促使讀者按下滑鼠按鍵。像廣告標題及其他形式傳統廣告那樣的裝置，都是以岔斷式行銷（interruption marketing）爲基礎，因爲它們打斷網站的造訪、雜誌文章的閱讀或是電視節目的觀看。但是隨著每個月一百萬個網站加入到全球資訊網中，買主愈來愈不願意將注意力移開。近來，他們想要值得讓他們注意的東西，即使那只是像遊戲或競賽帶有些許娛樂效果的東西。現今賣主利用贈品與服務，以換得保證有幾秒鐘注意力的特權。許多公司甚至會付現金，以取得部分的注意力資本。

注意力經紀人（attention broker）是電子經濟中另一類新興的資訊中介者。注意力經紀人的興起，是爲了面對在電子經濟中擴大現成且有意願之消費者的這項挑戰。酬謝消費者注意力的誘因方案，已經在這個領域顯示某些優點，並且也讓消費者有理由成爲更積極的產品購買者，及線上廣告的消化吸收人。企業或個人所獲得的回報是，得到新顧客的承諾，在許多情況下達成交易。

如同所有的資訊中介者，注意力經紀人藉由內容的彙整，將廠商與消費者聚集在一起創造出價值。這些經紀人是獨一無二的，因爲他們加入額外的東西到方程式中，亦即指與注意力相連結的一項獎賞。這項獎賞都是在「同意行銷」的名義之下。同意行銷的觀念是指，生產者應該願意針對商人想要強化的某種行爲，而付錢給消費者。這樣的行爲包括造訪某個網站、完成一份調查報告或問卷，或是購買一項產品或服務。

「誘使人們注意，而不是與之協商」，這種價值觀的徹底失敗，導致一種經營模式的產生——即所謂的同意行銷。同意行銷闡明，當賣主與銷售對象達成明確協議時，各方都會得到好處。一般的協議是：我同意將注意力放在你身上，而你要給我某種有價值的東西做爲交換。「某種東西」可能是指娛樂（遊戲）、有獎品的競賽、一項產品，或是現金或某種有價值的紀念品。

同意行銷並不是新點子，也不局限在網路上應用。如果你曾經得到免費假期、電視機或高爾夫球俱樂部球局的承諾，以便去拜訪一個分時享用（time-share）的度假中心，那就是一種形式拙劣的同意行銷。這種協議相當簡單：當銷售人員試著向我推銷你們所提供方案的好處時，我給他們一小時左右的注意力，那你就要給我某種有價值的東西做爲交換。我可以接受，也可以不接受你所提供的方案，但因爲你已得到我的注意力，我就賺得了這樣有價值的東西。

網化就緒公司運用注意力資訊中介者，會將這種動態關係，進一步修正到前所未有的水準。同意行銷是建立在買賣雙方的理性計算之上。讓我們先從買方的觀點來看。買主有錢花在產品上，但是他們缺乏兩樣東西：第一樣東西是評估產品的時間，第二樣是對產品製造公司的信任。一旦消費者注意到公司的訊息，該公司必須或明或暗地酬謝。這就是網路如此強而有力的緣故。網路改變了每一件事，只要獲得人們同意，企業就能夠使用電子郵件，經常、快速、且不冒昧地與他們溝通。

現在讓我們從賣主的觀點來看。岔斷式行銷的問題之一是，賣主必須假設，「不」就是代表「不」的意思——事實上當「不」通常是代表「不是現在，可能晚一點再買」的意思。岔斷式廣告及直接郵寄，無法讓賣主區別出「不」與「可能」的差別。經濟學說，如果買主見到賣主的訊息但沒有買產品，或收到直接郵寄的資料而沒有回應，就表示他們已經拒絕賣主推銷商品的宣傳。事實上，賣主並無法明確知道他們的訊息是否已經被拒絕，同時他們也負擔不起找出答案的代價。運用岔斷式行銷建立關係實在太昂貴，因此賣主被迫將目標轉向下一批潛在顧客。

藉著消除再度詢問「潛在購買者」的成本，網路改變了行銷的核心本質。賣主能夠持續與買主溝通，並將他們與教育或娛樂扯上關連，以試圖使他們成爲顧客。想要改變人們的行爲，光靠一次訊息是行不通的。你必須獲得許可、建立某種關係、提供利益、與他們面對面，一再地交談。

信任中介者

信任中介者（trust intermediary）：在買主與賣主之間建立信任的一個實體。

信任是電子商務或其他商務不可或缺的潤滑劑。電子經濟中，因爲只有信任程度才能將某個匿名的交易實體，與另一個交易實體加以區別，信任甚至還有更根本的重要性。若沒有信任，實體世界中的企業要成長跨越家族企業的界線，將會極爲困難。這種限制不僅限制住規模，還會限制雇用專業經理人，及分享財富與控制權的能力。

在電子經濟中，信任會將交易與資訊分享過程中外部與內部所產生的摩擦，降至最低程度。此外，信任是自我組織規則的基礎。工廠舊有的產業模式是一種命令／控制環境，中央權力當局在此環境下訂定規則，勞工只能選擇遵守或不遵守規則。自我組織的規則都已經被內化，因此具有共同的規範與目標，不須將所有規則明訂清楚，個人也能夠自由地互動。問題是，企業如何在網際網路上著手建立信任？若是文化中並不存在信任，有什麼能夠替代信任？公司是否最終只能在相當於受到支持的市場內做生意？

人們賦予品牌的高度價值，正是需要信任對象的具體證明。電子經濟中的參與者，起初會將他們的信任，交給在實體世界中他們也信任的相同電子商業店面。那也就是爲何花旗銀行、威士卡（Visa）、Wells Fargo 及美國運通等品牌的價值如此高的緣故。這些品牌能夠將由它們的名稱小心建構起來的安全感，運用到各式各樣的電子商業新構想中。像 Expedia（微軟公司所建立）及 Travelocity（Sabre 公司及美國航空所建立）那樣的電子商業店面，它們各種主張的背後，正是以品牌爲訴求。這些旅遊網站正試圖充分運用，它們更知名的夥伴的品牌權益（表 4-4）。

付款機制建構者和信任建立者

有兩種特殊類型的信任資訊中介者——付款機制建構者（payment enabler）和信任建立者（trust enabler）。每一種類型在電子經濟中都具有獨一無二的功能。讓我們分別考慮以下各項類別。

付款機制建構者

付款機制建構者：建構安全的付款交易，並且降低買主與賣主風險的實體。

網際網路正替廠商製造新機會，使他們有能力接觸到數百萬名潛在顧客，並跨越傳統人口學上的界線。藉由提供專門針對這些線上企業需要的解決方案，讓金融機構也能夠擴展其市場版圖。除非安全付款方案能標準化，否則所有電子經濟商務上的努力都會徒勞無功。進入付款機制建構者市場的公司，例如 VeriFone（www.verifone.com），已於一九九七年被惠普公司以十二·九億美元購併，以及 ICVerify（www.icverify.com），已於最近被 Cybercash 公司購併。

電子商務的一個重要促成者，是安全且實用付款技術的取得。尤其是將現成的信用卡基礎設施，

表4-4 信任中介者

信任中介者提供一種安全的環境，使買主與賣主能夠有信心地相互交換價值。

提供物

安全的環境
代管未蓋印證書服務（escrow service）
隱密性
追索權（recourse）
品牌

目標對象

買主
賣主
關係密切的團體（affinity group）
同好社群

活動

提供一種可查核的環境，使事先告知的同意得以決定、價值得以安全地互換、及隱私權得以維持

必備的專長能力

與代管未蓋印證書服務，或與其他服務有關的帳單寄送、訂單處理、開立發貨單、交貨及其他核心流程
建立安全及顧客的信任，例如安全付款交易及紮實技術方面的專門知識
對細節的敏銳注意力
豐富的歷史資料分析能力，以決定風險

目標

藉由建構一個安全而有保障的交易環境，然後從每筆交易中擷取價值

收入來源

授權費
會員加入費

例子

Verisign
Cybercash

運用於不必出示信用卡之交易的能力，到目前爲止仍一直支持電子商務的成長。隨著新增功能的加入，以及新安全機制的開發，電子商務功能的部署只會加快速度。

電子經濟中的賣主有很多共同需求。所有賣主都在尋找，提供強大信用卡處理功能，且容易使用的軟體解決方案。他們想要一種解決方案，能使他們的顧客有信心在網際網路上使用信用卡。此外，這些企業想要依據先前的關係，接觸他們所選擇的收單銀行，也想要取得較好的折扣費率。基於網際網路的延伸性及普遍性，當市場需求產生更大的商務產出時，這些企業也希望有能力調整付款交易的功能。

信任建立者

信任建立者：建立可信賴或是驗證過的環境，使參與者能夠有信心且有保障地互動的實體。

公司如何在電子經濟中建立信任？如同實體世界一樣，公司最終還是得藉由一次次的交易，證明它可信任來達成此目的。在運作中的經濟，信任是個不可或缺的條件，無論是在以物易物，或是由軟體代理程式所驅動的商品市場，皆是如此。個人接觸與信任有密切關係。賣主與買主靠得愈近，就愈容易建立信任。電子經濟的挑戰在於，要在買主與賣主之間，缺乏任何事先存在關係的情形下，建立起信任關係。

有一件好消息是，電子經濟主要是以信用，而不是以現金爲依據，這是可將風險降低一些的事實。信用（credit）這個字的意思是指相信或信任。電子經濟需要信任建立者，以產生一個能夠有信心擴充信用的環境。電子經濟需要的是，網際網路上值得信賴的品牌符號，就像實體世界象徵信任與責任歸屬的UL實驗室，或是Good Housekeeping的核准標誌。像TradeSafe公司（www.tradesafe.com）那樣的實體，就是一個典型的信任中介者。它以一個稱爲代管協定（escrow agreement）的安全保護工具，保護電子經濟交易。採用信任中介者的功能做爲創造長久競爭優勢的一種策略性技巧，這種作法效果可能會很好。

Intel Inside

Intel Inside是一個建立信任的新構想，最聰明且最成功的範例之一。我們欽佩英特爾替自己在資訊科技領域中所建立的地位，它的財務成功、市場優勢、非凡技術能力、創新與領導能力以及驚人的營運技巧，相互結合，使該公司成爲全世界力量最強大最有影響力的公司之一。在行銷方面，英特爾也因早期積極掌握品牌建立，而贏得榮譽的地位。該公司已經在美國國內大力推廣Intel Inside這個促銷活動。

Intel Inside是電腦產業最著名的標誌之一，已經獲該產業用於價值超過二十億美元的個人電腦廣告之中，也被認爲是在電腦運算市場中，最出色且最持久的消費者行銷方案之一。Intel Inside品牌眞正的意思是什麼?本質上，它帶給消費者信心。大家看到的個人電腦，裏面都有一顆英特爾微處理器——也就是電腦的大腦。這項活動建立了一種主張，亦即微處理器是個人電腦中最重要的零組件。英特爾的Pentium處理器，一直是個人電腦產業中最成功的微處理器。所以這個標語帶給英特爾某種程度的品牌價值。

Intel Inside品牌傳達的價值是安全性。換句話說，消費者知道這台個人電腦含有領先產業的高效能處理器——英特爾Pentium處理器，並且有一家網化就緒的公司穩穩地站在背後。

匿名交換

許多電子經濟產業容許有競爭性的匿名市場存在。在這些電子競技場，聚集了買主與賣主，並且由競爭促使價格逼近最理想的水準。若通路權益（channel equity）沒有建立某種程度的信任，匿名市場便不可能運作。一旦通路權益就緒後，品牌權益這個在電子經濟其他領域具關鍵性的要素，就變得沒那麼有價值，甚且在某些情況下，變得無關緊要。

匿名交換時，合格的買主與賣主不需要知道另一方的身分，這對買主比較有利。電子經濟賦予買主相當同質的服務，例如保險、再提供資金、旅遊及其他有具體構造的產品。電子經濟透過匿名市場達成此目的，並運用一視同仁的舊有銷售技巧，例如建立關係與酒宴餐宴邀請。完整資訊將會驅動購買決定，而非驅動個人關係，並且交易也會以一種緊湊而有效率的方式結清帳款。推行這種模式的兩家公司，分別是將抵押貸款經紀人與出借人連結在一起的E-loan公司，以及允許電子公司交換零組件的FastParts公司（www.fastparts.com）。

匿名有降低價格的傾向。是的，對賣主而言，利潤可能會下降，但是他們的銷售成本也會隨著降低。一天下來，賣主實際上可能會得到比先前還更好的結果，因爲品牌認知在匿名市場中毫無意義，因此廣告成本應該會降低。低價銷售組織將會獲得市場占有率並繁榮起來。仰賴資訊無效率的市場，使買主無法取得關鍵性價格資料的組織，將會倒大楣。買主獲得勝利，賣主也獲得勝利，這是電子經濟的一個特性。

拍賣合夥關係

拍賣是讓買主具有影響力的另一個電子經濟特性。隨著能查詢網路的智慧型軟體代理程式的出現，買主已使販售者的價格清單變得無關緊要。在此模式下，買主在網路上散播他們願意支付的價錢，例如，從芝加哥到香港的飛機旅程、一小時連接到印尼的視訊會議時段，或是一輛福特 Taurus 汽車。隨後的幾分鐘，全球資訊網變成試圖替買賣雙方配對的軟體代理程式，彼此的情報交換中心。在載客量管理代理程式的估計下，若飛機在起飛當天仍有空位，聯合航空也可能接受買主的出價。這個軟體代理程式會權衡，聯合航空能夠以較高價錢填補那個座位的機率，以及機門關閉時此座位仍未被填補、不產生任何收入的機率。若買主願意放棄彈性，賣主也會願意放棄利潤，以爲交換。

例如，像ＭＣＩ或 Sprint 那樣的電信公司，具有固定基礎設備成本的賣主，有可能會接受買主對於一小時視訊會議服務的出價。若是對傳統上賣主產品或服務移動速度較慢的時間出價，買主的機會就會增加。無論結果是什麼，此刻買主所提供的收入增加，證明對賣主仍極有吸引力。

在企業對消費者商務中，最徹底的打破規則者之一爲 Priceline.com 公司（www.preiceline.com），該公司在以買主爲中心的新興環境中，已賣出超過五十萬張航空機票。Priceline.com 讓使用者張貼出他們對於旅程所願意支付的價錢，並以信用卡做爲需求眞正存在的證明。Priceline.com 然後搜尋其專屬的航程費率資料庫，若有航空公司接受這個價錢，Priceline.com 便將其配對，然後收取佣金，或是接受消費者所提供的價格與航空公司準備接受的價格，兩者之間的差額。

可能看起來 Priceline.com 只是聚集購買航空機票的買主，與 Autobytel.com 聚集汽車買主的方式一樣，但是其中的確有很大的差別。汽車不像飛機座位（無論如何，現在還不像），是一種不可替代的商品。如果你這個週末想去丹佛市，你眞正會在乎搭哪一家航空公司到那裡嗎？相對地，如果你正要購買一輛寶馬（BMW）汽車，就不會對擁有一輛 Yugo 汽車感興趣。Priceline.com 事實上遵循並聯結一種需求聚集模式，並且創造替代性需求，使買主能獲得替代性產品。差別是需求必須事先以有效的信用卡做證明。這種模式只是將需求代理權轉移給 Priceline.com，該公司可以做爲一個資訊中介者。就效用而言，是由 Priceline.com 告知賣主：「這裏有一位時間範圍可替代的顧客。」航空公司或是旅館可以選擇接受或是拒絕顧客的出價。

Priceline.com 現在正將其專利的經營模式，擴展至出租汽車、飛機票與旅館住宿的配套性假期等。旅客會說出他們對特定旅程願付的價錢，並要求與相關的企業合作，使這個配套方案讓所有人都接受。消費者會告訴旅遊產業：「你們賣主先把所有的問題擺平，明天早上將結果用電子郵件寄給我，我們要去睡覺了。」幾年之內，人們將會使用軟體代理程式協助他們，將與他們相關的人口統計資料，賣給試圖引起他們注意以從事銷售的公司。未來將會有注意力的拍賣，出價最高者將會獲得特權，確保賣主會得到買主的注意力，並得到應得的代價。

就像暗示一樣，本書付梓之際，Budget Rent a Car 公司宣布，計畫跳入線上拍賣的熱潮。這家全美第三大汽車租車公司，發起一個稱爲 BidBudget 的電子商業新構想，使網路使用者有機會以數位拍賣形式，討價還價出租車輛的價格。最直接的目標是將過多的週末存貨移轉給度假旅客。這項新服務運用 Budget 公司現有的利潤管理及 Maestro 預訂系統，並允許顧客控制價格與保有獨立性。BidBudget 網站有一處區域，顧客可在此選擇指定地點、挑選想租用的汽車類型，然後說出他們願意支付的費用。例如，計畫前往克里夫蘭（Cleveland）且想找一輛中型車的旅客，可針對平常每天租車價爲三十五美元的車款，出價十八點八五美元。出價成功者將會透過電子郵件連繫。

藉由容許使用者針對他們所願意支付的價錢出價，Budget 公司將能夠把停在停車場未出租的汽車租出去。這項發展，使本書中提到的許多論點得到認可。首先，產業領導者〔在此案例中指赫茲租車公司（Hertz）及艾維士租車公司（Avis）〕，一般不會採取打破規則的大膽步驟。其次，權力正從賣主移轉到買主身上。第三，爲了產生新的電子商業機會，企業不可以害怕冒著侵蝕現有通路的風險。第四，不可以小看品牌在網路上的力量。Budget 這個品牌將有助其電子商業創新業務的宣傳。

電子商業建構者

電子商業建構者(E-business enabler)：提供組件或功能及其附屬服務，以建構及協助其他電子商業店面或資訊中介者的實體。

另一個電子經濟的角色是電子商業建構者(表4-5)。電子商業建構者運用其技術或專長能力，協助或建構另一組商業流程，對其終端使用者而言，它通常是透明看不見的。因此當聯邦快遞提供後端外送交貨後勤工作給某個組織時，它正扮演電子商業建構者的角色。當 DoubleClick 公司將其廣告伺服引擎技術授權給像寶僑家品（Proctor & Gamble）那樣的客戶時，該公司也是使用相同的策略。

表4-5　電子商業建構者

電子商業建構者建立並維持一個基礎設施，使產品與服務供應者，能夠可靠且安全地進行交易。

提供物

專門的功能與相關的服務，使供應鏈或同好社群成員能藉由價值的加入，從交易中擷取價值

針對電子商業應用與服務的產品，用於建構電子商務，以及支援其他電子商業新構想與服務

目標對象

電子商業店面

資訊中介者

活動

藉由提供強大而可靠的功能，支持電子經濟產品與服務供應商的機會

必備的專長能力

強調服務；例如帳務、開發、網路管理、維護

資訊科技作業；例如容積（capacity）規畫、網路策略與營運、合約談判、設施管理、資料庫管理等

支援與維護基礎設施

行銷與銷售

將基礎設施移植到目標環境／垂直市場，並強化價值主張

目標

藉由將有興趣有意願的潛在買主與賣主，聚集在一個經過明確許可的環境中，從每筆交易擷取價值

收入來源

針對提供的功能收取授權費

合夥關係收費

交易金額的百分比

例子

聯邦快遞

LoopNet

Onsale

Chrome.com

電子商業建構者經常以企業對企業貿易中樞（trading hub）的形式存在，以服務從飛機製造業到生態研究等各式的商業顧客。這些新貿易中樞，通常是由電子商業建構者所建立並維護的企業外網路，並以能依成本價提供該網路為其價值主張。它們允許個別企業利用這些網站，建立自己的、且以企業外網路為主的供應商與顧客網路，而不需要在基礎設施上大量投資。這個構想是要提供企業一次購足的購買，能夠讓顧客眞正節省荷包，同時將廣大的市場轉交給賣主。電子商業建構者居於中間者的角色，並且從每筆交易中獲取一小部分的價值。

Onsale 這家在第五章將會詳細討論的公司，也逐步演變成為電子商業建構者的角色。Onsale 從它的拍賣技術所取得的競爭優勢早已不存在，為因應此情勢，該公司藉由擔任另一個電子經濟中的角色，來擴展其策略。在此案例中，這個角色即是電子商業建構者。例如，Onsale 提供雅虎拍賣引擎，使雅虎的網站能從事商品拍賣。雅虎的使用者並不在乎，他們所參與的拍賣活動的背後是由 Onsale 管理。電子經濟建構者緊密地將自己整合到合作夥伴的企業運作之中，而使許多流程得以簡化，例如配銷、發貨以及其他衆多的通路後勤作業。事實上，像聯邦快遞及其他諸多公司都已發現到，後勤管理是它們能夠加入價值的一個主要領域。

在尋求建立競爭優勢新方式的過程中，很多公司看出了，有些獨特的顧客價值類別，可透過後勤管理來產生。儘管像奧瑪哈牛排（Omaha Steak）、國家半導體、L.L. Bean 及 Frito-Lay 那樣的公司，當然會同意產品品質與一致性的重要性。它們也提出理由說，較佳的通路後勤作業也能夠替客戶創造重大價值。由前文（見「賣主經紀人」）我們知道，Autobytel.com 公司當然是個資訊中介者，但是其意圖成為電子商業建構者的策略，才是它持續成功的主要理由。電子商業建構者的其他例子，還有聯邦快遞及 CompuServe 公司。

聯邦快遞轉化成電子經濟後勤

聯邦快遞（www.fedex.com）一開始是運輸公司，但是到今天，它肯定是屬於通路後勤事業。換句話說，藉著緊密地與顧客結合在一起，聯邦快遞成爲一個電子商業建構者。聯邦快遞的確依舊以四萬輛陸地車輛及六百架飛機隔夜遞送包裹，但是其背後有個資訊科技系統基礎設施，以及網化就緒的連結，支撐聯邦快遞從包裹遞送業者，轉變成電子經濟後勤，及其他供應鏈服務的策略性提供者。

聯邦快遞正運用電子經濟，代表其顧客提供端對端發貨後勤作業。聯邦快遞逐漸成爲一個能與別人完全整合的企業夥件，從製造工廠到顧客卸貨區，負責取件、運送、入庫及投遞一家公司所有的成品，並可取得過程中每個步驟的狀態資料。藉著代表其顧客擔當各種策略性流程的工作，以及藉著打造出與顧客資訊系統的緊密連結，聯邦快遞已經讓本身逐漸成爲顧客基礎架構中不可或缺的部分。這種連結結果不但強而有力、具有高度價值，同時要解除連結更是昂貴，使聯邦快遞的顧客非常難以轉換到優比速或是 Airborne。目前這兩家公司也都如法炮製聯邦快遞的策略，這也是電子商業建構者鎖定市場占有率的方法。

這個策略的一個好例子是奧瑪哈牛排（www.omahasteak.com）。因爲優比速不提供兩天內航空快遞服務，因此該公司於一九九六年選擇聯邦快遞，獨家遞送顧客郵購的牛排與其他食物。儘管從那時優比速也開始提供這種服務，但由於與聯邦快遞在資訊科技方面有緊密的連結，使奧瑪哈牛排的客服人員能輕易地追蹤遞送狀態，因此該公司仍始終如一地與聯邦快遞合作。

奧瑪哈牛排與聯邦快遞的關係密切，使得兩家公司甚至難以區分。無論透過電話、郵寄、傳眞、全球資訊網或美國線上，當訂單從奧瑪哈牛排的主電腦傳送到倉庫時，這份資料也會同時傳送到與聯邦快遞相連接的一條專線。當奧瑪哈牛排替這張訂單印出遞送標籤時，聯邦快遞也同時印出一張追蹤標籤。奧瑪哈牛排用卡車將倉庫備好的訂單貨品，運送到位於曼非斯的聯邦快遞，或是位於俄亥俄州哥倫布市，及印第安那州印第安那波里市（Indianapolis）的聯邦快遞區域中心，一旦聯邦快遞接手後，奧瑪哈牛排就可以從聯邦快遞取得有關運送狀態、規畫路線、及計畫運送日期的完整資料。運用端對端連接，連到聯邦快遞的加值網站，奧瑪哈牛排的電腦便能夠直接與聯邦快遞的伺服器溝通。最後一點，爲了進一步模糊這兩家公司之間的區別，奧瑪哈牛排也像許多聯邦快遞的顧客那樣，只要連接上聯邦快遞的全球資訊網追蹤服務，便可以讓顧客在其網站上追蹤他們的訂單。

國家半導體公司（www.national.com）已經將整個後勤管理，交付給聯邦快遞，其中包括倉儲與配送。實際上，今天國家半導體在亞洲的三個工廠，及三個轉包商製造的所有產品，都直接運送到聯邦快遞位於新加坡的配送倉庫。該倉庫與國家半導體之間緊密的資訊科技結合，乃是聯邦快遞擔任電子經濟基礎設施提供者這個角色的一個例子。國家半導體自行開發的訂單處理應用程式，是由位於加州聖塔克拉拉（Santa Clara）的一部IBM大型主機執行，透過一條直接連到聯邦快遞存貨管理應用程式——在位於曼非斯的一部Tandem電腦上執行——的專線，每天傳送一個批次（batch）的訂單。從那個時點開始，聯邦快遞實際上便會接手，將訂單傳送到位於新加坡的倉庫管理應用程式，接著訂單便會在倉庫中完成備貨，然後將貨運送出去。除了接收到從聯邦快遞傳回來的執行紀錄之外，國家半導體便已經完成了訂單交易。聯邦快遞處理所有企業客戶準備交出來，且有利可圖之運輸部分的商業流程。這就是電子經濟基礎設施提供者的力量，也促成聯邦快遞成爲營業額一百一十億美元的企業。顧客所獲得的好處也令人十分注目。國家半導體在成本上的節省包括，平均顧客遞送週期從四週減少成一週，配銷成本也從銷售量的二・九%減少成一・二%。同時該公司也關掉位於美國、亞洲與歐洲的七個區域性倉庫。

基礎設施提供者／商務社群

基礎設施提供者（infrastructure provider）或是**商務社群**（communities of commerce）：許多因利益（產品、內容與服務）及市場方面具互補性，所聚集而成的成員；透過共同基礎設施及依照共同利益，所組織而成的企業社群。

第五種電子經濟經營模式是基礎設施提供者。依據共同的基礎設施聚集同好社群，並不是激進的主張。有共同利益的企業，長久以來便以貿易協會、卡特爾（cartel）、同業公會，及其他合法或有時候不合法的結盟等形式建立社群。使基礎設施提供者如此引人注目的原因是，它們將網路當成一種合作平台及價值傳遞驅動力。由於基礎設施提供者的價值鏈仰賴網際網路，做爲最底層的服務基礎設施，因此便能藉由減少市場分離及運用全新的一組服務機會，創造新價值。

基礎設施提供者將供應商、顧客及互補性的服務聚集在一起，並且容許他們在網際網路上安全地開始進行及完成交易。這些供應商降低價格及交易成本、將無效率降至最低、並且與競爭者結盟

——因爲價值鏈中的每個人，都會從完成交易中獲得好處。讓我們檢視營運中之基礎設施提供者的兩個例子。

Chrome.com 公司

Autobytel.com 一直是被當成加值型資訊中介者來分析（見本章「賣主經紀人」）。它也藉由替汽車經銷商，將與潛在汽車買主有關的資訊，彙整成包括保險與融資等附屬服務、結構鬆散的網路，而成爲基礎設施提供者。但是 Chrome.com 公司（www.chrome.com）運用基礎設施提供者的優勢，使 Autobytel.com 僅處於起跑階段而已。Chrome.com 是個企業對企業的會員制數位汽車網路。透過由存款互助會（credit union）、銀行及保險公司那樣的成員所構成的網路，提供加值型汽車購買協助計畫，使顧客與新車經銷商之間的車輛交易變得更容易。

儘管我們在基礎設施提供者的背景下討論 Chrome.com，藉由授權配置與定價引擎（configuration and pricing engines），使其成爲各種新環境下之汽車購買區的一部分——包括企業電子採購工具、批發購物大賣場及消費者網站，這個數位汽車網路也成了電子商業建構者。Chrome.com 技術目前已經嵌入多家公司的網站，包括加士多（Costco）（www.costco.com）、Motor Trend（www.motortrend.com）、Carsdirect.com（www.carsdirect.com），以及，能讓你說出希望價格的網路零售商 Priceline.com（www.priceline.com）。Chrome.com 也將它的配置引擎擺在 Clarus 公司（www.elekom.com）的電子採購工具中，使公司能透過網路來購買汽車。藉著將其技術融入到這些網站，Chrome.com 便能爲其夥伴建構電子商業。如此一來，Chrome.com 便能替強而有影響力的使用者，簡化複雜的交易，並且產生新一類的市場開拓者。

Chrome.com 瞭解到，眞正的價值是在銷售時產生，而不是在介紹買主與賣主的時候產生。藉著將其智慧移轉到網路上，特別是移轉到銷售點，Chrome.com 公司已經成爲，重新定義汽車購買服務的一個基礎設施提供者。Chrome.com 已經產生一種基礎設施與定價引擎，可授權給像存款互助會及保險公司那樣的實體，使它們能夠提供汽車購買服務，做爲一種附加價值服務。

接著我們說明 Chrome.com 如何運作（請見後文「Chrome.com 如何創造價值」）：購車者來到 Chrome.com 的配置與定價引擎處，指定他們想要購買的車款，準備開出多少價錢等。Chrome.com 網路中的經銷商競相爭睹，看誰能夠提供顧客要求的功能與價格。這是唯一能讓經銷商互相競價，以獲得生意的汽車購買系統。它摒棄汽車買賣主之間的傳統關係，也摒棄 Autobytel.com 的模式。電子經濟中，交易控制權掌握在消費者手中。

Chrome.com 的基礎設施，是由超過五千六百家汽車經銷商、二百五十家汽車經紀人、一千兩百家存款互助會、三十家商業銀行、五百位車隊管理人員、以及兩百五十家租車公司，所共同組成。在營運上，Chrome.com 是個受到密碼保護的企業外網路，由一個配置引擎，及一個報價中心——替買主與賣主配對的獨立應用程式——所組成。這家公司有三種主要收入來源。首先，它向與 Chrome.com 配合的經銷商索取交易的處理費用；其次，它向每個同好社群成員索取入會費；第三，它將配置與定價引擎授權給其他網站。

除了擔任電子商業建構者的角色之外，Chrome.com 同時也是資訊中介者和基礎設施提供者。做爲資訊中介者，它將自己界定在中間的角色，運用一個配置引擎，使全新的結盟關係成爲可能，並在銷售點提供額外的服務，做爲基礎設施提供者，只要它的服務能夠讓汽車買主與賣主都接受，並且能夠產生願意在其基礎設施上發揮作用的關鍵性多數附帶服務，它就能獲得成功。Chrome.com 有一項極大的優勢，它讓價值鏈中最備感威脅的成員有喘息的機會。例如，存款互助會及小型保險公司，一直被汽車經銷商及較大型的保險公司搶去了生意的機會。現在 Chrome.com 允許這些成員提供汽車購買服務，來當成一種加值服務，並且這些成員希望能夠保有融資與保險，因爲身爲這個基礎設施的成員，在銷售發生的當下，它們就正好會在那兒。

Chrome.com 如何創造價值？

1. 買主使用網路汽車目錄（Web Carbook）——它含有每一種在美國市場銷售與製造車輛樣式的資料庫——來裝配想要的車輛配備選項與價位。
2. 由報價中心（Quote Center）產生一份詳細的汽車報價請求，然後傳送給選定的汽車經銷商。
3. 經銷商收到車輛需求的條款與條件，以及一張電子回覆表格。經銷商檢查它們的存貨，並以出價回應之。
4. 顧客收到來自經銷商的車輛報價回應，然後挑選出想要的車輛以爲回應。
5. 車輛成交系透過成功的經銷關係來安排；同時，交叉銷售融資及保險的機會也會出現。

電子經濟中，每個產業及價值鏈，都需要發展出基礎設施供應商。基礎設施供應商結合資訊、技術、網路連接及品牌／信任管理的聚集，共同構成支持新價值創造的必要環境。當所有這些要素的彙總，以一種凝聚及整合的方式匯集整合在一起時，就會產生可讓企業利用且令人興奮的新機會。

同好團體端到檯面上的利益實在難以低估。由於電子商業新構想的整合，讓基礎設施提供者的合作夥伴，發現了創造價值與成長的新方法。請注意，價值與成長的增加，無法單單靠效率增加、成本降低或其他影響利潤的考慮，就能夠說明清楚。由於新資訊來源所帶動的有效率互動，助長更個人化之產品與服務的出現，使得同好團體創造了新價值。當網路提供更多客源，以及對互補性產品的需求增加時，供應商便會獲得新價值。更重要的是，凡是提供或管理基礎設施者，都能夠取得不成比率的多數價值（表4-6）。

由外而內產生

對同好社群及基礎設施供應者而言，有好種機會已經成熟到可加以利用？網化就緒組織會尋找許多線索，識別出無效率的價值鏈。有個共同的要件是，有個明顯而四處分崩的龐大市場，換句話說，也就是指有許多獨立的買主與賣主，且彼此之間僅有少數幾個顯示在他們雷達上的市場。具有複雜配置產品的供應鏈，將會支持一種更一致的方式，來搜尋產品與服務資訊。同樣地，具有複雜或昂貴配銷流程的產業，將會在聚集資訊的一種單一及自動化的平台上找到價值。網化就緒的公司會尋找價值鏈中，由買主與賣主所控制的資訊，其中產生大量資訊不對稱的商機。

成功的同好社群及基礎設施提供者，享有超越傳統經銷與製造作業的長久優勢：它們保證有日

表4-6 基礎設施提供者

基礎設施提供者建立交換價值的環境，使具有共同利益的參與者能夠在其中互動。

提供物

遍及整個價值鏈的緊密無縫基礎設施
買主賣主間的清楚協議
廣告、電子經濟、及發貨之間的密切整合
基礎設施維護支援
可複製的架構與方法論

目標對象

同好社群
產業中具互補性的廠商
緊密整合到交易中的服務供應商（例如，汽車製造商與經銷商、汽車出租商、汽車購買者、汽車保險公司、修配用零件供應商等等。）

活動

匯集整合資訊、技術、網路連接、及品牌／信任管理，來產生一種緊密無縫的基礎設施，以便在分散的垂直市場中，支援價值的產生與交換

必備的專長能力

管理架構與協調
通路建構
平台供應
移植基礎設施到垂直市場的能力
基礎設施的開發與維護
使用標準平台的公正開放流程

目標

藉由提供有附加價值的匯集整合、資訊、與電子經濟服務，所支持的基礎設施，來擷取一部分創造出的新價值。

收入來源

廣告
加入費用
合夥關係收取的費用
交易金額百分比

例子

The Sabre Group
GE TPN
ActiveWear Online（富魯特倫公司）

益增加的回收，而不會有日益縮水的邊際報酬。一旦網站成功之後，要變得愈來愈成功的機會就會增加。當有更多買主被吸引來時，就會吸引更多賣主加入；有更多產品提供時，就會吸引更多顧客加入。這必然也會使內容的聚集更爲容易——販售商必須將他們的內容提供給基礎設施提供者，而不須基礎設施提供者去蒐集內容。每樣東西都會被吸引至電子商業通路的中心，而這個中心正好就是由基礎設施供應商所控制。

記住，只要採取五種衍生性電子經濟模式的一種或多種模式，電子商業價値就會產生。這些模式並非互相排斥。最成功的網化就緒企業同時呈現多種經營模式。擔任多種角色，並且也能夠善加管理的企業，在電子經濟中將會擁有令人注目的優勢。

第二部
創造
持久電子經濟價值的技巧

免費替你的車子加滿汽油。不僅只一次，而是每次你需要加滿油時都是免費。對於創造持久的電子經濟價值，其情況又是如何？

我們相信，創造一個贈送汽油的經營模式是可能的。如同本書第一部描述的，實現這個觀念的趨勢與情境已經合而爲一，使這個誘人的結果不僅可能，而且還很有可能。你們許多人可能已經注意到，我們在此情境下要何去何從。果眞如此，請包涵我們，因爲推動免費供應汽油的經營模式，將會在二十一世紀的經濟情勢下，愈來愈具體。以下的分析，與網化就緒企業家開始思索，如何運用網路開拓新機會的方式雷同。

在本書付梓時，油價經通貨膨脹率調整後，已達到消費者所見過的絕對最低價。一九九九年春的某個時刻，一加侖汽油的成本比一加侖瓶裝水還低。想想看，當商品成本低於水的成本時，可能會發生什麼事？在你思考時，讓我們問幾個更切中實際的問題。

- 你平均要花多少時間，加滿一油箱的汽油？
- 加油的時候，你在做什麼？
- 你是否願意每次加油時，都獲得免費汽油？
- 當汽車在加免費汽油時，你願意交換部分的注意力嗎？
- 你願意觀賞，比方說，加油幫浦上播放的簡短錄影帶嗎？
- 你願意用部分的個人資料，交換更多的好處嗎？

在此我們發現一種令人興奮的經營模式，這個模式已經反映出，我們在本書第二章所介紹的十一個主題，包含其中至少七項主題的匯集。

- ■產品與服務正從有形突變成無形
- ■資訊化將價值加到交易之中
- ■智慧型產品激增
- ■顧客愈來愈無法容忍差錯，也愈來愈精明
- ■個人化是網化就緒的成功關鍵
- ■注意力中介者能夠將自己融入到價值鏈中
- ■與交易有關資訊的價值，甚於交易本身的價值

在免費贈送價值五百美元的個人電腦，以換取注意力及廣告收入的世界中，贈送愈來愈便宜的汽油的點子突然開始有趣起來。再加上將汽車加滿油要耗費五到十分鐘，這段時間原本看似是被浪費掉的事實，使這個商業主張看起來再好不過。想想看，獲得免費加滿汽油的人，正感到節省了十美元到二十美元的志得意滿。在這個甜頭之上，消費者的信用卡，正插在準備從事電子商務的信用卡讀卡機中。再加上可以得知相當多有關消費者的資訊——包括週年紀念日與消費者配偶、小孩及父母的生日，突然之間我們開始發展出一種極吸引人的商業模式。

以下是這個主張可能運作的方式。爲了獲得免費加滿汽油的資格，你必須在線上塡寫一份記錄詳細的購物與旅遊偏好問卷。你大概也要提供摯愛的人的生日、週年紀念日，還有你的地址。當你抵達加盟的加油站時，你會將一張智慧型信用卡插入幫浦。這個幫浦會立即下載你的個人消費資料。而在你等候加滿油的當兒，這個系統會將一些個人化的資訊，傳送到位於幫浦上的顯示器，或是傳送到車內的顯示器，讓你舒服地在車內觀看。例如，下週不是令堂的生日嗎？何不送她一束花或一

籃水果，只要十九塊九毛五美元。唉呀！不就是你剛才省下的汽油錢而已。只需碰觸螢幕，系統就會儲存該日期，而且讓你看起來像個孝順的孩子。不過好戲還在後頭。這個系統還知道你喜歡滑雪。它怎麼知道的？不是你提供的資訊，就是系統從你的行爲模式得知。所以系統傳送一份由你最喜歡的滑雪度假勝地所提供的促銷訊息。請在此處按下。你的車子需要保養維修嗎？請按此選項。電腦並且會說：「我們瞭解你喜歡到百慕達旅遊，如果你希望在這個週末前往，達美航空（Delta）正好有個電子優惠票價方案。甚至連旅館也有優惠。」你就這樣逐一用手指按下你的選擇。

這個經營模式的收入來源很多。有一部分的收入將會來自，渴望將個人化一對一的銷售訊息，呈現給經嚴格挑選之合格消費者的廣告主。其他的收入則來自系統所促成之每筆電子經濟交易的轉介費。

這種模式行得通嗎？天曉得！這個方案有個顯著的美中不足，那就是贈送個人電腦與贈送汽油之間有個很大的差別。摩爾定律（Moore's law）適用於前者，而不適用於後者。我們可以打賭，個人電腦的價格將會持續滑落，而且絕對不會比今天的價格還高。不幸地，汽油卻是遵循工業時代由煉油廠及卡特爾（Cartel）建立的供需規則。油價波動是意料中事。因此，不可預期的油價成本，可能使得這個經營模式的提議注定失敗。但也許會有異想天開的讀者能夠扭轉乾坤，將這些劣勢——資訊不對稱、四分五裂的市場、及波動的汽油價格——轉變成優勢。

我們提供這種思考的練習，只是引導你到本書第二部。我們在這個部分將介紹，在電子經濟中創造價值的策略性新構想。我們在本書第一部中說明，電子經濟下的一般性營運原則，並鼓勵你找出你的新構想目前所在位置。在第二部，我們提出創造持久電子經濟價值的十二種電子經濟策略。

產品與市場轉型	**商業流程轉型**	**產業轉型**
重新構思產品／服務	分解流程並外包	重新定義競爭基礎
重新定義價值主張	擔任另一種角色 —電子商業店面 —資訊中介者 —信任中介者 —電子商業建構者 —基礎設施提供者	成爲通路開拓者
將產品移到食物鏈上方	壓縮價值傳遞系統	重新界定產業界線
將功能與形式分開	推翻價格／效能比	打破牢不可破的成規

圖 II-1 電子商業價值轉型矩陣 你不必在每個象限都有活動，但是每個象限都提供你的組織，創造有意義之價值的機會。

經驗告訴我們，這些策略可預測出成功。我們將這十二種策略分成三組：產品與市場轉型、企業流程轉型及產業轉型（圖 II-1）。電子商業價值轉型矩陣（E-Business Value Transformation Matrix）的十二種軌道，將會引領你及你的企業，更接近電子經濟龐大的商機。在以下三章，我們將會告訴你十二種準則，引導你從目前的處境，邁向你所希望的境地。同時，我們也嘗試將途中失敗的企業所造成的坑窪、錯誤的軌跡、以及留下來的遺跡，記載下來。我們描述的這些技巧與方法，如能適當地運用、貫徹執行、並輔以領導風格、管理架構、專長能力及科技——網化就緒——或許再加上些許的運氣，就會創造出，能在電子經濟中產生持久價值的競爭優勢。

以下三章所描述，可協助你網化就緒的行爲與策略，並無意成爲一份鉅細靡遺的檢查清單。我們也並不建議，你必須採取每一項策略。我們在此呈現的只是，值得你去思考與探索的主題。並非所有的主題都與你的目標有關；即便有關，也並非所有的主題都有相同的排序。決定採用哪些技巧，以及其順序爲何，端視實際情況而定，而且會因每個組織而有所不同。也就是如此，你對網化就緒所做的投資——領導風格、管理架構、專長能力及科技——才會有所回收。另一方面，我們相信，任何有意義的電子商業新構想，都至少會包括幾項這樣的技巧。

5

產品與市場轉型

最困難的事，莫過於重新思考最普通的事物

再沒有比過時的名片、塞滿你家信箱的折價券

更稀鬆平常的東西了

試想，你能賦予它們什麼新意？

循著這樣的思考模式

美國線上成了第一家從 ISP 演變成媒體的公司

Hotmail 與 Juno 首創免費電子郵件的觀念

Onsale 提供革命性的線上拍賣服務

以及將功能與形式分開的遠距服務誕生

如果你不喜歡你所處企業環境的限制，那麼就去創造新的限制，並且讓競爭者遵守這些限制。在你所承繼的限制中，沒有任何一條是神聖不可侵犯的。改變這些限制，便有可能會揭露出新的機會。產品與市場轉型，是創造電子經濟價值的第一個關鍵性考量。

競爭者利用已知的答案反推問題的能力，是在極受歡迎的美國電視機智問答節目 Jeopardy 中獲勝的關鍵能力之一。若線索是：「美國第十六任總統」，則正確的回答是：「誰是林肯?」

將明顯的答案賦予新觀念，並重新轉述的能力，也是電子經濟中獲得成功的關鍵能力。電子經濟既不會獎勵一心只想模倣的人，也不會獎勵墨守成規的人，更不會讚揚視野狹隘的人。它會獎勵那些挑戰「又沒有壞，爲何要修理它」心態的人。打破企業枷鎖的人——這樣做的一個好辦法，是藉由詢問會被貼上組織破壞份子標籤的問題——通常能夠決定電子經濟的脚步。這樣的人是質疑現狀、破除繁文縟節、挑戰其組織崇高性的反偶像崇拜者。

任何眞正轉型性的願景，都是一種跨入未知的行爲。儘管保險的說法是，這條路會比任何規畫人員所可能希望闡明的，還更爲令人感到興奮，也能獲得更多的回報，但要預期這樣的願景會導致何種結果是極爲困難的。每當有偉大的科技出現，它都必須與願景受舊有科技所局限的人有一番爭鬥。全錄公司（Xerox）影印機的發展，正是這種目光狹隘的典型例子。

當全錄首先發展電子照相術的基本研究，並且製造出第一台商用影印機 Xerox 914 時，全世界仍習慣使用笨拙的複寫紙及複製機的複印技術。全錄將專利提供給ＩＢＭ。ＩＢＭ聘請著名的管理顧問公司 Arthur D. Little 做市調。這家顧問公司的結論是，縱使這種革命性的機器取得百分之百複寫紙與複製機的市場，它仍無法回收開發商用影印機所必要的投資。因爲無法見到全錄影印機能夠解決人們尙未知自己即將面臨的問題，這家顧問公司是可以原諒的。ＩＢＭ選擇停止開發，但是全錄決定不顧一切繼續邁向它絕對無法事先預知且影響重大的結果。

爲什麼？因爲我們現在瞭解，全錄影印機的影響力不在於取代複寫紙的能力——對於明顯需求的明顯解決方案——而是在於它根據潛在或隱藏性的需求，開創出市場的力量。就 Arthur D. Little 公司研究員的研究範圍，他們是對的。沒有任何辦公室「需要」全錄影印機。但是他們所犯的最大錯誤是，未考慮到像電子照相術那樣的科技，可能會以何種方式開創出新市場與機會。這個案例帶給電子經濟的啓示是，不要重複過去所犯的錯誤。在評估科技或經營模式時，應該跳脫它似乎想要解決的明顯問題來思考。至少詢問與你的產業完全無關的三個人，協助你下判斷。他們會有不同的盲點，卻可能洩漏能讓你善加利用的潛藏又難以說明白的需求。

每個人都會說，跳脫現有窠臼的思考有多重要。我們同意這類思考的重要性，但要記住，跳脫現有窠臼思考所得到的產品構想，也必須要回歸現實，才能在電子經濟中獲得成功。換言之，光思考是不夠的。若缺乏零缺點的執行，即使是最偉大的構想，也只是空想而已。

我們在本書第一部，提供讀者對應你目前電子商業新構想的一個流程，請你考慮希望發展的一般網化就緒的方向。在本章，我們會考慮構成電子商業價值轉型矩陣（圖５-１），產品與市場轉型的四種技巧。我們已經見到，科技突破所帶來的優勢是短暫的。我們也已經看到，將今天的突破演變成明天的基本條件的龐大推動力。我們也曾說明，爲何在電子商業價值矩陣架構由下往上移動，是健全的策略思考方式。現在讓我們進一步審視這四種技巧。

重新構思產品或服務

俗語說：「熟悉可能孕育出輕蔑，也可能孕育出自滿。」世界上最困難的事莫過於，重新思考隨處可見又非常普通的產品或服務，所以我們會把心力放在，單單只考慮是否應該重新思考這些產品與服務上頭。但是創造眞正價値的可能性，也會存在於重新構思平凡無奇的事物之中。這一節我們將審視，幾家已經開始這類嘗試的公司。

請惠賜名片

有比名片更普通、更到處可見、更令人沮喪的東西嗎？每個人都認爲名片是必要的，但也都相信名片帶來了極大的痛苦。任何名片交換都涉及到兩方，我們姑且將他們稱爲遞送者與受領者。對名片遞送者而言，問題在於要讓名片保持最新的資料。然而，在區域號碼及電子郵件位址經常變動的今日，保持名片資料最新是個昂貴的提議。對受領者而言，管理數百張名片而能隨時取用，則是一項令人卻步的工作。對遞送者與受領者而言，最大的問題在於要能取得名片上的資訊，且要令其保持在最新的狀態。

有一種解決辦法是將每一張收到的名片掃瞄存檔，將這些名片當成個人資訊經理人程式中的一個資料庫來管理。有個小產業專門支援這樣的解決方案。不過，儘管受領者現在能夠按照姓名或公司名稱搜尋他們的名片資料庫，但仍無法確保資料可以隨時更新。

產品與市場轉型	商業流程轉型	產業轉型
重新構思產品／服務	分解流程並外包	重新定義競爭基礎
重新定義價值主張	擔任另一種角色 —電子商業店面 —資訊中介者 —信任中介者 —電子商業建構者 —基礎設施提供者	成為通路開拓者
將產品移到食物鏈上方	壓縮價值傳遞系統	重新界定產業界線
將功能與形式分開	推翻價格／效能比	打破牢不可破的成規

圖5-1　產品與市場轉型的電子商業價值轉型矩陣　重新構思、重新定義產品／服務並使其往食物鏈上層移動，一旦讓形式與功能分開，電子經濟機會就會浮現。

Tippecanoe系統公司考慮過這類挑戰，然後藉由虛擬名片的設計，重新構思這種情況。它可能只是使，名片資訊不至於過時這個由來已久的問題獲得解決。它的VBCard網站(www.vbcard.com)，將紙製名片連結到可透過網際網路取得的虛擬卡片。藉由在名片上印出使用者名稱與個人識別碼，使這種連結成為可能，如此一來便可在VBCard網站上識別出個別的虛擬名片。

Tippecanoe總裁兼執行長泰勒(Mike Taylor)說：「普通名片的問題一般在於，一項簡單的變動便會使它過時。」「有多少張名片是因為你的區域號碼、頭銜或是地址改變，而被你扔掉？有多少朋友同事給你名片依然有效？你已經失去多少朋友？」

VBCard網站的訪客能夠製作新名片，或是更新現有名片——此外，這個網站還提供工具，利用網站瀏覽器上的列印指令，設計並印出紙製名片。新名片會在最下方整齊列印使用者的名稱與個人識別碼。

VBCard遵循成功的電子商業新構想共同的典範。由一種常見的產品開始，然後加入目的明確的服務組件，最後產生一種加值型的電子商業新構想。這種典範用在這裏十分奏效，讓所有的名片永遠不會過時。每當他們必須更動名片上的資訊，或換公司、改變生涯時，遞送者都可以到網站上更新資訊。最棒的是，一旦在這個網站註冊的人更新名片資訊時，該網站便會自動透過電子郵件通知用戶。因此這個網站不僅提供永遠正確的名片，而且還提供基礎設施，建立能創造持久價值的社群與關係。

網化就緒策略

- ■**性質**：虛擬名片
- ■**公司名稱**：Tippecanoe 系統公司（www.tippecanoe.com）
- ■**提供服務**：虛擬的即時最新資訊，顧客能夠以虛擬的方式建立、更新、列印、儲存以及搜尋名片
- ■**網化就緒策略**：重新構思產品，將功能與形式分開

剪下折價券

上一節一開始，我們問到是否有比名片還更稀鬆平常的東西。超級市場折價券算是一項吧？這些小紙塊天天都塞滿了你家的報紙及信箱。聽起來構想不錯，但誰有時間去整理折價券呢？如果你發現一個讓電子商業店面可以對折價券重新構思的機會，那麼你就發財了。當紙製折價券蛻變成虛擬或是網路折價券時，實體就變成了數位形式。

Val-Pak 公司推出 Val-Pak 折價券網站。造訪這個新網站的人，可能會失去折價券飄落到廚房地板上剎那間的興奮感，但現在他們卻可以選擇依照標題或地理位置搜尋折價券，而且只需列印他們需要的折價券。這個免費提供給大衆的網站，含有各種商家所提供的折價券，包括披薩店、髮型設計師及娛樂等。

就某種意義來說，數位化的 Val-Pak 在功能上非常接近其實體的化身。希望促銷產品或服務的商家，提供折價券來吸引消費者。不同的是，電子經濟能夠消除摩擦及資源的浪費。在網路上，只有想要折價券的人才會到這個網站。市場行銷人員日漸將目標轉向這些有興趣的名單，努力去引誘人們願意收到電子郵件廣告。有些公司提供贈品吸引顧客加入會員，有些公司則提供經常旅遊的人飛行哩程數優待之類的誘因。折價券可以精確地對應到廣告計畫，追蹤銷售結果。網路折價券則能夠更嚴密地控制、偵測以及避免濫用。

和很多現正加入此行列的網路公司一樣，Val-Pak 尚未直接從網站賺錢。使其離線作業成功的經營模式，尚未轉換成可行的線上模式。在離線模式下，廣告主付錢給 Val-Pak 設計及印製折價券、將它們放入信封、然後郵寄出去。這家公司目前以免費提供網路折價券，做爲一種加值的服務。世界仍有待電子商業店面，能成功地將紙製折價券產業的關鍵多數引導到網路上去。

網化就緒策略

■**性質**：虛擬超級市場折價券
■**公司名稱**：Val-Pak (www.valpak.com)
■**提供服務**：顧客挑選自己的價值主張，提供匯集折價券的服務，並容許消費者搜尋及列印紙製折價券，或兌換虛擬折價券。
■**網化就緒策略**：重新構思服務

美國線上及網景公司

也許你認爲，重新構思名片與折價券都不是什麼了不起的例子，但那正是它們之所以富有啓發性的原因。要瞭解像美國線上那樣的企業會比較困難一些。從許多角度來看，它都是個非常成功的故事。在此，讓我們先把焦點擺在該公司究竟採行何種策略，讓它達到成爲世界第一家市值五十億美元的多品牌媒體公司這個無懈可擊的地位。藉著重新構思其服務，美國線上已經從一九九五年之前的網際網路服務供應商（ISP），轉變成現今提供有品牌互動式服務及原創內容的產業領導廠商。它是第一家從ISP演變成媒體的企業。基本上，它已經與哥倫比亞廣播公司（CBS）或是迪士尼公司（Disney）沒有差別。

購併網景之後，美國線上可能已經重新構思，成爲整合性網際網路媒體公司的意義。許多網路上誕生的公司，已經試圖建立垂直整合的控股公司網化就緒版本。和整合實體價值鏈的所有組成部分類似——煤礦、鐵路、煉鋼廠、製造工廠、零售店面等，垂直整合的網際網路公司在事業體的各方面——從電子經濟到連線、網路出版、軟體開發以及廣告服務，都占有一席之地。

基於種種原因，這類垂直整合公司從未成功過。但購併網景公司及其他多家電子商業店面之後，美國線上已經距離整合性網際網路媒體公司的目標不遠了。在這個位置之下，美國線上的組織，已經和新力（Sony）及迪士尼試圖在媒體產業中的作法類似。新力在電影、音樂、遊樂器及消費電子產品方面占有一席之地；迪士尼則在電影、電視、音樂及主題樂園具有舉足輕重的影響。同樣的，美國線上現在已有連線事業（美國線上、CompuServe）、網路出版事業（Digital City、aol.com、Netcenter）、與昇陽公司（Sun）新合資成立的電子經濟企管顧問事業、軟體與通訊服務事業（ICQ、網景）、以及與昇陽公司合夥的一家新硬體企業。這家整合的公司，在其網路中已占所有網路廣告的三五％，並且具有在各種平台、年齡層行銷及運用自有軟體與網路流量的優勢。

從ISP轉成媒體

在重新構思其產品／服務時，美國線上必須駕馭兩大主要挑戰。首先，在論及內容提供者時，新力與迪士尼都是一方霸主，而美國線上與內容的關係則問題重重。幾乎每一個網化就緒的組織，都想在其服務組合中提供夠份量的內容。傳統智慧告訴我們，內容是吸引眼球注意力的一塊磁鐵。內容愈具吸引力，網站的黏度就愈強。這種黏性普遍認爲是每個網站都極力想擁有的。內容可向別人購買、由使用者產生、或是由專業人士製作。但是每個成功的網路事業，都提供混合式的內容。即便像亞馬遜書店那樣的純服務業，也在促銷這種觀念，亦即與書籍有關的內容及由讀者提出的評論，使它具有優於傳統零售商及其他線上零售商的競爭優勢。

對美國線上而言，像 Motley Fool 投資系列那樣的內容當然相當重要。但不可或缺的並不是 Netcenter 網站上的服務內容，而是美國線上使用者所產生的珍貴內容。大體而言，美國線上有義務去購買內容，當成吸引人群到其展示區的「招徠性商品」(loss leader)。這也就是，爲何它要付兩百多萬美元給時代公司（Time），以取得時人雜誌（People Magazine）的線上權利。美國線上並未奢望能透過傳統廣告模式，彌補取得這個內容的成本。在使用者放棄沈溺於免費內容，並展現支付內容的意願之前，內容都將持續成爲美國線上這類大型服務性電子商業店面，吸引流量上網的一種宣傳花招的「招徠性商品」而已。大體而言，這意味著網路內容開發者仍將持續低收費或虧損的現況。

內容也以一種尚無法瞭解的方式和流程產生密切的關聯。網化就緒的公司一定會碰到，內容與其建置方式之間的緊張關係，最後幾無例外的都是由內容獲勝。例如，目前大多數人都透過瀏覽器來讀取網路內容。這也就是網景這家開發出特別受歡迎的瀏覽器的軟體公司，如此吸引人的緣故。但值得觀察的是，是媒體公司將軟體公司吞掉，而非如某些人所預期的相反情況。媒體會比程式碼有優勢是因爲，沒有內容的軟體只是一種廉價的商品，在網化就緒的世界裏，軟體幾乎毫無價值。

結果就演變成，網路事業是一種與服務及媒體相關的環境。軟體工具對於網化就緒世界的重要性，就像印刷廠與裝訂技術對於雜誌業的重要性一樣。但是讀者並不會因爲用於印刷雜誌的平版印刷流程而購買雜誌；同樣地，消費者也不會因爲用於產生及遞送這些服務的軟體而購買資訊服務。

自一九八五年成立以來，美國線上已歷經多次的浮沈，但是在其創辦人凱斯（Steve Case）的領導之下，這家公司在改變其服務內容方面，已有傲人的成績。身爲媒體公司，美國線上以多種面貌，讓人們感受到它的存在。它是個入口網站，建立從汽車到運動的綜合電子經濟服務；它是個內容供應商，大多數內容是向別人購買，但也有相當多的內容是由自己產生。美國線上將所有的服務擺在一起，建立社群，它的一千八百萬個訂戶代表一種難以估計的資產，雖然不能說所有的訂戶都滿意，但所有訂戶都與美國線上的成功休戚與共。從打響公司知名度的角度來看，美國線上承認，只有媒體公司才能眞正利用到這項資產。

在接受美國線上成爲媒體的一份子之前，其他媒體公司必須吞下許多的自尊。但即使是哥倫比亞那樣的公司，也已經承認美國線上的存在——它開始在美國線上從事爲期九天、耗資一千萬美元的促銷活動。這項活動是以美國線上的訂戶爲目標，其中很多是年輕的多金族，他們正是哥倫比亞在扭轉觀衆年齡層逐漸老化的這場奮戰，力拚找尋的族群。美國線上在聊天室、標題式廣告及娛樂內容區域特別介紹哥倫比亞電視網，而且最明顯的是，它會在螢幕 exit screen 上預播每天晚上排定的節目內容。

這項交易對哥倫比亞而言無疑是成功的。但對美國線上而言，這項活動甚至象徵著更大的勝利。美國線上已經成熟到成爲一個媒體。數位媒體的窄播（narrow casting）能力已經達到某個程度，使得電視與網際網路媒體公司之間的策略聯盟，不再只是試探性的實驗，而是眞正必要的動作了。

重新構思組織的價值主張，是件處處都有困難的事。忠於現有典範者，尤其是因此而成功者，會激烈地抗拒重新構思這個想法。重新自我構思的組織通常會發現，此刻它正與先前的合作夥伴及盟友競爭，同時又和先前的競爭者合作。需要有強制性的規章，才能痛下重新構思產品與服務的決策。爲提升公司地位，美國線上正努力進行正從各方角度重新構思其產品與服務的工作。美國線上正在進行：

- ■從ＩＳＰ轉變成媒體公司
- ■從以訂戶爲主轉移到以廣告及交易爲主的營收模式
- ■從線上內容經銷商轉變成線上內容開發者
- ■從封閉專屬的環境轉移至開放、以全球資訊網爲主體的環境
- ■從消費者導向的媒體轉變成企業導向的媒體

在重新自我創造時，美國線上正面臨一個自相矛盾的處境。當該公司自行重新構思，要從主要的線上內容經銷商，轉變成以線上內容開發者爲主時，它必須找到一個完美的平衡點。短期之內，這家公司必須持續向其傳統媒體合作夥伴獻殷勤，同時試著在長期以後取而代之。ＨＢＯ公司有效地轉型，便屬這類例子。以網化就緒術語來說，ＨＢＯ成立前十年呈現的是載具公司的特性：播送主流電影。近年來，藉著自行製作電影（內容）在自己的頻道播放，ＨＢＯ已經呈現出內容公司的特性。

美國線上持續重新構思產品與服務。該公司承認，現在他們主要被視爲是一種消費者服務。爲

了試圖逆轉這種趨勢，並在企業服務領域中開拓利基，美國線上公司購併了 CompuServe 這家有完備企業服務的線上服務公司，然後將其企業單位升級，以嘗試將遠端存取賣給大型公司。一九九八年末，它進一步購併了網景。

該公司正試圖充分運用其網路。做爲消費者頻道，它發現網路使用尖峰時間是在晚上，通常是在當地時間晚上八點到午夜。過剩的頻寬代表能夠提供給企業使用的資產。公司愈能夠平衡其工作負載，它就愈能夠享受經濟規模。美國線上承認，它較弱的環節是在安全性。爲因應此劣勢，該公司正與名列產業領袖名人錄的公司成爲合作夥伴，包括 Security Dynamics、Check Point 軟體公司、Aventail 及 AXENT 技術公司。企業爲滿足需要，必會要求合作夥伴訂定包羅萬象的服務協議、保證頻寬以及有網路可利用。從其歷史來看，美國線上將會有一段艱苦時期，去克服其以消費者爲重心的營運方式，以及其營運線路搖擺不定的形象。

軟體供應商變入口供應商

網景公司重新構思其產品與服務的經驗，也具有啓發性。不像美國線上，網景這麼做不僅是要創造價值，更是攸關該公司的存廢。在被購併之前，網景已經從根本上改變其經營模式。一度是個瀏覽器軟體供應商，網景後來變成了企業軟體販賣商，以及入口服務供應商，並且各個事業都交互運用。隨著網景事業的重新構思，顧客便能夠選擇對他們最有意義的策略。對於想要網景提供入口服務及專業技術的公司而言，該公司的 Netcenter 網站是個針對高流量應用的吸引人解決方案。若顧客想要開發、部署及維護他們自己的網路應用程式，網景可提供工具達成此目的。若組織想要混合式的解決方案，網景可提供專業服務及高階軟體設計出確實可行的解決方案。而顧客若想要瀏覽器軟體，網景也會持續供應。

在巴克斯戴爾（Jim Barksdale）從伊利諾大學挖角安德森（Mark Andreesen）及其同事之後——他們在那兒創造出第一個稱爲 Mosaic 的瀏覽器——網景就壟斷了瀏覽器市場。幾個月之內，這個團隊就開發出網景瀏覽器，並且開始了電子經濟歷史上第一個眞正的品牌。大約一年左右，該公司的名稱便成爲產業同義詞，並且當網景瀏覽器應要求而免費分送，使它因而進入到數百萬家庭與企業中時，它也享受到驚人的成功。

網景決策的推動力，是微軟出乎意料地加速開發，以及隨後免費贈送它自己的全球資訊網瀏覽器——網際網路探險家（Internet Explorer）。這項發展完全破壞網景的野心，因爲它才在近內開始針對其瀏覽器收費。當其瀏覽器收入下降、甚至停滯時，網景的其他機會也陷入困境。該公司進入合作與工作群組管理市場時，結果也不如預期，因爲它無法打入由微軟與蓮花公司（Lotus）所控制的工作群組與部門。同樣地，其伺服器策略也因爲微軟、康柏、昇陽微系統，及其他公司的滲透而式微。

單單只是重新構思產品或服務還不夠，公司必須能夠零失誤地實踐其重新構思的內容。現在，網景在美國線上的新管理員，必須實現他們的新願景。過程中當然會有障礙，但該公司仍企圖成爲軟體供應商及入口服務供應商的世界級店面，是個極具挑戰的目標。

安德森取得電子經濟優勢的五種策略

安德森，這位帶領創造網景瀏覽器團隊，二十啷噹的天縱英才，早已將在校園裏有關網際網路的回憶，塡滿他年輕的歲月。他緊緊追隨電子經濟的脚步，好決定如何讓他的公司保持領先，並且在必要時，只要求如何緊緊追隨領先廠商。在美國線上宣布購併網景的前幾天，安德森與作者在芝加哥促膝併坐，分享他的許多心得：

作者：領先比較好，還是追隨比較好？

安德森：兩者都占有一席之地，但那不是你眞正能決定的。我喜歡引用克拉克（Jim Clarke）關於領導的一句話：「領導者是看到遊行，就會站到遊行隊伍前端的人。」我會說，你必須持續不斷地嘗試，並且看是否有人開始發動遊行。

作者：你是否能夠說出，在電子經濟的演進過程中，你所見到的突出策略？

安德森：當然可以。容我舉出五種策略：

1. **顧客挽留**　其訣竅在於能以可獲利的方式留住顧客。

2. **創造顧客忠誠度**　運用電子經濟的併售及交互銷售，使顧客能加強與企業的關係、增加他們對企業的承諾，以及使轉換成本成爲一項重大議題。

3. **個人化**　如果你無法提供一對一依客戶而訂製的產品或服務，你勢將居於劣勢，因爲那就是顧客所要的。在過去，網景已經賣給淘金熱潮的探礦者十字鎬與剷子。有了 Netcenter 網站，我們便等於在從事通告探礦者該挖哪裏的事業。

4. **縮短上市時間** 我們需要縮短週期時間。我們現在便見到產業界全然的端對端客製化。這樣做需要達到精確的及時水準，以便能從系統中將存貨擠壓出來；若沒有電子經濟，就不可能達成這樣的事。

5. **就位！開火！瞄準目標！** 要不斷建造系統。只要有人肯購買，那就是一種產品；若沒有人購買，那就算是市場研究。

我們將問題留待市場去決定，網景是否確實能成爲高階企業軟體供應商。軟體開發已超出本書的討論範圍。但就網景企圖成爲入口網站供應者的成功機會而言，基於我們的經驗，我們倒有一些意見。網景的入口網站，的確在傳統上一直是前五大造訪流量的網站之一。但是在網景試圖要根據那個統計數字，來運用這個誇大的權力之前，要記住的重點是，大部分的流量會進入到這個網站，是由於它是數百萬個網景所提供之瀏覽器的內定首頁。除非網景能夠持續爲 Netcenter 入口網站開發出色的內容，否則網景在瀏覽器市場占有率持續下滑的情況下，能夠進到其入口網站的造訪流量也會跟著減少。

就鞏固公司地位而言，網景似乎瞭解到，隨著與其他企業夥伴合作關係日益穩定，它必須重新構思其入口網站，以做爲導引大量使用者的導流管。這就是入口服務供應商眞正的價值所在：協助它的顧客獲得顧客。若網景能夠將 Netcenter 網站每天所獲得的數百萬個鍵閱 (hit) (即使大部分的流量是經由內定所致），重新導引到其合作夥件那裏並促使交易發生，網景便能靠佣金繼續存活。同時，它也可以導引合理的部分造訪流量到自己的企業網站，來提供各組織企業用軟體，及部署、管理以商務為主的全球資訊網應用程式的專門技術知識；這些應用程式是透過網景入口網站取得。現在我們談論的可是綜效（synergy）！

網化就緒策略

■性質：瀏覽器與入口網站

■公司名稱：美國線上（www.aol.com）

■提供服務：能滿足任何要求的終極入口

■網化就緒策略：重新構思服務

重新定義價值主張

傳統經濟中，價值主張通常從內省為出發點，不是把焦點放在產品特色，就是放在公司作業流程上。這樣做已不足取。在電子經濟中，價值主張必須更為宏觀，且必須接受顧客的觀點。將價值主張呈現給顧客的意思是指，瞭解他們試圖想達到的目的——甚至當他們自己都還不自知時——以及產品或服務如何使他們更接近那個目標。

但即便是提供顧客清楚明確的價值主張，都還不夠。要在電子經濟中眞正成功，你必須要在新規則的前提下，重新定義價值主張。你必須假定，某處存在一個將會使你的價值主張不再適用的競爭者。今天的競爭不在於產品之間，甚至也不在於利益之間，而在於相反的價值主張之間。在思考你現有的價值主張是什麼，以及可能如何重新定義時，你必須先自問下列這些問題：

■哪些方面的價值是我們顧客明顯在乎的？
■哪些方面的價值是我們顧客可能還無法清楚表達的？
■就這些方面，公司相較於競爭者所處的位置爲何？
■什麼是顧客認知裏無與倫比的價值？
■什麼服務可以讓顧客感受到無微不至的照顧？
■我們能夠在有利潤的情況下傳遞這個價值嗎？
■公司的核心能力如何與這些價值的傳遞相配合？
■爲能保持把注意力放在新價值規則上，什麼是我們必須改變、放棄或是創造的？
■擴大我們的雷達掃瞄範圍來看，競爭的價值主張可能會從其他哪些方向出現？

免費電子郵件

在 Prodigy、CompuServe 和美國線上這類電子郵件領導廠商的經營模式下，使用電子郵件服務需付固定月費。消費者接受電子郵件就像電話那樣，應該要收取費用。但是後來 Hotmail 公司出現了，它是率先——但不是第一家——透過免費提供電子郵件，重新定義電子郵件價值主張的廠商之一。當公司體認到，更大的價值不是來自月費收入，而是來自對因提供免費電子郵件而吸引來的社群感興趣的廣告主時，免費電子郵件（或稱免費郵件）就有可能發生。這個概念非常成功，以致現在網際網路上充斥數百種的免費郵件服務。

在觀念上，免費郵件是個很棒的雙贏策略。對顧客而言沒有成本，而且因爲它是以網路爲基礎，顧客只需要和網際網路連線及瀏覽器，便可以在任何時間、任何地方收發電子郵件。這項服務出奇受歡迎。如果你只有例行性的電子郵件需求——寄出、回覆以及偶爾附寄檔案——任何提供免費郵件服務的公司，都可以滿足你的需求。當然，在讀取及撰寫信件時，你必須忍受散佈在電腦螢幕上的廣告，不過這些廣告通常並不會太突兀。根據你在註冊時所提供的資料，這些公司也會把你的商業及個人興趣當成目標。大部分的服務公司會以電子郵件寄送產品資訊給你，但是你可以選擇「不，謝謝！」這個方塊，電子郵件服務公司也會尊重你的決定。

Hotmail 與 Juno 公司（www.juno.com）共同首倡這個觀念，並且讓這個觀念成熟。結果微軟就準備好四千萬美元現金要購併 Hotmail。有很多傳言說，縱使當初不知道如何看待處理 Hotmail，微軟還是迅速地買下這家領先的免費郵件服務公司。Hotmail 目前與微軟網路（Microsoft Network, MSN）並存，被視爲ＭＳＮ訂戶的一項加值服務。顧客可能會將它當做一個輔助性的電子郵件帳號，以避免主要的電子郵件收件信箱爆滿，或者是當成郵寄名單交流的存放處。我們相信，微軟會繼續免費提供 Hotmail，以做爲ＭＳＮ入口策略的一部分。至於爲何 Hotmail 成功，而 Juno 及其他免費郵件服務公司卻遠遠落後，請詳閱第六章。

根據微軟的說法，到一九九八年年底，Hotmail 的訂戶已經超過三千萬人，並且仍以平均每月一百萬個新帳戶的速度成長。MSN Hotmail 的產品經理諾曼（Laura Norman）說：「任何人只要在過去一百二十天內用過他的帳號，Hotmail 就會把他當成有效會員來計算。」在三千萬名會員之中，有一千五百萬名每個月至少會登入一次。

然而，就跟其他免費服務一樣，Hotmail 有一個重大的負面因素。這個似是而非的論調是，全世界的人都在找免費的東西，但是一旦得到之後，又往往棄如蔽屣。人們會比較珍惜花錢買來的東西。因此 Hotmail 會聚集這麼一大群人並不令人感到驚訝。重要的是，Hotmail 的會員認爲這項服務有多少價值？有些人不斷濫用免費電子郵件帳號，做爲強迫寄送訊息或其他不道德的用途。許多ＩＳＰ已經透過封鎖或限制來自 Hotmail 的流量，以爲因應。諸如電子海灣那樣的拍賣網站都已發現，有不成比率的抱怨是衝著免費電子郵件帳號的會員而來。這家拍賣服務公司已要求這類顧客提供更多詳細的身分證明，以爲因應。除非 Hotmail 能與這些難題保持距離，否則它將無可避免地很快發現到，它的品牌與價值已遭受侵蝕。

網化就緒策略

■性質：以瀏覽器爲主體的免費電子郵件
■公司名稱：Hotmail 公司（www.hotmail.com）
■提供服務：最終使用者認爲有價值的一項免費服務
■網化就緒策略：將價值主張從以交易或訂閱爲主，重新定義成一種廣告的模式

將產品移到食物鏈上層

另一個在電子經濟中創造價值的技巧，是將產品往產品階層式食物鏈（Product Hierarchy Food Chain）上層移動。當現有的產品以服務來補強，並以資訊包裝時，產品就會呈現出全新的特色。網化就緒的公司總是會努力地將產品與服務往食物鏈上層移動（圖5-2）。往食物鏈上層移動所導致的差異化，以及移轉的過程本身，都會產生優勢。在電子經濟中，處於動態的企業比處於靜態的企業，成功的機會更大。

讓我們來看看幾個遵循這項法則之電子商業新構想的例子。

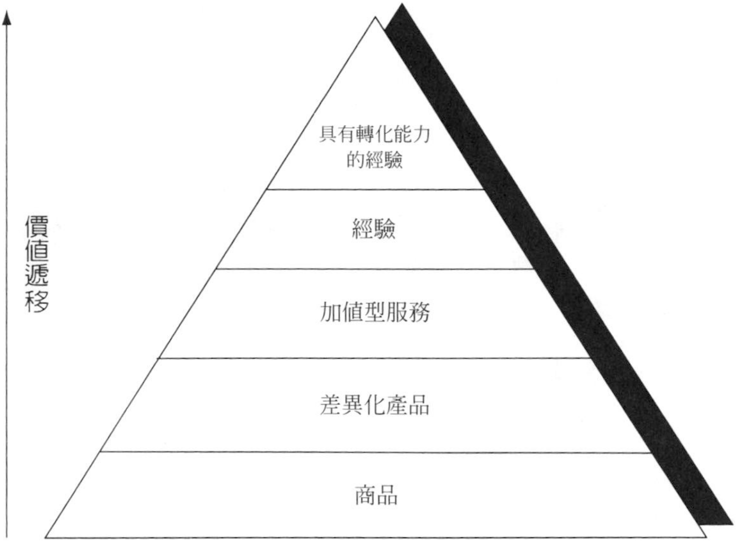

圖5-2　產品階層式食物鏈　對你的企業而言，具有轉化能力的經驗看起來像什麼？藉由提供差異化的產品或服務，往食物鏈上層移動可增加價值。在觀念上是先接受一項商品（底部），再將它逐步往電子經濟食物鏈上層移動。

Onsale

Onsale (www.onsale.com) 線上拍賣服務公司的網站發表之際，它代表電子經濟一項革命性的創舉。就新創的企業而言，其經營模式並未受到工業時代的包袱的束縛。Onsale 的挑戰在於，如何產生一個利用網際網路獨特特性的新零售經驗。爲達此目的，這家公司打破了許多零售神話。產品具有固定價格，便是其中的一個神話。Onsale 在拍賣活動中運用差別定價 (differential pricing) 以及物資稀少的觀念，取代無限量供應的神話，產生更爲狂熱的競價購物環境。爲了擠壓出最大的效率規模，Onslae 將整個作業自動化，並消除傳統經濟所需要的人與人接觸。最後一點，由於一般來說不必去掌控存貨，Onsale 因此避免因爲囤積存貨而導致的開銷與風險。

Onsale 將很多的互動加到整個流程中。只要一封電子郵件，出價者便能夠即時見到並比較各方的出價金額。所有這種互動性，都是重現現實世界拍賣時興奮感的一種嘗試。在現實世界的拍賣活動中，現場氣氛可能充滿競爭的火藥味。此外，Onsale 藉著以地理位置與時間分散的形式，重現現場拍賣的興奮感，將商務與娛樂結合。同時藉著將娛樂、賭博與股市等方面的特色，結合成價值主張，使 Onsale 獲得成功。Onsale 的創造力在於接受商品導向的產品，然後將它們往食物鏈上層移動。顧客不僅只是購買而已，他們也贏得勝利（表5-1）。

自有經濟史以來，拍賣便已存在。除了在蘇富比（Sotheby's）拍賣會拍賣梵谷名畫以外，拍賣向來給人負面的印象。直到 Onsale 出現，將整個拍賣過程往價值鏈上層移動以前，拍賣一直是時常到跳蚤市場尋找便宜貨這些人的地盤。簡而言之，Onsale 等於是創造了買賣關係的一種新象徵：運用電子經濟的獨特屬性，發展出一種全新的拍賣經驗。蘊藏在 Onsale 拍賣經驗之中的是拉斯維加斯、股市、購物頻道及特價大賣場的特質。Onsale 持續享有高度的成功，並培養出一個網際空間產業，吸引許多拍賣市場的其他進入者，其中包括將佣金模式應用到數百萬個拍賣活動而極爲成功的電子海灣公司。

Onsale 的眼光在於，運用電腦將沈悶的拍賣過程，轉變成一項運動或娛樂。Onsale 設計者瞭解，男人占了百分之九十的拍賣市場，於是他們創造了這樣的環境，提供二十四小時追逐稀有品的窗口。Onsale 製作出透過拍賣來買東西的電動遊戲，這個網站回應男人原始的狩獵本能：將男性衝動的生命本色轉變成競賽花招的需求。Onsale 的長期拍賣活動，吸引許多迷上證券市場型態拍賣競賽的技能

表5-1 Onsale 利用了電子經濟模式

身爲「網化就緒」公司，Onsale 的經營模式充分利用網路各方面的特性。

傳統零售模式	網化就緒模式
固定價格	差別定價
無限量供應	稀少性
實際存貨	虛擬存貨
人與人接觸	無人與人接觸

與手氣的常客。

回顧Onsale的演進歷程，透露出成爲網化就緒的企業都是一步一步由許多失誤與錯誤所組成。Onsale創辦人卡普蘭（Jerry Kaplan）也是GO公司的創辦人。這家公司企圖運用筆式工具，將電腦往價值鏈上層移動。結果GO公司並沒有成功，卻帶給卡普蘭許多紮實的教訓，他將這些教訓記載於他的著作《創業——矽谷冒險一例》（Startup: A Silicon Valley Adventure）這本書中，以爲回顧。他學會光做對事並不一定會轉化成經營上的成功，除非時機也抓對。當時發展筆式運算工具，時機就是不對。

但Onsale成立的時機就抓對了。有一天，卡普蘭與費雪（Alan Fisher）分享他的創意想法，費雪是個替嘉信理財公司開發時髦線上交易軟體的程式設計師。他們開始問到創造價值這個核心問題：除了證券交易之外，這個軟體還可以作何用途？卡普蘭腦力激盪之後說：「何不用來拍賣消費用品？」的確，爲何不能作此用途呢？

然而，資金來源又是另一個問題。這是另一個啓示。縱然想法對，時機也對，若沒有資金到位，也是沒戲唱。一九九五年時，Onsale所仰賴的網際網路基礎設施，尚未做好要成爲主流平台的準備。創投公司躊躇不前。卡普蘭及費雪正打算將此構想擱置時，突然遇到一個可以展示系統功能的機會。當時波士頓電腦博物館（Boston Computer Museum）正計畫於一九九五年五月舉辦一場慈善拍賣，米普蘭立刻把握這個機會。若能讓他們用 Onsale 的軟體來建置這場拍賣，則可以讓許多產業界的有力人士親眼目睹這個軟體。

在慈善拍賣現場的產業界人士喜歡上它。他們對於注視出價飛快升高時的即時興奮感，仍感到意猶未盡。這兩位創新者獲得許多資金，一星期內，Onsale 便開張營業。當然，至於 Onsale 到底要賣什麼這個棘手的問題依舊存在。它最初的想法是只要拿得到手的東西都賣，例如運動比賽紀念品、電影海報、酒及旅行航程等。到底要賣什麼是他們尚未完全精確掌握的方向。Onslae 經歷了許多波折才瞭解到，網際網路上眞正賣得最好的是電腦相關的產品：個人電腦、電腦周邊設備、附加卡以及記憶體晶片。技術玩家喜愛的東西，是線上拍賣經營模式早期接受者最感興趣的東西。

Onsale 公司接著開發出使它得以成功的模式。Onsale 避免取得所有權，或是實際擁有貨品（儘管必要時它會這麼做）。大部分買來或是寄售的商品，都是來自諸如惠普、ＩＢＭ、東芝（Toshiba）及新力等傑出的公司。因此，Onsale 便成爲供應商的資產管理人，這是簡化買主賣主間後勤作業的一流作法。Onsale 逐漸將目標轉向企業，促使它們購買系統供組織使用。這個方案似乎行得通。該公司表示，三〇%的電腦產品出價者，是在爲他們的組織採購，有超過三分之二來自高科技設備的銷售收入，要歸功於企業買主。

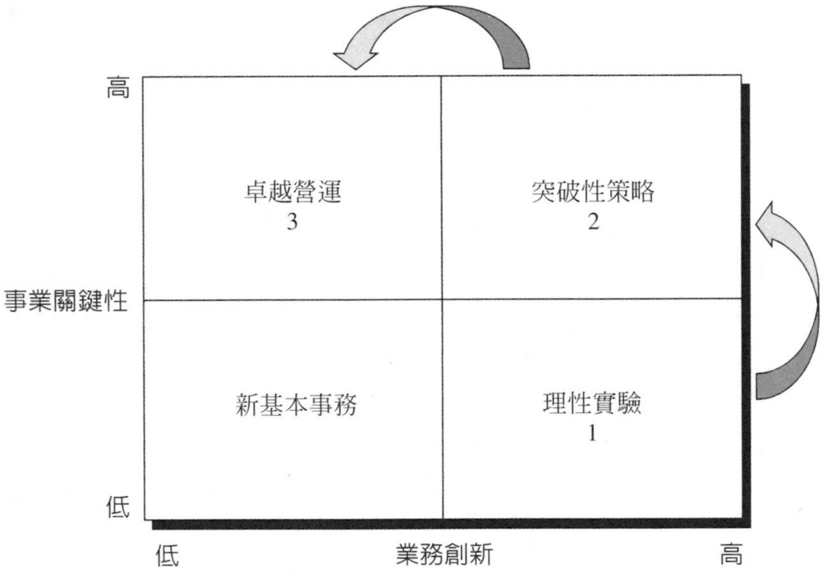

圖5-3 Onsale 網際網路新構想的進展 Onsale 的經營模式與實驗打破許多零售神話。從理性實驗這個象限開始，Onsale 網際網路新構想，迅速地以逆時鐘方向移動到突破性策略這個象限，最後再移動到卓越營運這個象限。

Onsale網際網路新構想的進展

和大部分在網路誕生的組織一樣，Onsale從第一象限理性實驗開始營運（見圖5-3）。它的實驗是：是否有可能在網際網路上創造一種拍賣形式，並能維持網際拍賣事業存活所必需的信任感？該公司從線上拍賣運動比賽紀念品開始營運，但偶然間發現到，電腦與電腦周邊設備的需求更大。一開始是個實驗，但這些活動迅速發展成突破性策略。很快地，卓越的後續動作又將這些活動帶到卓越營運這個象限。如今，線上拍賣網站已非常普遍，競爭者若無法一開始就執行卓越營運，那就一點生存機會也沒有。

網化就緒策略

■性質：線上拍賣

■公司名稱：Onsale 公司（www.onsale.com）

■提供服務：產生一種購買的變形化之經驗；起初，藉著將娛樂與賭博的基本元件結合在一起，來替在意預算的買主，聚集重新整理過及舊型的電子產品；近來，賣新產品、公司銷售

■網化就緒策略：將服務往價值鏈上方移動，以產生變形化的經驗

電子海灣公司

讓我們進一步檢視電子海灣公司。電子海灣是線上拍賣行業的市場領導者，也是網路上少數已獲利的「產業類別殺手」。若 Onsale 有弱點，那就是因爲拍賣市場的進入障礙非常之低。許多加入者正在競相爭奪過剩商品及服務市場，其中單單個人電腦一年就有一百一十億美元的市場。幾乎每一家主要的入口網站——包括美國線上、雅虎及 Excite，現在都有提供分類拍賣服務。

電子海灣的生意令人想起一個混雜了標準的車庫舊物拍賣會、賤賣的商品、及眞品古董的全年

無休的虛擬跳蚤市場，所有商品都有與說明描述內容不盡相同的輕微風險。任何電子海灣的訪客都能夠在兩百萬筆拍賣的項目中瀏覽，其中不乏孤品或稀有珍品。商品並且依照超過一千六百種的產品類別來分類。賣主依空間安排的大小，支付二十五美分到五十美元，登記他們的銷售項目。這個網站然後針對某個拍賣項目請求出價，並從賣主指定的底價開始起跳。拍賣期間結束之後——通常一星期左右，電子海灣會以電子郵件通知出價最高者及賣主，然後由買主與賣主自行完成交易。到目前爲止，這是整個過程中較弱的環節。若是交易成立，則在交易完成時，電子海灣還會向賣主索取成交價的一・二五～五％做爲佣金。

此外，由於隨時都有超過兩百萬筆的銷售項目，電子海灣就像全球資訊網本身一樣，也有可能造成擁擠塞車。這種情況是資訊不平均所產生摩擦的典型挑戰。爲了努力對抗亞馬遜書店的拍賣服務，電子海灣現在運用一種稱爲個人購物指南（Personal Shopper）的服務，使收藏者更容易瞭解出價的最新狀況。個人購物指南能夠過濾感興趣的新項目，當使用者想要的項目出現競價時，它便會以電子郵件逐一通知電子海灣的三百萬名註冊使用者。個人購物指南也允許使用者透過關鍵字、項目敍述及價格範圍追蹤個別項目，以及指定他們較喜歡每天、每週或是較長的時間間隔，才以電子郵件通知有新條列項目。在一個現行清楚的客製範例中，個人購物指南使用變動偵測（change detection）、或稱做「留意整個店面」的軟體，協助使用者以任何詳細程度，追蹤任何網路上的資訊，並在資訊變動時，透過電子郵件、傳呼機、行動電話、掌上型電腦或全球資訊網來通知他們。

電子海灣這種變動偵測科技，目前是應用在使用者，但是組織也能夠將它應用在企業對企業的交易上，以產生強烈的顧客鎖定效果。企業獲知消費者的拍賣偏好之後，便能夠觀察對於某個特別項目，顧客願意爲此付出多少金額與等待的時間。它們也能夠使用這項資訊，訂定恰當的價格或提供其他的新構想，以增加顧客的購買次數。這項科技也使企業能夠藉著持續提供有關顧客的購買行爲模式的報告，來記住每位顧客的特性。

進入線上拍賣的代價之低，讓傳統經濟與數位經濟中的許多店面都紛紛加入。傳統經濟中，洛杉磯時報（Los Angles Times）的出版商時代明鏡公司（Times Mirror Company），便推出它的 Auction Universe 網站。即使眞實世界最有聲望的蘇富比拍賣公司，也計畫加入這場遊戲。不要期望蘇富比會仿照電子海灣的模式。蘇富比需要保護它的品牌，所以堅持對其拍賣的財產項目嚴格鑑定。但是這家令人尊敬的拍賣公司，的確有經營部分原稿及頭版書的線上拍賣——有一份手稿還賣得了三萬美元。

無可避免地，虛擬拍賣公司與實體拍賣公司，將會同時以彼此的市場爲目標，也會形成策略性夥伴關係，以利用每家公司在市場上提供的獨特價值主張。線上拍賣公司想要利用基礎穩固的公司所建立的品牌與消費者信心；實體拍賣公司想要利用線上拍賣公司發展的電子商務及發貨專長能力。電子海灣深知從很多方面來看，eBay 這個品牌都代表了市場最終的進入競爭障礙，因此它有必要提升品牌權益（brand equity）。電子海灣執行長惠特曼（Meg Whitman）說：「eBay 品牌提供從諸多層面來看都行得通的一種眞正的情感利益。」「從某個層面來看，拍賣這種形式非常有趣——搜索時的興奮感、失敗時的極度痛苦及勝利時的激動顫抖。而從另一個層面來看，拍賣又與社群有關。圍繞電子海灣商務而自行形成的社群，是個共享興趣與情感的社群。這種情況創造了我們在這個網站上所擁有的強力黏性。」

隨著以價值二億六千萬美元的股票，購併值得敬重的拍賣公司 Butterfield & Butterfield——以古董及藝術作品的拍賣聞名於世，電子海灣向拍賣產業發出信號，說明它將大力投資建立自有品牌的可靠性。這項購併將一家成立於一八六五年，並且是一八四九年加州淘金潮贊助者的拍賣公司，與這家於一九九八年公開上市後就平步青雲的網際網路領導拍賣商，連繫在一起。這是個雙贏的局面。Butterfield & Butterfield 當時正考慮要首次公開發行籌資，以便與線上拍賣商好好競爭，而電子海灣需要具有處理高單價商品聲望的老字號拍賣服務公司。現在，Butterfield & Butterfield 擁有成長所需要的資金，而電子海灣則繼續以 eBay 品牌打造公司價值。

當亞馬遜書店與蘇富比公司見到，建立合夥關係爲彼此所帶來的利益之後，我們見到同樣的動態關係浮現了出來。亞馬遜書店投資四千五百萬美元於蘇富比這家全世界知名的拍賣商，與這家歷史二百五十五年的公司共同建立一項線上拍賣服務。這個爲期十年的結盟關係，進一步白熱化亞馬遜書店與電子海灣這家網際網路線上領導拍賣商之間，對於這項大受歡迎事業的控制權爭奪戰。亞馬遜-蘇富比合夥公司（www.sothebys.amazon.com），將提供亞馬遜書店的一千萬名顧客，從錢幣、郵票及好萊塢紀念品那樣的收藏品，到通俗藝術品與古董等各式各樣的拍賣活動。拍賣品將由蘇富比及另一個經銷商網路提供。所有拍賣品的眞實性及身分，將由賣方提出保證——這對於在網路上購物，但事先沒有看過這些產品的人來說，是個極重要的保障。亞馬遜書店執行貝佐斯說：「在貴重物品的世界中，線上拍賣一直存在的一個大問題，就是眞實性。」「有誰比蘇富比公司更能協助解決這個問題？」同一時間，亞馬遜書店也創辦了一項與其傳統零售通路密切連結的拍賣服務（見第七章「亞馬遜書店進入拍賣領域」）。

進入線上拍賣環境的代價非常的低，使得車庫拍賣式的銷售熱潮逐漸占了上風。像電子海灣那樣的實體，接近純粹的電子經濟投資，但是很快地，個人也能夠在自己的網站上進行線上拍賣。像Webvision（www.webvision.com）那樣的公司正在開發，可在個人網站中發展迷你拍賣能力的軟體。以電子商業建構者的方式營運，Webvision將其拍賣科技，授權給想要建立拍賣區當成附加價值利益的網站。

確實有數百家公司正要跳入這股線上拍賣熱潮。可想而知，網路上的每個新聞網站、網際網路目錄、音樂與錄影帶零售商——甚至每個個人首頁，都可能成爲電子海灣公司的競爭者。電子海灣不斷努力爭取的唯一一件事是品牌，這是個一旦因電腦故障（bug）導致電子海灣網站當機時，就可能快速貶值的資產。若電子海灣想要成功，它必須將其服務往價值鏈上方移動。其訣竅是運用首次公開發行所得到的收入，打造像雅虎及美國線上那樣無懈可擊的品牌及拍賣基礎設施。

無論從電子商業或更傳統的領域來看，電子海灣都知道跨入新領域及擔任新角色的價值。本書付梓前夕，電子海灣宣布將出版一本雜誌，及兩本專門探討線上議價這個它最擅長的主題的書，作爲它跨入離線（offline）世界的第一步。爲了嘗試建立品牌與社群，這家公司出版了《電子海灣雜誌》（eBay Magazine），這是一本有關生活型態的出版品，其對象是收藏家、愛好收藏者以及其逐漸成長之社群的各式各樣社員。這本雜誌將電子海灣愛好者聚集在一起，討論最新收藏趨勢、電子商務新聞，以及如何在網路上購買、銷售及交易的提示。這家拍賣商也以《*eBay for Dummies*》及《*The Official eBay Guide to Buying, Selling, and Collecting Just About Anything*》這兩本書的出版，鎖定線上收藏家離線時間的消遣。電子海灣並不一定期望透過這些出版品，誘使新的使用者造訪它的網站。更確實地說，其目標是透過這些出版品增進使用者對其網站的體驗。

網化就緒策略

■性質：具拍賣形式的虛擬跳蚤市場

■公司名稱：電子海灣公司（www.ebay.com）

■提供服務：個人化及具有轉化能力的購買經驗，供潛在買主彼此競價的數位分類拍賣清單

■網化就緒策略：將拍賣服務往食物鏈上層移動

將功能與形式分開

傳統經濟將功能與形式徹底糾結，以致於難以推算出眞正的價值在何處。在大部分的情況下，價值是根源於功能。能夠想出如何使用電子經濟獨特的特性來傳遞功能的創業家，只要能卸掉實體載具這個先前維繫功能的包袱，通常就可以創造出巨大價值。我們在有關數位化的討論（請見第二章「數位化：功能與形式分離」），曾經描述組合國際電腦公司如何將功能（專業的建置服務）與形

式（現場顧問）分開，以便從遠端提供顧問服務。讓我們簡短地思考，藉由策略性地應用將形式與功能分開的原則，而產生優勢的五個其他企業範例。

網路遠距說明會

爲何人們應該聚集在會議中心，參觀能更容易地使用任何瀏覽器來觀看的幻燈片說明會？這就是WebSentric公司（www.websentric.com）的邏輯。該公司提供新型網路會議服務，能讓專業人士透過瀏覽器便可以舉辦即時的幻燈片說明會。這項稱爲Presentation.Net的服務，是以涉及遠距教學、公司會議召開以及電傳銷售（telesales）公司爲目標。

WebSentrice公司正在賭注，證明它能夠藉由將說明會的傳統形式（在旅館會議室的幻燈片展示），與其功能（傳達資訊）分開，而擷取許多價值。多年以來，這些說明會的形式與功能一直是宿命似地連在一起。但是全球資訊網，提供了將這兩者區分的一種模式。目前這項科技的功能是否強到能提供與會者可行的說明會，則仍有待觀察。藉著使用JavaScript語言／動態超文字標記語言（Dynamic HTML）顯示投影片，而不用大型GIF格式的檔案，讓該公司選擇了正確的方向。這項決定降低了頻寬要求，並容許撥接上網參與者，只要透過每秒二十八千位元（28K-bps）的數據機，便可以有不錯的效果。該公司尚未決定定價，但表明了網路說明會的成本將會低於電傳會議的成本。試用版顧客包括昇陽微系統與聯邦快遞。

這項服務適用於任何作業系統、硬體及螢幕解析度。會議參與者只要進入某個網站，並輸入密碼，便可以完全取得含有聲音、影像、共用電子白板及互動式交談的說明資料。另一個配套的應用程式 WebPresenter，提供沒有微軟 PowerPoint 之類簡報軟體的使用者，一個免費的替代方案。

網化就緒策略

■性質：網路遠距說明會

■公司名稱：WebSentric (www.websentric.com)

■提供服務：藉由將功能與形式分開並透過網路傳送，消除將參與者實際聚在一起以觀看幻燈片展示說明的需要

■網化就緒策略：將功能與形式分開

居家保健

另一家認可將功能與形式分開的企業，是遠距醫學 (telemedicine) 方面的領導廠商家庭健康公司 (Home Access Health Corporation)。遠距醫學是美國太空總署 (NASA) 於一九六〇年代發明，用來監督在外太空執勤的太空人健康狀況。今天遠距醫學是，透過電子通訊，從遠端某地到遠處另一端，彼此交換醫藥資訊，其目的是針對病人、客戶或保健服務提供者的健康及教育。

這個觀念大部分都不是新的。妊娠測試工具組的取得，使婦女不必到醫師診所，便能決定是否

懷孕。在此，功能（問題的答案）成功地與形式（醫療程序）分開。現在這個觀念，正逐漸擴及C型肝炎與愛滋病病毒、HIV病毒的檢測。家庭健康公司已經請求美國食品醫藥管理局（FDA），允許該公司在市場上銷售居家檢測工具組，以便用來偵測HIV病毒，以及提供顧客透過網際網路取得檢測結果的服務。

一九九二年，家庭健康公司發明一項專屬的遠距醫學平台，將遠距醫學服務擴展至家庭中。居家存取平台（Home Access platform），允許客戶取得快速又方便的居家醫學檢測及諮詢。居家存取平台是一種科技與服務，讓客戶用來取得醫學檢測服務，而不需親自就診。這個平台也同時結合居家樣本採集工具組、專業醫學諮詢服務、實驗室測試服務，以及透過電話提供顧問服務、教育與檢測結果的資訊系統。

讓我們舉另一個醫學範例。心電圖儀（cardiograph）是一種監督心臟活動情形並將其活動資料傳送給醫師的儀器。就距離與時間而論，傳統上功能（資料的傳送）是與形式（儀器本身）密切連接在一起。近年來，醫學儀器製造商已經藉由將功能與形式分開，而創造出價值。例如惠普的PalmVue，便是一種移動式口袋型系統，讓醫師能從任何遠端的個人電腦，快速正確地取得判斷病人病情所需的重要資料，並查閱診斷與治療的可行方案。一旦安全性問題解決之後，醫師便能夠從標準的筆記型電腦或桌上型個人電腦，透過網際網路觀看任何一位由PalmVue所監視的病人，有關他即時心電圖波形及攸關生命的訊號。

網化就緒策略

■**性質**：遠距醫學檢測

■**公司名稱**：家庭健康公司（www.homeaccess.com）

■**提供服務**：以使用者爲中心的醫學檢測及結果傳送，遠距醫學檢測會在使用者方便時虛擬傳送檢測結果

■**網化就緒策略**：將功能與形式分開

高階系統的遠端測試

機器愈複雜愈昂貴，製造商就愈有機會利用電子經濟將測試功能與形式分開。Varian 半導體設備公司（Varian Semiconductor Equipment Associates）已經遵循這個技巧，替自己及其價值數百萬美元之離子植入機（ion implanter）的顧客，創造了極大的價值。

離子植入機是個獨立的自動化工廠，大小有如可容納一輛汽車的車庫那麼大，它會在矽中植入導電原子的軌跡。離子植入機藉由從其內部的金屬瓶中，汲取出具高度腐蝕性與毒性的氣體——硼、砷與磷的衍生物，開始其非凡的作業。接著，在一個有過熱鎢絲閃閃發光的眞空室中，鎢絲放出小

小的電擊，使電子從氣體的原子中剝離，讓原子轉變成離子。電磁場導引這些離子到矽晶圓的表層。離子就在那兒像子彈般地被嵌入，並從矽攫取電子而還原成原子，因此使其具有半導體的屬性。

這是個好消息。像那樣複雜的機器可能十分講究，對利潤微薄的公司操作起來應該是很刺激。這讓我們回想起一名NASA太空人，他在解釋被丟到太空中的感覺時說：「如果你被捆在一台含有二十萬個零件的機器上，每個零組件都是由出價最低者所承造，你的感覺會是如何？」要讓離子植入機八千個零組件好好地正常運轉，需要製造商與顧客建立一種新的合作關係。

就像大部分極爲複雜且使用腐蝕性氣體的系統一樣，離子植入機每隔九十小時，就需要修理或例行性保養。由於它每小時處理數百片晶圓，而每片晶圓能以批發價一百美元出售，因此停工期間就可能會讓業主每天收入損失高達七萬五千美元。因此對於 Varian 能夠減少機器保養維修時間的任何服務，都非常受到歡迎。對於離 Varian 位於麻薩諸塞州格洛斯特（Gloucester）離子植入機工廠遙遠的顧客而言尤其如此，因爲維修團隊都要從那兒出任務。

電子經濟的解決方案是，設想到 Varian 的顧客並不眞正想要維修團隊的登門拜訪（形式），他們需要的是即時獲得維修團隊的專業技能（功能）。維修團隊代表昂貴的資產，卻由於路途遙遠、曠日廢時的拜訪而揮霍掉。若能運用電子經濟建構的遠端管理設施，使團隊的專業技能集中運用，協助顧客解決保養維修的問題，將可以爲雙方帶來極大的好處。

這個想法得到的迴響爲何？答案是遠距修理、診斷及保養，或簡稱RRDM的解決方案。運用最新的數位通訊技術，RRDM使工廠維修團隊能做遠端診斷、離析，以及補救離子植入機系統的業主所面臨的維修問題。實務上，顧客的技術人員與在 Varian 技術總部的工廠專家，合力使機器回復生產狀態。在機器現場，顧客的技術人員戴上一頂具有虛擬實境功能的頭套，頭套上結合一個小型如數位電視般的彩色相機、一支麥克風及耳機，還有兩個顯示幕，技術人員便能夠透過個人電腦的視訊會議系統，看到從 Varian 工廠傳送來的影像。

這個虛擬實境頭套，事實上將顧客的工作現場帶到 Varian 的工廠。在傳送某個問題的即時影像時，這個頭套使技術人員不必動手，而麥克風與耳機則允許技術人員與工廠專家討論問題。因此，技術人員可以出示零組件或將它們放在桌子上，展示給位於格洛斯特的技術人員查看。工廠專家可將某些零件以紅圈圈選，指出需要汰換的零件。同時，技術人員也能夠從其中一個頭套的顯示螢幕，看到這個加強顯示的部分。技術人員也能夠看到工廠的工程師、概要圖及其他相關資料。技術人員也可以選擇觀看位於工作場所的一個大型螢幕上的任何影像。

有幾個趨勢正鼓勵大家切換到ＲＲＤＭ。製造商現在想讓機器全年無修地運轉，使它們的資本投資得到最大的回收。同時，機器的運轉速度也愈來愈快。在這個體制之下，任何縮短停工期的方法都會受到歡迎。同時，智慧型工廠設備（請見第二章「資訊化．智慧型產品日益激增」）的普及，也使得遠距維修比從前更爲容易。ＲＲＤＭ仍然有相當多的限制。儘管有可能下載軟體功能補強程式，或是重新開始某個部分的設計，現在仍然不可能透過電話傳送備用零件。或許有一天，我們可以將人稱備用零件這樣的東西數位化。能想出辦法的創業家，將會眞正站上能創造出龐大價値的好位置。

網化就緒策略

■性質：線上拍賣

■公司名稱：Onsale公司（www.onsale.com）

■提供服務：產生一種具有轉化能力的購買經驗；起初，將娛樂與賭博的基本元件結合在一起，來替在意預算的買主，聚集重新整理過及舊型的電子產品；近來，賣新產品、公司銷售

■網化就緒策略：將服務往價值鏈上方移動，以產生具有轉化能力的經驗

遠端虛擬品質保證

一九九二年時，思科開始建造測試區（test cell）虛擬測試零組件的過程。過去以來，思科人員必須親自出馬，才能進行或監督測試。藉由將形式與功能分開，現在便得以將測試工作數位化。當思科的Autotest改變形式時，測試的功能仍被保留下來。這會有兩點好處：首先，自動化加上標準化的產品測試，可節省時間與金錢。其次，自動化測試可壓縮交貨週期。顧客可更快獲得品質更好的產品。一旦測試自動化及標準化之後，思科便可以將流程外包給供應商，由供應商執行品質的偵測。然而，儘管測試的流程被外包出去，其背後的智慧卻依然掌握在思科手中。

網化就緒策略

■性質：虛擬測試
■公司名稱：思科系統公司（www.cisco.com）
■提供服務：透過標準化測試平台的虛擬傳遞壓縮交貨週期
■網化就緒策略：將功能與形式分開

隨選音樂

低估數位化力量的人，可能很快就會受到懲罰。只要問問被MP3攻其不備的唱片公司高級主管就知道了。MP3是一種數位化及壓縮音樂檔案的標準，可透過網際網路輕易地到處散播。MP3正快速變成徹底消滅音樂錄製產業中間人的另一種產業。MP3的熱愛者使用免費取得的軟體，將光碟上的曲目轉成音樂檔案，然後將這些檔案張貼在網路上，供網路上的同好享用。像www.mp3.com那樣的MP3網站，相當於一台虛擬的免費自動點唱機（jukebox），其中塞滿了成千上萬合法與非法的曲目，所有曲目只要按一下滑鼠就可以播放。將功能與形式分開，帶給消費者令人振奮的自由，使他們能夠在想聽音樂時正好聽到他們想聽的音樂。唱片業的高級主管自然日以繼夜，運用較受歡迎且可以打敗對方的手段——法律上的指責，來阻止這項樂趣。唱片業似乎對於控制客戶念念不忘：亦即對於音樂光碟及其經銷通路的完全掌控。一切都太遲了。若你想看看是什麼東西讓新力音樂、寶麗金（Polygram）及哥倫比亞唱片的高級主管寢食難安，只要用鍵盤輸入mp3這個關鍵字搜尋，就知道答案了。ＭＰ３技術產生了一項全新的電子商業，使得唱片業，在明白自己遭到什麼東西襲擊之前，就不知不覺地受到侵襲。

但網際網路的邏輯不應遭到否定。音樂光碟這個目前音樂所採用的形式既昂貴又死板，它們強迫人們爲了想聽的一兩首歌，購買其餘不想聽的歌曲。音樂光碟的內容，是由自有計畫的公司所安排。從網站上下載歌曲，毫無疑問是更合邏輯、更切實際且更具成本效益。唱片業早該做的事，就是把律師解雇掉並砸下錢去做研發。他們如果早就採取主動，發展系統、技術與標準的基礎設施並透過網路銷售歌曲，他們恐怕早已開創出另一番榮景了。現在他們倉促地準備這樣的系統，但一切都已經太遲。ＭＰ３技術與文化是不可能逐退的。

將ＭＰ３擺在一邊，像CDNow公司（購併Ｎ２Ｋ公司）及白金娛樂公司（Platinum Entertainment）（www.platinumCD.com）這樣的電子商業網站，還迫使音樂產業正視它，是如何藉著有史以來第一次將形式與功能分開而創造價值。在電子經濟中，數位化允許功能（在此案例中爲音樂）以一種過去絕對不可能的方式，與形式（音樂光碟片）分開。例如，白金娛樂允許消費者，從十七萬三千首流行歌曲中挑選歌曲，製作自己的音樂光碟。這個網站將一萬三千首來自白金公司收藏的歌曲，與音樂連接公司（Music Connection Corporation）的十六萬首曲目合在一起。消費者可以選擇將這片獨一無二的音樂光碟，下載到他們的硬碟中，或是由白金公司將此音樂光碟燒錄成實體的碟片寄給消費者。

你若不想費神去製作自己的音樂光碟，結果又會如何？畢竟已有成千上萬的現成音樂光碟就在那兒。沒問題的，白金公司也與亞馬遜書店有合夥關係，再從它介紹給這家線上書籍與音樂網站巨人的造訪者身上所產生的銷售收入，收取部分的費用。當每位消費者都能從他們所挑選的作品訂製專輯時，對於專輯的觀念——由藝人所挑選出來的一系列音樂作品，會帶來何種影響？消費者能夠選擇將合成的專輯保留在硬碟上，或使用燒錄光碟機製作成光碟片。在 CDNow 的網站上，顧客能夠傾聽數位音樂光碟的樣本，如果喜歡，他們就能夠立刻購買這片光碟。另有一種模式是在隔天寄出這片光碟，但其他模式則是完全將形式與功能隔離開來。當消費者能夠將音樂樣本下載到他們自己的硬碟中時，對於形式又會帶來何種影響？

音樂的數位化，賦予消費者強大的搜尋能力，進而能夠以驚人的方式帶動銷售。例如你對某首貝多芬奏鳴曲有興趣，但貝多芬寫了很多首奏鳴曲，如果除了最近在收音機上播放過之外，你沒有更多的資訊，將難以向唱片行描述你想要的曲子。此外，要是唱片行職員無法保證他們所找到的奏鳴曲，就是你想要的曲子，他們實在也很難做到你這筆生意。

但是數位化使得這個過程變得更容易。透過數位化，你能夠得到每首奏鳴曲開頭片段的樣本。此外，如果你有這首奏鳴曲的任何資訊——例如你記得它被用在某一部電影的原聲帶中——資訊化也允許利用線上音樂資料來源進行智慧型搜尋，找出你想要的音樂。最後，一旦找到這首奏鳴曲，唱片行也可以提供你多項的選擇：你可以只要這首奏鳴曲、或是將奏鳴曲與電影原聲帶擺在一起、或是和其他的奏鳴曲一起收錄。廣播收音機與資訊化的結合，使得以另一種方式找出貝多芬奏鳴曲也變得更爲容易。很多廣播電台已隨著它們所廣播的每一首選曲，播送識別性的資訊——選擇的曲目、作曲者、藝人、唱片名稱等。消費者所需的只是能夠顯示這項資訊的智慧型收音機系統。

有關將功能與形式分開的問題

- 功能是什麼？
- 功能是用何種形式包裹住？
- 功能與形式無可避免地必須連結在一起嗎？
- 將功能與形式拆開，我們會有何得失？
- 我們能夠以分開的形式傳遞全部的功能，或部分功能嗎？
- 除了我們，還有誰已站在傳遞這項功能的好位置？

6

商業流程轉型

戲劇性的創新才有價值

電子經濟與傳統經濟的流程並無不同
差別在於，電子經濟賦予輸出、輸入方程式同步進行
與時間壓縮的觀念，並重新定義價值與顧客
例如提供「多出借人」與即時利率的 E-loan
以及提供「全球最低價」商品的 Buy.com
都藉此有突破性的驚人創舉

企業，是產生電子經濟價值的第二個關鍵方向。解構建構商業的基礎設施，就會透露出商業流程轉型的新機會。

在本章，我們會將重點從交易的產品及服務部分，轉移到生產這些產品與服務的商業流程。隱藏在商業流程之內的，是可以讓電子經濟重新定義、轉型或消除的假設，以及無效率和重複的部分。我們會在本章考慮四種一般性的方法，以便識別這樣的機會，並加以利用。

從根本重新定義商業

如同你在電子商業價值轉型矩陣中所見到的（圖6-1），商業流程透過以下的策略轉型：分解流程並外包、擔任另一種角色、壓縮價值傳遞系統、以及推翻價格／效能比。

在本書第一部，我們提出足以令人信服的證據，顯示這個世界是在新規則之下運作。最受大家歡迎的商業信條——諸如產品、顧客、稀少性、時間、競爭和財富等觀念——正由電子經濟重新定義。經理人必須拋棄如何組織企業的舊思維。事實上我們相信，經理人甚至必須質疑「思維」這個觀念。Cybergold 公司執行長哥德海伯（Nat Goldhaber）解釋說：「結果顯示，我們所知關於傳統商業的每一件事，不僅不再適用，而且還是錯誤的。」（有關哥德海伯的更多評論，請見第七章「歌德海伯問答集」。）

質疑你的結論已經夠棘手了，還要進一步懷疑你的假設，則是最難以克服的部分。例如你問道：

產品與市場轉型	商業流程轉型	產業轉型
重新構思產品／服務	分解流程並外包	重新定義競爭基礎
重新定義價值主張	擔任另一種角色 —電子商業店面 —資訊中介者 —信任中介者 —電子商業建構者 —基礎設施提供者	成爲通路開拓者
將產品移到食物鏈上方	壓縮價值傳遞系統	重新界定產業界線
將功能與形式分開	推翻價格／效能比	打破牢不可破的成規

圖6-1 焦點在商業流程轉型的電子商業價值轉型矩陣 當產品／服務被分解開或外包、組織擔任五種電子商業角色之一、壓縮價值傳遞系統時、或推翻價格／效能比時，電子經濟的機會就會出現。

「我們如何能夠簡化庫存作業，使之更有效率？」這是個合理的問題。如其表現的，這個問題太過合理。這個問題假定，擁有存貨是企業的重要事項。一個更好的問題是：「消除保有及管理存貨的需要，對我們是否具有價值？」現在你的組織可以開始問許多關於即時的方法（戴爾電腦模式），以及外包整個存貨功能（Onsale 模式）的有趣問題。

要區別基本事項以及次要事項，絕對不是一件容易的事，尤其是在執行的過程中。若要詢問有關公司本身，以及如何營運的最基本問題，需耗費相當多的智慧，以及客觀觀察者的觀點。像下列的問題，通常是最難以回答的問題：

■我們的事業是什麼？

■我們爲何採取現有的方式做事？
■我們的價值是什麼？
■我們的目標是什麼？
■什麼規則是牢不可破的？
■什麼是不能妥協的？
■我們害怕什麼？
■我們的企業文化是什麼？以及它如何提升或阻礙我們的努力？
■我們獲准承擔什麼事？
■我們不可能承擔哪些事？
■我們還能做什麼其他的事？

要求組織成員定期回答這些基本問題，是非分要求。這是一項困難的工作，但一旦找到了正確的答案，就可能讓企業具有強大的力量。這些提問強迫人們審視，構成經營事業與關係的基礎，都是一些大家心照不宣的規則與假設。通常這些規則與假設，都經證明是過時、不可行與有阻生產力的。

在達成有關基本法則的共識之前，組織應該先從一塊空白石板開始。每件事都必須是可以協商的，因爲嚴格禁止考慮的範圍，總是含有最多的機會。繪製明確指示組織實際運作的流程，通常會有幫助。按照訂單實際運作的順序，從一開始到交貨，逐步檢視發貨過程的每個步驟。不要去想流程應該如何運作，反倒該注意人們實際採取的步驟。要繪製作業的步伐，而不是記錄所說的話。

尤其要特別仔細觀察，公司與顧客的實際接觸點。我們稱這些接觸爲「眞實的時刻」(moments of truth)。毫無例外地，每一次的這類接觸，都應該支持組織的基本目標，否則它們就成了分散注意力的事。例如信用查核過程，這查核的過程必須將組織的核心「顧客服務」價值加入其中。當然到現在爲止，企業應該已經懷疑，「顧客信用是應該首先必須被查核」這項假設的必要性。在很多情況下，查核成本實際上很可能會超過企圖避免的壞帳損失。但是假定信用查核支持一項基本目標，那就是以對顧客妨礙最少，且使公司保有最大完整性的前提下，完成信用查核。

組織最後都會就有關組織的基本本質，達成一致意見。只有在參與者提出各人的見解之後，他們才會有所主張；也只有在大家有所主張之後，才能帶領企業進入電子經濟的新局面。

組織唯有激起員工積極改變的熱忱，否則大部分的組織都會自滿於表面的改變。要在電子經濟中創造價值，需要更根本的改變。radical（根本）這個字源自拉丁文 radix，意思是「根」(root)。根本的轉型意思是指，深入到要轉型的流程根源。漢默（Michael Hammer）及錢彼（James Champy）在《企業再造工程》(*Reengineering the Corporation*，紐約 Harper Business 出版社一九九七年出版，第三十三頁）這本書中寫道：「在再造工程的過程中，要從根本上重新設計，便須不理會所有現有的結構與程序，而去發明完成工作的全新方法。」電子經濟中，根本的轉型，與運用電子經濟的獨特屬性，及以創新方式創造價值有關。這些屬性包括：一對一個人化、距離的毀滅、永遠即時、完整無缺的資訊等。

戲劇性的創新才有價值

電子經濟價值的創造，與逐步改善無關，反倒與突破性的成就有關。價值創造只隨戲劇性的創新而來，也就是會讓人大爲驚訝的那種創新。想想當聯邦快遞還是剛成立的時候，記得ＩＢＭ的ThinkPad 筆記型電腦吧！麻省理工學院媒體實驗室負責人尼葛羅龐帝（Nicholas Negroponte）說：「逐步改進主義，是對創新最不利的敵人。」

Hotmial 以及它所創造的價值，是戲劇性創新確實很脆弱的一個好例子。Hotmail 與 Juno 公司首倡免費電子郵件服務的觀念（請見第五章「免費電子郵件」）。但即便 Juno 擁有掌握先機的優勢，它的創新只有百分之九十六是對的，Hotmail 百分之百做對了，正是那百分之四的差異，導致 Hotmail 的成功，以及隨後的被微軟購併。

Juno 雖然協助首倡免費電子郵件這個觀念，但由於它決定放鬆對網際網路存取的倚賴，因此一直落在 Hotmail 之後。在此案例中，掌握先機的優勢，屈服在與標準緊密配合的力量之下，或是 Juno 接受了規則接受者這樣的角色。Hotmail 可從任何連接網路並配備有瀏覽器的個人電腦(或是小亭子）存取資料。但是 Juno 做了不同的決定，Juno 相信，帳號持有人不需要連接網路便可以取得電子郵件，是一項優勢。雖然如此，用戶仍然需要在他們的個人電腦上安裝 Juno 的客戶端軟體。我們相信這項決定有瑕疵，市場也同意這個看法。瀏覽器存取，是電子經濟溝通的公認模式，提供替代性平台的公司並無法獲得任何優勢。任何藉著挑戰既存標準，而提議重新定義價值主張的服務，除非有非常充分的理由，否則難以成功。我們不相信 Juno 符合這項高標準，而它也因爲不尊重電子經濟的規則，而遭懲罰。

注重任務與交易的達成，是傳統經濟的遺產之一。電子經濟獎勵，採用更為流程導向的企業。電子經濟與傳統經濟的流程並無不同——接受一種或多種輸入，並輸出對顧客有價值的活動。差別在於，電子經濟賦予輸入、輸出方程式同步進行與時間壓縮的觀念，以及重新定義價值與顧客這類觀念的方式。

印製及轉交航空機票給顧客的流程，說明了我們的想法。多年以來，航空公司耗費相當多的資源，簡化這個極度複雜的連續流程，以及整合決定是否有空位、查核信用、預訂及印製並轉交機票的所有活動。但是藉由商業流程轉型這個觀念的應用，航空公司推出了電子機票。現在，這個流程的大部分都已同步進行（有否空位、信用、預訂、確認），並且流程中最耗時、最昂貴與風險最大的部分（印製及轉交拷貝機票），都已經完全被刪除。

如同我們在遠距醫學的討論中所指出的，家庭健康公司（請見第五章「家庭健康照顧」）戲劇性地改變居家醫療檢測的流程。這家公司一開始是販賣居家檢測工具組，讓人們郵寄血液樣本過來後，再透過電話取得檢測結果。該公司已經要求食品藥物管理局，能同意透過網際網路釋出檢測結果，其中包括HIV（人體免疫缺乏病毒）檢測結果。對於焦急又顧慮隱私權的顧客而言，有相當多的好處。如同這項服務的神奇轉變一樣，我們甚至相信它可能會帶來更根本的改變。目前整個流程中較弱的環節，是透過郵件寄送待檢測的血液樣本，所造成的時間耽擱與不確定性。若該公司能提供，可連接到消費者的個人電腦，且價格不昂貴的測量儀器，其結果會是如何？顧客只要放入一滴體液，儀器便會自動測量，並將測量資料傳送到該公司的檢測中心，完成嚴格的檢測過程，最後結果再張貼到網路上。必須透過顧客才知道的使用者名稱及密碼，才能取得結果。任何時候姓名都不會與樣本扯上關聯。

有關商業流程轉型的問題

- 我的關鍵流程是什麼？
- 我能夠擔任另一個電子經濟角色嗎？
- 我能夠壓縮價值傳遞系統嗎？
- 現有的價格／效能比，可以輕易被推翻嗎？
- 除了我以外，邏輯上還有誰會是能看出並利用這些機會的候選人？
- 爲了要利用這些機會，我必須將什麼東西端到檯面上來？

分解並外包流程

解體（destruction）是件好事。電子經濟獎賞，有足夠膽識將最切實可行的流程拆解，然後與網際網路特性協調一致，而重新創造這些流程的公司。這個意思是指，強調流程的速度與並行主義、分權化、客製化、個人化及其他作者在書中強調的特性。

麥克森（McKesson）這家北美洲最大的保健供應品管理公司，是「特定產業領導者通常不會成爲電子經濟市場領導角色」，這項規則的一個例外。麥克森已經在重新定義其價值主張方面表現出色，並因此進一步強化其市場占有率及領導地位。

麥克森這個新構想起初只是試驗性質，針對大型組織設計的一套作法。一開始麥克森將其型錄及產品規格單放到線上，設法先於大部分競爭者一步啓用網站，並且快速增加功能，這個網站不單單只是一個擺放簡介資料的網站。但是在瞭解到，將顧客與合作夥伴整合在一個綜合性的企業內網路所產生的其他可能性時，這家公司接著做了一項一百八十度的改變。麥克森將決策支援系統與其他分析工具的要件，整合到這個網站。這些工具與一種新的心態結合在一起，將原本或多或少與顧客存有敵對關係的銷售人員，轉變成站在顧客這一邊的銷售顧問。

在傳統藥品銷售的環境，銷售人員得到藥房極力推銷某產品的好處。今天，麥克森將藥房的資料庫，結合到企業內網路。如此一來，銷售代表便能夠展示說明，藥房若是採用在藥理學上與B藥相同的A藥，則藥房每年將可以節省二萬五千美元。A藥當然是麥克森的產品。因爲能以較低成本產生相同的功能，藥劑師也會欣然接受。由於整合了麥克森與其顧客的存貨與銷售資料庫，這個企業內網路重新定義了麥克森的價值主張，使它從供應商轉變成合作夥伴。該公司不再只是推銷產品而已，它是一家擁有一萬三千名員工的公司，其利益與藥房的利益密切關聯。

當顧客將自己託付給麥克森的企業內網路時，他們就變成整合性價值鏈中無法改變的部分。這個價值鏈提供給顧客難以估計的好處，但是他們也要付出代價。萬一他們考慮要轉換到麥克森競爭對手的旗下，就會發現轉換成本將比天還高。藉著重新定義其價值主張，麥克森正提供顧客更多具有附加價值的資訊服務。這些服務強化麥克森與其顧客的關係，並且提高顧客的轉換成本。

「鎖定顧客」(lock-in) 的觀念，是在電子經濟維持競爭優勢的一種核心技巧。麥克森經驗是個完美的例子。傳統上，藥品批發商必須向製造商訂購藥品、將藥品入庫，再將藥品送到藥房或醫院那樣的顧客手中。爲了進一步綁住這些顧客，麥克森已經開發出自己專屬的自動化分送與報告系統，提供顧客複雜的報告服務，同時也提供顧問諮詢服務。

藉著結合以網際網路及以企業內網路爲主的新構想，改進保健傳遞系統每個點的績效，而將流程網路化的方式，讓麥克森持續將所有關鍵性流程轉型。這家公司把焦點放在提供具有加價值的後勤服務、物料管理、第三者退款支援、時程安排、臨床資料取得／分析、帳務／成本歸屬以及決策支援上頭。這種專長能力的廣度，加上保健產業中最大的顧客基礎，使麥克森具有獨特的地位，協助其顧客降低成本與改進品質。

麥克森的系統與程式，支援保健流程每個層面的合理化，這些專長能力主要是透過網路來達成。網路集結來自保健產業各種電子商業店面的資訊——包括製造商、醫院、藥房及有管理的看護服務單位。其擴及的範圍，延伸到保健所有層面，整個資訊科技及供應管理結構，並且使麥克森能在藥品與外科用藥供應管理、針對供應商的保健資訊系統、針對付款人的資訊服務，以及保健資訊外包這幾方面，建立起市場領導地位。

網化就緒策略

■性質：建立在企業對企業模式上的保健價值鏈服務

■公司名稱：麥克森公司（www.mckesson.com）

■提供服務：運用網路化的流程，結合顧客、經銷商及合作夥件，以便將關鍵性流程轉型

■網化就緒策略：藉由網際網路技術及企業內網路技術，將之網路化。分解關鍵性的採購與配銷流程，目標是將公司的影響擴及消費者

擔任另一種角色

如同我們在第四章討論的，電子商業技術正啓動五種新興的經營模式：

1. 電子商業店面
2. 資訊中介者
3. 信任中介者
4. 電子商業建構者

5.基礎設施提供者

電子經濟重視經營模式的轉移。組織在擔任新角色時就會創造價值。電子經濟中成功的公司，通常會從某種經營模式，轉移到另一種經營模式，並且能夠管理好這種轉移。當這些經營模式，與清楚的價值主張及貫徹執行力整合在一起時，爲了對這些模式的影響力有最好的體驗，我們在此花一些篇幅檢視電子貸款公司（E-loan）（www.eloan.com）。這家年輕的企業，是如何能夠眞正擔任多種角色的好例子。

E-loan

E-loan 這家領先的線上抵押貸款公司，提供了一個清楚的範例，說明如何藉採用多種電子商業模式創造價值。E-loan 於一九九七年六月，開始其線上抵押貸款業務。在以下的摘要說明中，E-loan 扮演了多少個電子商業角色，你能夠辨認出來嗎？

E-loan 提供消費者，從七十多家出借者五萬餘種產品中搜尋的能力，其交易成本遠低於實體的資金提供替代方案。借款人能夠分析比較各種產品，以找出適用他們要求標準的最佳貸款。藉由資金來源的彙整，借款人能從全國認可的出借人中比較、申請及獲得抵押貸款。與透過最傳統的抵押貸款經紀人，及單一來源出借人所獲得的抵押貸款比較起來，E-loan 的效率提供出借人節省超過五〇%的斡旋金（Origination Cost）。在貸款完成之後，E-loan 可依照顧客要求，繼續寄送新產品相關的客製化資訊，以協助消費者將抵押性貸款，轉變成有效的財務資產。E-loan 已經在許多領先的網站上，建立抵押貸款的聯合品牌貸款中心。

在描述這家公司之前，讓我們列出 E-loan 從一開始便已經採取的多種電子商業策略：

- 重新構思產品或服務
- 重新定義價值主張
- 將產品往食物鏈上層移動
- 將功能與形式分開
- 將關鍵性流程轉型
- 擁抱電子商業店面
- 擔任資訊中介者的角色
- 變成電子商業建構者
- 渴望成爲同好社群狀態
- 壓縮價值傳遞系統
- 重新定義競爭基礎
- 變成通路專家
- 重劃產業疆界

E-loan 藉著作爲資訊中介者，以及彙整能夠在線上輕易觀看與比較，超過五萬種貸款產品的相關資訊，傳遞消費者價值。E-loan 也是個商業服務供應者，提供貸款處理、貸款追蹤與貸款分析服務。

大體而言，它成功地將一個不方便、緩慢、容易發生錯誤，且消費者受到輕忽對待的流程，轉變成授權消費者擔任系統所有人身分的資訊化整合流程。

E-loan提供申請首次及二度抵押貸款的顧客，能夠快速有效地搜尋擁有超過三萬五千種貸款產品的資料庫。網站每日更新利率，因此顧客能夠連到線上搜尋利率、比較貸款產品、規畫付款時程，以及在線上申請與選定想要的貸款。不像其他線上或非線上的競爭者，E-loan顯示客製的產品報價與比較，並依照借款人對於有關借款目的、風險概況、持有期間，及其他財務標準的資格問題的回答，建議借款人當天可獲得的最佳產品。E-loan也提供貸款產品的績效預測，使顧客能夠規畫將來。

作爲「多出借人」(multilender)的服務公司，便是當消費者申請利率最佳的抵押貸款時，E-loan試圖提供消者費者一次滿足的經驗。E-loan的服務核心，是個稱爲E-Track的程式，它允許使用者遵循一種貸款的紙上作業流程，並比較每天的最低利率。消費者也能夠獲得，符合特定財務需要的貸款相關資訊。電子貸款網站包含取得家庭財務支援所需的所有工具。

美國人目前虧欠超過四兆美元的未償還抵押貸款負債，其中一九九八年住宅貸款斡旋金的總額爲七千五百億美元。網際網路正在改變抵押貸款買賣的方式，且線上抵押貸款出借每年成長率達二〇〇%。依據德國銀行分析師馬克斯(James Marks)估計，一九九八年年底之前，線上網站每個月產生超過八億美元的抵押貸款金額，相當是年初線上抵押貸款斡旋金的十倍。運用線上股票交易的快速成功爲指引，馬克斯將這個剛開始的線上抵押貸款產業，看成是具有陡峭成長線的領域。他又預測，五年之內，線上抵押貸款市場可能會膨脹到大約占整個市場的二五%，也就是二千五百億美元。

反中介化時機成熟

傳統斡旋撮和住家抵押貸款的經營模式，已經成熟到可以反中介化（disintermediation）的地步。住家財務支援的流程可分成五個階段：斡旋撮和及選定銀行、保證人、服務和資本市場。這些中間階段的每個階段通常都牽涉不同的公司或組織，並且每個單位都抽取貸款價值的百分比當做服務費（圖6－2）。

E-lona 以現有抵押貸款經紀人（mortgage broker）替代方案的角色，提供貸款斡旋撮和服務切入市場。該公司的電子經濟經營模式，具有比傳統斡旋撮和公司還低的經常性費用，且在斡旋撮和貸款時，只向消費者索取千分之五的費用。這項差異可讓消費者的每筆貸款，比由傳統經紀人斡旋撮和，平均節省一千五百美元，且對 E-loan 而言，也代表一項顯著的競爭優勢。

儘管成本節省是個關鍵，但若沒有高水準的顧客服務，光成本節省還是不夠的。E-loan 也藉著使貸款流程更加簡易、有連貫性、及可以容易預知結果的方式，將價值傳送給其顧客。取得或二度籌措住家貸款的冗長艱辛過程，使很多消費者感到不快挫折。E-loan 藉由允許消費者在線上取得抵押貸款，及容易地比較不同類型貸款的抵押貸款利率，使部分的流程更加簡易。

傳統貸款流程的之所以令人挫折，部分原因是，若不與貸款代理人（loan agent）直接交談，就無法確定貸款的進度。即使在行動電話與語音郵件的時代，這項接觸仍可能極爲困難。除了提供可在上班時間連繫上的貸款代理人之外，E-loan 還允許顧客全年無休地透過網際網路，取得與貸款有關的更新資料。E-loan 的貸款代理人會在每個貸款流程的段落更新網頁，讓使用者能透過 E-loan 網頁

階段	描述	典型 服務費	E-loan 服務費
斡旋撮和	傳統貸款經紀人角色；連繫個別消費者與出借銀行	1.25%	0.5%
選定銀行	資金出借人	0.75%	0.75%
保證	貸款核保；以Freddie Mac及Fannie Mae最爲有名	1.125%	不適用
服務	提供貸款有關的服務，並當做與資本市場之間的介面	1.25%	不適用

圖6-2 傳統貸款斡旋撮和模式的沒效率，使這項流程反中介化，而讓網化就緒的企業插足的時機成熟。

的安全保護區查看貸款狀態。

E-loan的核心經營模式，是要成爲一個資訊中介者，以壓縮獲得新抵押貸款，或是爲現有抵押貸款重新籌措資金的價值傳送週期。消費者可到E-loan的網頁，輸入參數，然後開始比較貸款產品。大部分情形下，貸款利率是每天更新，消費者甚至能夠註記他們的貸款參數，以便研究貸款利率如何隨時間而變動。這些功能大大減少消費者研究及比較貸款價格所花費的時間。

在得到貸款報價之前，典型的傳統貸款經紀人，都會要求消費者填寫一大堆文書資料，以過濾不夠堅定的消費者。這樣做保護了貸款經紀人，卻在消費者身上加諸過重的負擔。網化就緒的貸款經紀人，看出這些文書作業是傳統流程的主要弱點，從而加以利用。E-loan的經營模式，鼓勵即使是漫不經心的消費者，也可以經常瀏覽及研究貸款利率。有何不可？反正幾乎不涉及額外的成本。一旦消費者找到符合要求的貸款，他們就能夠在線上完成貸款申請表格。這些貸款表格會由 E-loan 的貸款經紀人檢核，然後寄給消費者。消費者接著在已完成的表格上簽名，並且從此開始遵循傳統的抵押貸款途徑。

每個消費者都會被指定給一位個人貸款經紀人，以便在整個貸款流程中提供協助。這位貸款經紀人上班時間都找得到，這與傳統抵押貸款經紀人所提供的顧客服務水準相同。此外 E-loan 持續貸款追蹤的服務，應該能使該公司，提供比傳統抵押貸款經紀人更高水準的顧客服務。

絕大多數 E-loan 的員工都是貸款經紀人，這是該公司員工人數成長最快的部分。運用 E-loan 目前的後端貸款處理系統，每位貸款經紀人每天大約能夠處理六筆貸款。該公司正將後端貸款處理系統升級，以容許其經紀人即使每天處理十五筆貸款，也不會犧牲顧客服務水準。

E-loan 經營模式的銀行業務部分，涉及兩種不同的銀行關係。第一種關係是與該公司自己的銀行業務部門有關，這個部分的業務，扮演傳統銀行的角色，並與公司合作組合中的其他銀行競爭。表面上看起來，它成立自己銀行的決定，是要與現有的合作夥伴銀行疏遠。這在實務上是可被接受的。因爲大部分的大型抵押貸款經紀商，內部都有自己的銀行，同時仍與許多外部銀行合作。藉由不偏祖自己內部的銀行，E-loan 得以避免與合作銀行之間的衝突。事實上，E-loan 向其顧客保證，它對於出借人都保持公正立場。採用推薦式抵押貸款模式的 E-loan 競爭者，就不可能提出同樣的宣稱。

所有 E-loan 的合作銀行，每天都會提供該公司一份電子抵押貸款利率表。這些利率表會被載入 E-loan 的資料庫，並張貼在網站上。然後使用者便能夠直接透過網站，取得及比較資料庫內的所有貸款產品。

E-loan 已建立許多線上關係，藉以促銷它的網站並增加其流量，其中最值得注意的是與雅虎的關係。消費者能夠利用雅虎網站，在雅虎的財務網頁中輸入基本的貸款參數，參考比較貸款利率。雅虎網站的這個部分，是採E-loan的引擎。儘管雅虎網站與E-loan的網站並沒有直接連結，雅虎網頁中有一小行說明會提到，這項貸款利率搜尋，是由E-loan所提供。E-loan也與線上股票經紀公司建立關係，提供直接連到E-loan網站的連結。

E-loan的線上經營模式提供許多好處，包括更好的客戶服務，及更容易找到住家貸款。除了提供顧客好處之外，E-loan本身也獲益良多。貸款斡旋撮和的過程中，E-loan所涉及的人員介入較少，每筆貸款所涉及的管理費用也較低。即便每筆貸款比傳統抵押貸款經紀人大約少索取一千五百美元，E-loan依舊能夠維持六五~七五%的獲利率。相較之下，傳統經紀人通常只能維持三○%的獲利率。這個差異轉換成每筆E-loan所承辦的貸款，大約有一千二百到一千四百美元的利潤。E-loan內部銀行部門所提供的貸款，每筆還可以產生額外的二千四百美元的利潤。

壓縮「眞實時刻」

「眞實時刻」是指消費者與公司代表的實際交談或接觸。無論是親自、透過電話或是透過書信交談，消費者都會依照每次與公司代表接觸時，該員的職業精神與能力，判斷服務的好壞。無可避免的，最無說服力及最草率的接觸，定義了這層關係。此外，爲了完成交易，消費者一般偏好愈少的接觸愈好。無論如何對組織而言，接觸都是昂貴的，因此組織有必要常態性地降低接觸次數，並將草率的可能性降至最低。

藉著從貸款辦理期間擠壓出無效率，並提供消費者直接取得他們需要的資訊，E-loan已經將許多先前需要人員互動的作業加以自動化。如此一來，它不僅擠壓出成本，同時也加快流程使顧客滿意。最重要的是，藉由鼓勵消費者採取自助式的方法，獲得大部分需要的資訊。E-loan 將資源釋出，以用於最有意義及最具附加價值的步驟。藉著在這些場合減少眞實時刻的次數，並強調顧客服務，E-loan 已經成功地壓縮價值傳遞系統的一個關鍵部分。

E-loan 正藉由改變消費者申辦貸款的方式（見圖6-3），徹底改革抵押貸款產業。其目標是藉由提供給消費者及時而正確的抵押貸款利率資訊，簡化及縮短冗長又經常是無效率的借貸過程。消費者與經紀人之間未塡滿的隔閡，由 E-loan 以電子時代的辦法，架起了這個橋樑。它的電子商業新構想，已協助傳統抵押貸款工業轉型，並創造出龐大的價值，提供願意利用網際網路的抵押貸款承借人。

抵押貸款價值鏈

E-loan 建置了一個快速又具成本效益的抵押貸款借貸流程。消費者只要登入 E-loan 的網站，便能夠塡寫申請表格、取得貸款資格，以及從衆多出借人中挑選符合要求者。透過數百個出借人的直接反饋，及每天數次的更新資訊，抵押貸款利率資訊既即時又互動。更重要的是，透過 E-loan 的規模與效率所達成的成本效益，會直接傳遞給消費者。由於較低的佣金，以及提供依照批發利率而非零售利率計算的貸款產品，E-loan 的配套方案極具價格競爭力。對於願意在挑選自己的抵押貸款時，擔任較主動角色的消費者，這些特色使 E-loan 成爲一個理想的選擇。讓我們想想部分電子貸款的新構想，它們是如何能對價值傳遞系統各種要件的壓縮有所貢獻，而在增加電子貸款的競爭優勢方面

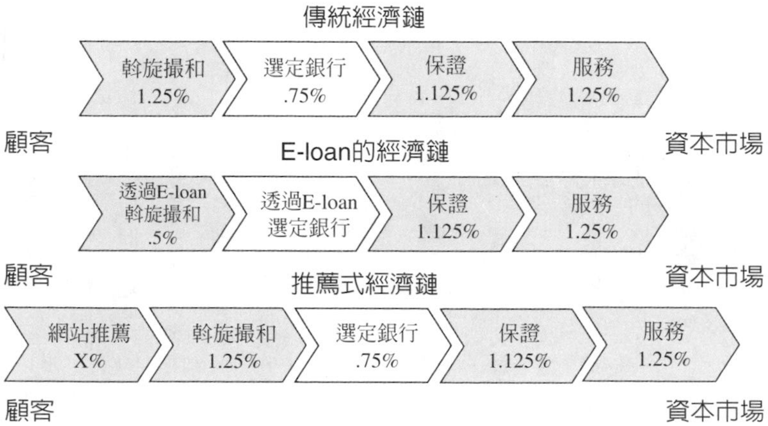

圖6-3　在三種抵押貸款價值鏈中，E-loan 的經紀鏈最有效率，也最不易受到反中介化傷害。

又能持續多久。

互動、即時的「多出借人」報價　由多位出借人提供消費者互動、即時利率報價的能力，是線上出借人／經紀人及傳統出借人／經紀人之間的主要差異。抵押貸款利率每天浮動，並且經常是出人意表的變動。由於消費者的借款能力與利率息息相關，消費者需要密切注意，比傳統出借人／經紀人所能提供的利率資訊還要更詳細的資訊。這個新構想相當容易建置，但是潛在的收益卻很高，對E-loan的事業而言，它也極具創新性與關鍵性。由於阻止競爭者提供這項服務的技術障礙極低，它有可能會變成線上抵押貸款借貸產業的一項商品。

E-track　E-track能讓E-loan的顧客，隨時安全地取得與貸款申請狀態有關的資訊。顧客能夠回顧他們已經挑選的貸款產品、獲得準確的成交成本細節、或立即檢查鎖定的利率，而不必直接與貸款公司高級職員接觸。一旦貸款申請被遞交

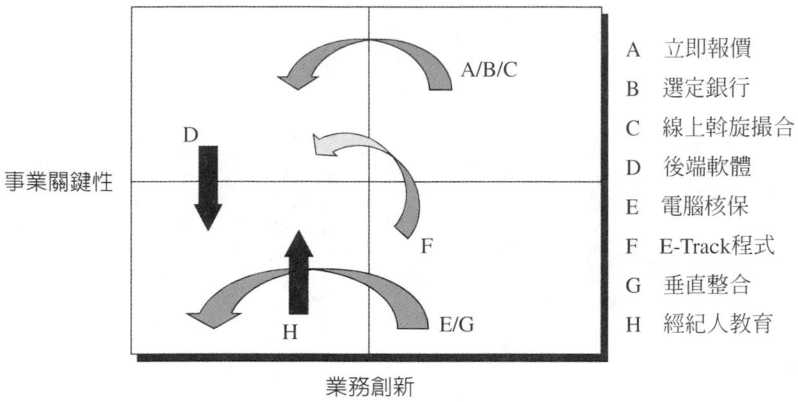

圖6-4 E-loan的電子商業新構想 E-loan網化就緒的新構想對應到關鍵性與創新這兩個向度。

出去而在等待核准時，E-track是個讓顧客與貸款申請狀態保持同步的功能強大工具。由於要複製這項技術相當容易，因此E-track的好處雖極具創意，卻不是個能持久的差異化因素。它提供顧客在其優先序清單上排序極高的諸多好處，但對E-loan而言，卻不是全然不可或缺的。

所有貸款的斡旋撮合 E-loan斡旋撮合所有收到的貸款申請，並從中獲得利潤。許多E-loan的競爭者具有不同的經營模式，其利潤來自彙整線上貸款申請，然後將這些申請推薦給出借合作夥伴。由於在價值鏈中產生額外不必要的步驟，消費者從推薦模式中只看到極少的好處。推薦式的線上抵押貸款公司所提供的貸款產品，也比E-loan所提供的少，因此選擇比較申貸的機會也受到限制。我們相信，這項新構想提供高度的初期關鍵性，卻也相當容易建置。日子一久，競爭者也可能跟著做，而且對於其創新的認知也會慢慢減低。

銀行業務部門的加入　E-loan 成立自己的銀行業務部門，以提高利潤及簡化貸款流程。E-loan 的銀行，提供有特殊需求的個人，有競爭性又更彈性的貸款配套方案。例如，對於在購屋時仍想保有股票選擇權或其他財務資產（有可能在最近的將來實現極大利得的資產）的人，E-loan 正考慮替他們訂製貸款配套方案。相較於線上貸款比較與搓合，這項新構想需要有一種大部分線上抵押貸款經紀人都缺乏的核心能力，也因此更難以建置。然而，純粹從規模的角度來看，提供銀行業務仍然被認爲是，相當容易建置且具有極大潛在利益的方案。對於極力簡化業務以提升獲利的線上經紀商而言，這是一項創新的舉動。因爲銀行業務的利潤高於抵押貸款斡旋撮合的利潤，因此具有高度策略關鍵性。如果情形眞是這樣，那麼問題就變成，E-loan 是不是選錯了行業？

核心能力

E-loan 聰明地抗拒，將線上抵押貸款當成是一種商品的想法，並且避免只是在價格上競爭。它的策略是在顧客服務品質上構成差異。公司在員工津貼方面，提供所有員工股票選擇權，鼓勵全員利益與共的感覺。即使在矽谷，工程師與程式設計師享有股票選擇權極爲普遍，這項利益對於抵押貸款產業的貸款經紀人，卻是頗不尋常。更具關鍵性的是，E-loan 拒絕網路上非常普遍的廣告模式。不像其他競爭者，如 HomeShark 公司 (www.homeshark.com) 或是 LendingTree 公司 (www.lendingtree.com)，E-loan 並沒有立即性的計畫，要成爲內容提供者，提供購屋者感興趣的主題，例如鄰近地區資訊，或是待售房屋清單等主題。E-loan 的網站具有相當簡明的設計，並且將持續以交易網站的形式吸引上網流量。E-loan 將會試著擴充貸款產品的提供，包括像以股票作爲抵押貸款擔保品那樣的創新貸款產品，或是像 E-track 那樣的服務，以維持競爭優勢。

E-loan 的成功已經吸引新加入者，以及來自傳統出借人的競爭。身爲線上抵押貸款市場的行動先驅者之一，E-loan 已經在這個新興市場取得主宰地位。但當模仿者與競爭者出現時（圖 6-5），它也見到其領先幅度已變小。基於兩個主要的理由，競爭將會愈形激烈。首先，對於已經投入時間建構可調整規模的經營模式，並準備接管龐大市場占有率的諸多以網際網路爲主的公司而言，產能比較不是問題。其次，差異化在網路上天生就是困難的，並且許多新加入者可能會選擇採取價格競爭，因此侵蝕掉整個產業的獲利率。這類的競爭將會以三種型式出現：能夠斡旋撮合貸款的眞正線上出借人、推薦模式的電子商業店面，以及到網路上爭奪市場占有率的傳統出借人。

爲了維持領先地位，E-loan 已經將利率監督及應用程式追蹤（E-track）的能力，加到網站之中。該公司也持續強調客戶服務，以防止市場遵循線上股票交易市場所採取的路徑，使抵押貸款也變成一項商品。E-loan 仍然相信，透過有效率的借款流程，使較低利率成爲可能，乃是它的關鍵性差異，但是很多競爭者從一開始就轉而強調內容，期望彙整的資訊可以吸引並留住到網站的流量。對線上抵押貸款公司而言，流量無可辯駁地是獲利引擎背後的驅動力。線上出借人能夠吸引愈多的流量來到網站，就愈可能收到更多的申請函，也愈可能產生更多的收入。增加的流量也可能開啓廣告這個新收入來源的可能性，進而可能將公司的獲利數字提高。

正考慮跳上網際網路列車的傳統出借人，必須作幾項重要的決策，以決定是否應該推出獨立的網站，或是加入一個抵押貸款申請彙整網站，或是兩種辦法均採用。由於提供比較購物的市場，會比提供有限選擇的網站吸引更多流量，若出借人能與 E-loan 那樣值得信賴的線上抵押貸款折扣經紀

網站	網站成立日期	每月成交貸款數	較傳統通路平均節省金額	平均每筆貸款金額	每月個別訪客人數
www.loanshop.com	1994年6月	300筆	1,500美元	17萬美元	25萬人
www.eloan.com	1997年6月	285筆	2,000美元	19萬美元	27萬人
www.qucken.com	1997年11月	不適用	不適用	18萬美元	50萬人

圖6-5 E-loan及其主要競爭者

商建立合夥關係，他們將可獲得最多的好處。這對於小型出借人尤其是如此。儘管合夥關係不可能成為獨家關係——意思是E-loan可以提供不只一家出借人的產品，當整體申請數量增加時，銀行也可能受惠。由於擔心現有的零售事業，可能會受到線上折扣經紀人的蠶食鯨吞，其他出借人在成立電子商業新事業之前，將會特別小心。對這些出借人而言，通路衝突的問題的確存在，但藉由在申請被核准前，不透露出借人身分的方式，便可將這項衝突降至最低。

我們也達成其他幾項結論。首先，能夠將借貸流程合理化，並將節省的金額轉嫁給消費者的線上出借人，將可能會在日益競爭的環境中獲得成功。若不提供有競爭力的抵押貸款產品，無法斡旋撮合貸款的推薦模式電子商業店面，有可能不再受到歡迎。

其次，內容是吸引線上流量的關鍵，所以線上出借人應該自行產生內容，否則就應該彙整內容，以吸引並保留住流量。這項觀察可透過Quicken貸款網站所吸引到的個別訪客數量，而得到印證。這個網站有包羅萬象的購屋相關資訊，從房屋清單、鄰近地區資訊到房地產消息都有。由於專屬的內容代價高昂，從第三者獲得授權資料，不失爲一種快速建立網站內容的吸引人方式。

第三，有多位出借人加盟又具商品比較能力的線上經紀商，將可能主導競爭局面。爲了維持競爭能力，提供有限產品的單一出借人網站，將會被迫與信譽卓著的線上經紀商建立合夥關係。

E-loan 所面臨的風險

從定義上來看，網化就緒組織幾乎是暴露在衆多風險之下。營運狀況快速變動、競爭優勢短暫的本質，以及競爭者可以低成本切入市場等，都會造成有正當理由成爲偏執狂的感覺。E-loan 也不例外。時間將會告訴我們，是否 E-loan 的領導風格及管理架構模式，能達成帶領該公司通過下列極具挑戰的任務：

經濟衰退　現有的線上出借人極易受到不可預期之經濟衰退的傷害。大部分線上出借人都極度仰賴二度抵押貸款（編注：應爲以較低利率貸款償還原較高利率之貸款）。二度抵押貸款對抵押貸款利率尤其敏感，持續的高利率，將會大大減少屋主二度抵押貸款，也可能讓線上出借人的收入急遽下降。造成同樣傷害的是不可預期的經濟衰退，經濟衰退可能會使消費者信心水準下降，減緩房屋市場的交易活動。

競爭　激烈競爭迫使線上經紀商與出借人創新簡化他們的事業，經濟規模變成了成功的關鍵性因素。由於在網路上要造成差異化相當困難，很多電子商業店面便可能訴諸價格競爭，而不是以服務競爭。結果使得整個產業獲利率下降，而最有機會平安度過這種艱困期的公司，是具最低成本結構及效率最高的公司。能夠主導經濟規模的網路店面，可能具有愈強的主導力，居弱勢的電子商業店面則會被市場淘汰。爲了預防這樣的情景產生，E-loan 必須激進地增加市場占有率，使它在合併開始之前，成爲一股令人畏懼的力量。預期市場還會持續有新加入者，但是 E-loan 必須將商業流程合理化，以便更有效率及效益地面對競爭。尤其是應該將後端軟體自動化及電腦核保，排在 E-loan 經營改善議程的較高順位。

打造內容及策略聯盟，也應該排在議程的較高順位。E-loan 應該大力投資於打造內容，以吸引及保留住流量。除了低交易成本以外，E-loan 網站目前以交易爲導向的設計，使消費者與該公司的關聯性不大。E-loan 應該避免被認定成爲純粹的價格競爭者。

四分五裂的市場　線上抵押貸款市場的四分五裂，使 E-loan 產生消失在人群中的威脅。E-loan 在四分五裂的市場中成功的關鍵，是要在數千個線上抵押貸款網站的紛亂中突顯自己，並且差異化所提供的產品與服務。從單一網站上比較不同銀行、不同類型貸款的報價相當容易，但從不同網站比較貸款則極爲困難。價格比較的挑戰，會因快速變動的利率而變得更複雜化。今天提供最低利率的網站，明天可能無法提供最低利率。

E-loan 的網化就緒策略

做爲線上抵押貸款空間中的網化就緒領導者，E-loan 處於一個極佳的位置，可以利用數量愈來愈多在網際網路上推出的貸款。然而，該公司不能滿足於既有的成就。它必須開始進行，與更進一步壓縮抵押貸款價值傳遞週期的策略目標相符的實驗。這些新構想包括，透過引人矚目的內容驅使流量流到它的網站，以及與高流量的網站建立合夥關係。其他新構想應該包括：

■與房地產仲介商形成連網
■後端軟體效率改進
■垂直整合
■線上品牌建立的合夥關係

網化就緒策略

■性質：線上抵押貸款斡旋撮合及資金重新籌措
■公司名稱：E-loan（www.eloan.com）
■提供服務：降低消費者申請貸款的複雜程度
■網化就緒策略：多重策略

壓縮價值傳遞系統

由於具有將買主與賣主集合在一起的能力，全球資訊網是個壓縮價值傳遞系統的完美工具，例如採購、全球購料、服務台及電子商務等方面。這項策略特別與企業對企業模式有關。讓我們檢視來自福特汽車公司的電子商業新構想。

福特供應商網路

福特汽車公司（Ford Motor Company）已經採用一個企業外網路商業入口網站，壓縮其價值傳遞系統，使數千家合作夥伴公司，更容易以自動化的方式與這家營業額一千四百五十億美元的汽車製造商互動。使用福特供應商網路（Ford Supplier Network, FSN），供應商便能夠取得其營業活動的客製化觀點，以追蹤出價、工程方面的變動、工作場地的狀態及組裝不良率。FSN藉由與供應商、經銷商及消費者共享有關商業流程的資料，而成為福特公司不斷努力減少週期時間及存貨需求，這項努力的一部分。其目標是要建造一個，由大約百萬家經常與福特公司往來的合作夥伴所構成的線上社群。

FSN的目的是做為一個資料焦點，這些資料存放在福特許多主從架構及大型主機的應用程式中，負責管理從產品設計、品質控制到銷售與售後服務等活動。在福特沒有全球資訊網基礎設施以前，譬如某個供應商想檢查出價狀態，他必須先知道是哪一個應用程式管理這個出價流程，再往下探尋數層之後，才能找到正確的專案及零件號碼。今天，來自全世界的合作夥伴，能夠產生類似雅虎及網景 Netcenter 所提供的「我的FSN」個人化網頁，藉此從原始應用程式中擷取相同的資料，然後呈現在訂製的首頁上，旁邊還會顯示由不同應用程式所管理的處理中專案。這是福特公司一個更具有一致性與客製化觀點的資料貯藏中心。

FSN於一九九九年六月開始運作，其中有一千五百家公司、超過一萬四千個個人帳戶，其中有四百家公司銷售非生產原物料給福特。其最終目標是，建立一個代表超過一萬六千家公司、逾百萬個帳戶的社群。達成該目標的最大動力便是減少庫存。若福特要將自己轉型成依接單而生產的事業體，減少庫存是個關鍵性的要求。這個目標需要企業外網路，將供應商的後端與福特的後端整合在一起，以便使供應鏈中資料的流動自動化。

網化就緒策略

■性質：全球購料新構想，使福特全世界的事業單位，能夠更容易且更有效率地與福特公司合作

■公司名稱：福特汽車公司（www.fsn.ford.com）

■提供服務：降低資訊的無效率，在公司與其最主要的供應商之間，永久的線上資訊與交易連線

■網化就緒策略：壓縮價值傳遞週期

推翻價格／效能比

「買低賣高」依舊是所有經濟活動的根本原則。但是 Buy.com 公司（www.buy.com）正好粉碎這項定論，並藉此改變零售業的價格／效能比（price/performance ratio）。Buy.com 決定以成本價或甚至必要時低於成本價，提供每種可能的產品最低的零售價格，衝刺競爭，但透過銷售廣告，與伴隨所有網站流量的合夥關係獲得利潤。如此一來，確認交易的相關資訊，通常反倒比交易本身更具有價值，Buy.com 因而推翻了價格／效能比。在網化就緒世界，Buy.com 從數位相機銷售所產生的資訊，可能比產品成本與售價間的差額還更有利可圖。

該公司堅定承諾，要成爲電子零售業的價格領導廠商——即便這意味每筆銷售都將虧錢。我們已經見到有公司提供幾項「招徠性商品」，以期吸引流量到店面來，但是 Buy.com 所做的根本不那回事，它所銷售的每樣產品都是「招徠性商品」。Buy.com 已開發出軟體代理程式，搜索整個網路、探詢競爭者網站及彙整價格，以保證 Buy.com 提供無可爭辯的最低價錢。該公司的「全球最低價」這行標語，可能是歷史上最精確的品牌定位宣言。

網化就緒世界中，Buy.com 掀起了似是而非的爭議。該公司打賭，最低價這個招牌，將會使其網站成爲任何購物者邏輯上的目的地，只要這些購物者跑到哪裏，廣告費就會跟著跑到哪裏。因此，即便 Buy.com 在每筆電子經濟交易上都會損失幾美分，透過銷售廣告，就會得到比彌補損失還更多的金額。我們已經注意到，當網路消除資訊無效率，並將價格合理化之後，單單以價格競爭已不可能持久。現在 Buy.com 挺身挑戰這個結論。有可能完全以價格建立品牌嗎？單單宣稱低價的價值規律，足以保證 Buy.com 的成功嗎？消費者能夠忍受 Buy.com 經營模式中，原本就有的廣告服務與隱私權問題嗎？Buy.com 履行其顧客服務與交貨承諾時，能夠像履行其定價策略那樣嗎？這些都是決定該公司成功與否的待決議題。同時，讓我們進一步審視 Buy.com 的經營模式，以及有什麼它能夠教導網化就緒公司的。

該公司以 Buycomp.com 的名稱成立於一九九六年十月，最先的重點是以亞馬遜書店的資訊中介者模式，以折扣價銷售電腦產品。在這個我們非常熟悉的模式中，Buy.com 並不擁有存貨，而是由其批發商直接將產品送交到顧客手裏。一九九八年重新命名爲 Buy.com 之後，藉著取得超過三千個網域名稱，所有網域名稱都結合「buy」這個共同的主題在其中，該公司開始一項具侵略性的入口與品牌策略。

Buy.com 的經營模式，替廣告主均衡地結合電子經濟的各個部分，以及匯集的眼珠閱讀數。該公司的入口策略匯集整合了數百萬名顧客的注意力。它利用這群觀衆來銷售廣告空間，以彌補低利潤甚或是零利潤。產品訂單表格上的廣告空間，眞的如同所訂購的該項產品那樣有價值嗎？要得到這個問題的肯定答案目前還太早。

由於 Buy.com 所有具事業關鍵性的流程均由公司內部開發，而不是將它們外包，因此該公司的管理架構模式令人印象深刻。它也倚賴許多專屬的軟體系統，而不是使用現成的組件，例如，Buy.com 開發自己的軟體，不斷在網路上搜索產品價格。它也提供自己的廣告服務。該公司認定，它所建立的創新性軟體基礎設施，即代表要獲得成功的最佳機會。競爭者要降低價格並不需要花腦筋，但是擁有競爭者得不到的專屬基礎設施，就可能具有眞正的競爭優勢。

我們並不是唯一對這個模式感到懷疑的人，然而卻仍被它深深吸引。可以預料的是，相信「銷售商品須有利潤」這個觀念的競爭者，會批評 Buy.com。許多公司，以及對 Buy.com 不滿意的顧客都辯稱，零售不僅僅只是定價而已，且 Buy.com 在其他重要特性上，只達到次級標準而已，尤其是在顧客服務、操作容易及整體顧客經驗等特性。

Buy.com 價值鏈的成員，他們的看法又是如何？製造商及經銷商是否對這個模式感到畏怯？看來並非如此。製造商喜歡這個模式，因爲當他們的貨品被用來當成「虧錢領導者」時，就可增加那些產品的市場占有率。同樣地，無論虛擬轉售商是否虧錢，批發商與經銷商仍然都保留住他們的標準利差。對經銷商而言，最大的負面因素是，Buy.com 與其他虛擬轉售商有可能完全跳過經銷商，並且讓製造商直接將產品運送到消費者手中。這個結果首先會要求製造商建立一種基礎設施，來免除經銷商的中介，顯然製造商不可能會這樣做。

Buy.com 已經將目標瞄準亞馬遜書店，以及許多提供書籍、軟體、錄影帶及電腦的網站。競爭者應該如何回應 Buy.com 的威脅？它們應該配合 Buy.com 的價格，或甚至試圖訂定更低的價格？它們應該向 Buy.com 的價格戰讓步，並且將重心放在建立最佳的顧客服務經驗？還是它們應該認輸，並停止兜售商品？或者它們應該複製 Buy.com 打破規則的模式，轉向一種由廣告所驅動的環境，此環境下訂單表格上廣告空間的價值，足以抵得過以成本交付訂單項目的價值。這些問題的答案，在幾個月之後便可分曉。

網化就緒策略

■性質：以成本價或甚至低於成本價零售

■公司名稱：Buy.com（www.buy.com）

■提供服務：藉由以折扣價提供產品的方式，成爲某個類別的殺手，建立低價領導者的品牌形象，以吸引廣告主上門。

■網化就緒策略：推翻價格／效能比

7

產業轉型

最好的策略是去開創一個新的產業

重新定義競爭基礎

是跨越事業疆界的四種產品策略中最強而有力者

無疑的，戴爾電腦是這項策略的金字招牌

亞馬遜書店則是「類別殺手的商店」電子經濟版本

但這項策略的投資極其可觀

通常需要一個鐵胃才能吞得下所面臨的風險

產業，是創造電子經濟價值的第三個關鍵方向。有時候，最佳的策略是重新定義你所處的產業；或者更好的策略，是去開始一個新的產業。

本章檢視跨越產品，甚至是跨越整個事業疆界，的四種產品策略（圖7-1）。本章所描述的策略（重新定義競爭基礎、成爲通路開拓者、重新界定產業界線，及打破牢不可破的成規），試圖重新定義企業所處的產業。這項任務並沒有最初看起來那樣困難，尤其是在電子經濟下，產業會快速對「空間入侵者」（space invader）做出回應。「空間入侵者」是指，藉由介紹新產品、服務或技術，重新定義競爭的從業者。一旦他們提出具有說服力的新基礎架構，連競爭者都發現遵照這種新架構可以產生新的價值時，他們便能夠改變整個產業。最後一點，每當空間入侵者打破某項主導產業牢不可破的成規時，他們就會有效地使這個產業轉型。藉著瞭解像嘉信理財、亞馬遜書店、LoopNet 及 DoubleClick 那樣的企業，用於促使它們所處的產業轉型的策略，你就會處於一個較佳的位置，評估是否也有類似的機會存在你所處的產業。

你將會一再看到相同名字，這證明了一項事實，亦即最成功的電子經濟店面，普遍存在電子經濟的諸多領域。各個層面的積極參與，決定了最終的持久競爭優勢——有些策略能夠產生成果，其他策略則失敗。

產品與市場轉型	商業流程轉型	產業轉型
重新構思產品／服務	分解流程並外包	重新定義競爭基礎
重新定義價值主張	擔任另一種角色 —電子商業店面 —資訊中介者 —信任中介者 —電子商業建構者 —基礎設施提供者	成爲通路開拓者
將產品移到食物鏈上方	壓縮價值傳遞系統	重新界定產業界線
將功能與形式分開	推翻價格／效能比	打破牢不可破的成規

圖7-1　焦點在產業轉型的電子商業價值轉型矩陣　當組織有勇氣質疑產業的根本基礎時——包括打破賴以維持繁榮且牢不可破的成規時，電子經濟機會就會顯露出來。

重新定義競爭基礎

電子經濟中有關領導風格最著名的例子，發生於重新定義競爭基礎的策略範疇。依照自己的專長能力改寫規則，並且讓競爭者扮演追趕的角色，沒有比這個策略更強有力了。儘管從好的一面來看，這項策略可能會獲得驚人的成功，但是實現此策略所需要的投資將極爲可觀，並且得吞下所面臨的風險，這通常需要一個鐵胃方得以承受。

毫無疑問地，戴爾電腦是這項策略的招牌組織。我們已經在第三章討論過戴爾模式，它在其他地方也有許多優秀的案例記載，所以我們不建議改寫著名的故事。讓我們只說明戴爾已經能夠利用掌握先機的優勢，成就它成爲線上個人電腦經銷的領導網路店面，且依目前的成長速度，未來有可能成爲產業中排名首位的網路店面，並在銷售金額上，同時超過康柏電腦（Compag）與IBM。

但即使在最具策略性的領域中，掌握先機的優勢仍不足以保證長期的成功。藉著運用網際空間的特性，永久地重新定義競爭基礎，E*Trade公司首先開創出折扣式網際網路經紀產業。最起初，E*Trade確實造成像美林證券那樣的全方位服務公司，甚至像嘉信理財那樣的折扣經紀商，都感到侷促不安，進而迫使經紀商普遍降低價格，使整個產業的利潤全面受到侵蝕。對E*Trade而言不幸的是，即便不是這個領域的創造者，嘉信理財仍然接受在新空間中競逐的挑戰。藉著在低成本網路交易上下賭注，及利用其現有通路，嘉信理財不但重新定義這個原本由E*Trade首先開創的產業，並取得領先。喜信理財接受了規則接受者的角色，並且轉變成爲規則的訂定者。

嘉信理財公司

有許多事情會令人想起嘉信理財，首先，它一直是一家由技術所驅動的機構。其次，就新興技術方面，它通常具有接受巨大風險的文化。第三，它能夠以驚人的速度決策並執行。最後，它已經建立好許多通路，包括繁忙的分公司，以及配置擁有該行業最有效率之電話接聽代表的客服中心，使它得以建立效果驚人的「網路現身」（Web presence）。而且它眞的做到了。一九九五年時，嘉信理財尚未在網路上出現。今天，超過一半以上交易金額，都是透過嘉信理財的網站進行。在五百五十萬名顧客之中，有超過兩百萬名是活躍的網路顧客，他們合起來大約占嘉信理財四千三百五十億美元顧客資產中的三分之一。這個事實使嘉信理財成爲網際網路上最大的經紀業務公司，該公司達每天交易量三〇%的占有率，等於其後三名線上競爭者的占有率（E*Trade、Waterhouse 證券公司及富達公司）。

鑑於證券交易已成爲極具價格敏感的商品性服務，嘉信理財的成功似乎有些違反直覺。然而從嘉信理財大部分線上交易手續費，都是每筆二九．九五美元的角度來看，它決不是個低價供應商。E*trade（每筆交易手續費一五美元）及 Ameritrade（每筆交易手續費八美元）的折扣價，都比嘉信理財低。嘉信理財的策略，是去建立客戶關係的價值。因此，轉型事件不在於價格，而是在於價值。這些價值是以個人化、人與技術整合、建議，及全方位關係管理的型式存在。儘管嘉信理財在網際網路交易領域中，必須與其低成本競爭者競爭，該公司對於其傳統的敵人——全方位服務經紀商，反而才是更大的威脅。

網化就緒策略

■**性質**：網路上的財務服務

■**公司名稱**：嘉信理財公司（www.schwab.com）

■**提供服務**：允許兩百萬名嘉信理財的投資者，在線上研究及控制投資的自我服務應用程式，透過顧客關係創造價值，提供建議、諮詢及商務等服務

亞馬遜書店

如同戴爾電腦，亞馬遜書店是屬於少數已經擄獲大衆想像力的電子經濟店面族群。到目前爲止，我們都將亞馬遜書店當成一個典範企業，它不僅藉著重新定義競爭基礎創造新的產業，並且持續重新定義該產業的嘗試，不斷將自己擺在每個轉變的最前線。

亞馬遜書店藉著運用網路的力量，簡化配銷、避免存貨及建立社群，依此建立了自己的虛擬書店。亞馬遜書店是個以創意運用網路技術的完美例子。喜愛某位作者的讀者，可以利用亞馬遜書店找出該作者所寫的其他書籍，以及寫同類型書籍的其他作者。顧客可以見到，亞馬遜書店內部書評家對於某本書的評論，以及其他顧客的評語。每當某位特定的作者有新作出現時，讀者就可以接獲通知。以眞實世界的術語來說，要說亞馬遜書店是一家線上書店，倒不如說它是一家銷售書籍、現今還銷售其他百貨的線上服務公司。亞馬遜書店的眞正價值在於公司的資料庫，亦即在資訊本身。隨著亞馬遜書店的演進，交易有關之資訊的價值，有可能比交易本身變得更有價值。

投資大衆發現到，亞馬遜書店的經營模式非常令人信服，於是願意給予最好的背書，來獎賞該公司。儘管亞馬遜書店尚未轉虧爲盈——並且尚無法預料何時將轉虧爲盈，它的股票正以超過一九九七年五月首次公開發行二十倍以上的價值在交易，使該公司的市值高達一百一十億美元，比美泰兒公司（Mattel）及達美航空（Delta Airlines）的市值還高。

從策略的意義來說，亞馬遜書店所做的是，創造一個有無限彈性的電子商務基礎設施，並另外建立一個具高度聲望的品牌。因此從某個觀點來看，在諸如書籍與錄影帶這類商品的世界中競爭，其實是亞馬遜書店冒著因低價對手而失掉顧客的風險。另一方面，亞馬遜書店的品牌鼓舞了相當多的顧客忠誠度。如同我們所注意，即便它提供的產品或服務與競爭者完全相同，品牌是一種顧客願意付額外價錢的東西。六百四十億市值（可能只是字面上）的問題在於，亞馬遜書店的品牌是否能贏得它所需要的顧客忠誠度？華爾街打賭它將會贏得這場勝利。

亞馬遜書店持續環繞著重新定義競爭基礎的策略主題自我創造，該公司以極快的步調，將自己從其原本的線上書店事業，轉型成近乎電子百貨公司的型態。它於一九九八年年中開始銷售音樂產品；該年年尾，又引進錄影帶以及販賣玩具、消費性電子及遊戲的禮品部門。

像博德書籍與音樂公司或邦諾書店，在眞實世界根生柢固的競爭者，如何期望在亞馬遜書店自成立以來，就已經具有相當優勢的電子經濟環境中競爭？這場戰爭將會由品牌與顧客忠誠度贏得勝利。但是顧客要對誰忠誠？這正是問題所在。到目前爲止沒有人知道答案。亞馬遜書店已經建立好同時必須維持品牌及資訊的基礎設施，但是這些都絕對無法保證，能獲得顧客忠誠度。像 Buy.com 那樣的折扣價競爭者網站（請見第六章「推翻價格／效能比」）便有能力可以介入，它們有能力從任何特別的暢銷書單中挑選書籍，並且以較低價格銷售。消費者在博德書店瀏覽，然後到亞馬遜書店訂書，亞馬遜書店現在正從這類消費者中獲利。但有什麼辦法可以阻止消費者先瀏覽亞馬遜書店較豐富的基礎設施，然後按下滑鼠到 Buy.com 的網站，以節省幾塊錢買書？

接著問題變成，線上消費者會願意付較多代價，給值得信賴又有品牌的服務供應商嗎？在眞實世界的經濟環境，很多地區域性的書店，一直無法與提供大幅度折扣的較大型連鎖店競爭，這種模式也可能在線上重現。或者消費者也可能對於，能夠提供更客觀且更值得信賴的資訊（或者也同樣非常可能地，提供更優越隱私權保護）的網站／品牌，培養出忠誠度。

在其最近遠離本業的行動中，亞馬遜書店開始提供一項服務，將顧客推薦到其他網際網路零售商。這些零售商有該書店未銷售的商品，這項服務不同於梅西百貨（Macy's）在電影三十四街奇蹟（Miracle on 34th Street）中，所提供的服務。電影中梅西百貨的職員告訴顧客，可在何處找到梅西缺貨或是沒有販售的商品。在網站中放入標有「Shop the Web」的連結時，亞馬遜書店的策略中可沒有利他的成分存在。以滑鼠按下這些連結，購物者便可以在許多類別的項目中搜尋，包括服裝、玩具、電腦及旅遊。因爲線上零售商需付給亞馬遜書店連結費，或是分享銷售金額的一定比例，因此亞馬遜書店仍是可以從這些最終的交易中獲得收入。

亞馬遜書店的顧客上網搜尋時，它會呼叫被其購併的 Junglee 的軟體。Junglee 設計的軟體，能使網路使用者從任何電子經濟網站中，比較待售產品的價格與特色。請注意，這個策略如何將亞馬遜書店從產品磁鐵(product magnet)的角色，往食物鏈上層移動到類別目的地(category destination)的角色，最後再往上移到顧客磁鐵（customer magnet）的角色。亞馬遜書店已經將自有品牌，定位成網路書籍零售的同義詞。但是當該公司建立連結系統，可以直接將顧客與一大群有名望之零售合作夥伴直接連結時，它已經邁向今天這種「類別殺手商店」（category-killer store），例如玩具反斗城（Toys "R" Us）與威名百貨），電子經濟版的角色。

本書付梓之際，亞馬遜書店宣布一項，運用其所有網化就緒專長能力的理性實驗計畫。在 zShops

電子商業新構想中，亞馬遜書店運用了它的品牌，以及電子商務、基礎架構、購物入口網站和顧客關係管理的經驗。zShops 計畫能讓任何企業——從主要製造商到小型炸馬鈴薯零售商——將它們的貨品加入亞馬遜書店的網站中，以便能接觸到亞馬遜書店的一千二百萬名顧客。

譬如說你想在阿馬哈市（Omaha）沿公路商業區的一家店面賣皮箱，便能將訊息安排在 zShop 上出現，並且立刻使你觸及無數從未踏入內布拉斯加州（Nebraska）的人。亞馬遜書店會處理所有事項，包括信用卡交易，以及讓顧客使用 1-Click 下單功能。與亞馬遜書店有過交易的顧客，不必重新輸入信用卡資訊便可以購買額外的項目。亞馬遜書店會處理信用卡作業，並將款項直接放入賣主的支票帳戶。一旦款項被處理完畢，賣主也會立刻接到通知，因此不需等待支票完成交換，才將貨物運送出去。為了交換其品牌及 1-Click 基礎設施所產生的價值，亞馬遜書店每月可獲得十美元，以及每筆銷售金額五%的酬勞。這是一筆高額費用，但是我們預測，零售商將會樂意與已經證明為網化就緒的夥伴結盟。就亞馬遜書店而言，它不僅能從先前未照顧到的市場產生新收入，還能夠藉著替所有顧客彙整更多的內容，而豐富了自有品牌的價值。

亞馬遜書店跨入拍賣領域

對於在某個電子商業領域成功的網化就緒公司而言，要切入另一種電子商業需付出何種代價？亞馬遜書店最近跨入過度競爭的線上拍賣領域，倒是個見識最優良的網化就緒公司，縱橫多種複雜水域的機會。

首先，讓我們先做一些背景說明。在一九九九年初，亞馬遜書店開始了拍賣服務，主要是想與電子海灣公司（www.ebay.com）競爭。儘管電子海灣具有掌握先機的優勢，並且已經號召了三百萬名使用者，但亞馬遜書店藉由事先替顧客註冊，並允許在一千種類別中針對任何類別進行出價的方式，試圖利用自己一千二百萬名顧客的基礎。有幾項特色甚至使參與更爲誘人：亞馬遜書店從其電子商務區域中交互銷售拍賣的項目（例如，尋找與吉他有關書籍的人，會獲通知目前拍賣中的吉他選擇）；顧客能夠請求以電子郵件通知他們感興趣的拍賣項目；提供首次拍賣使用者十美元的禮券。此外，亞馬遜書店也藉著提供高達二百五十美元的「無成本欺騙保護」（no-cost fraud protection），以與電子海灣及其他拍賣網站區隔。由於亞馬遜書店已有註冊顧客的精確信用紀錄，因此能夠提供這樣的保護。注意到亞馬遜書店的拍賣事業，完全不是利用其書籍、光碟片或錄影帶事業爲主，反而是利用現有顧客基礎的設計。

現在讓我們考慮，當亞馬遜書店開始將拍賣服務整合到現有衆多服務的策略時，有何種選擇可供運用。該公司至少有六種方法可進入拍賣市場：

1. 直接購併像電子海灣那樣的拍賣網站，並將它整合到其餘的亞馬遜書店店面。
2. 購買現成的拍賣軟體，並與網站的其他部分整合。
3. 與 Fair Market（其業務爲代管能整合到該公司網站的網站）那類的線上拍賣公司建立合夥關係，並維持該公司網站的品牌名稱。
4. 與 AuctionUniverse 那樣的網站建立合夥關係，建立一個共用品牌的拍賣網站。
5. 與 OpenSite 一樣，可與服務亞馬遜書店所產生之流量的拍賣電子商業建構者建立合夥關係。
6. 與蘇富比那樣的實體拍賣公司建立關係。

同時，亞馬遜書店的確與蘇富比公司——可能是該行業中最受敬重的名稱——建立合夥關係，試圖移轉這家受敬重的拍賣公司數世紀以來所建立的信任。有趣的是，看看有哪些策略，是亞馬遜書店並未遵循的。最明顯的是，它並沒有購併電子海灣或其他拍賣公司，以併入亞馬遜書店的服務陣容。它也沒有買現成的套裝軟體解決方案，或與任何人策略聯盟。而是該公司花了十二個月時間及超過一千二百萬美元，自行建造一個解決方案。爲何亞馬遜書店願意投資一年的時間及無數的金錢，去建造一個解決方案，而該方案其實可以透過購併競爭者而更快完成，或者選擇採用成本較低的現成模版，或建立合夥關係的方式達成？

亞馬遜書店的網化就緒——領導風格、管理架構、專長能力與科技，在此處發生了作用。它決定發展出端對端拍賣經驗，乃是它想維持其打破規則者的角色、保留對品牌的控制，以及嚴格控制顧客經驗的證據。這家公司已經在能完美整合快速開發技術的基礎設施。亞馬遜書店具有領導能力及管理經驗以完美執行其目標，同時也有充分的耐性及財源將事情做對。

亞馬遜書店的管理架構模式，助長了品牌名聲，及全方位顧客經驗。可能最容易的解決方案，會是直接購買現有的拍賣網站，使亞馬遜書店能立即在市場中現身，並能對於該項現身加以控制。但是除了購買電子海灣——其市值大約在一百八十億美元左右——的龐大經費之外，亞馬遜書店也發現，要將它的網站與現有的拍賣網站緊密配合，同時維持後端系統的品質，會有困難。管理顧客經驗（指對於亞馬遜書店服務的共同觀感）的責任，這項管理架構的價值是絕對不可以被稀釋。

亞馬遜書店的管理架構模式也不會認爲，將某個現有的網站調整，以便與該書店網站其餘部分配合，會令人更感到舒適。首先，這樣的舉動實際上可能不會比內部自行開發網站還來得更快或更便宜。但更重要的是，與現有的網站建立合夥關係，會削弱亞馬遜的品牌，並且讓眼珠轉移到其他地方去，甚且可能造成永久轉移。最後一點，亞馬遜書店的網化就緒技術價值，鼓勵控制技術，使亞馬遜書店與競爭者造成差異化的這項能力不會受到阻礙。在似乎是每個人都提供線上拍賣服務的世界，亞馬遜書店快速引進打破成規的能力，可能會突顯出具備領導者地位，以及接受追隨者，這兩種角色之間的差異。

網化就緒策略

■**性質：**具有線上拍賣那樣之整合性服務的網路書籍、音樂及錄影帶零售

■**公司名稱：**亞馬遜書店（www.Amazon.com）

■**提供服務：**以書籍、音樂及錄影帶爲主的虛擬銷售，但藉由亞馬遜書店這個擁有大批忠實顧客的品牌，再結合能讓其貫徹執行的機會及個人化特色，而將版圖擴至網路的每個角落

■**網化就緒策略：**重新定義競爭基礎

亞馬遜書店身兼三種角色

亞馬遜書店這個有可能創造電子經濟線上品牌的典範，加入電子經濟並適切地扮演打破規則者、規則訂定者及規則接受者（請見第九章對於這些角色的描述）的角色。

亞馬遜書店的名稱，是基於其字母排序的優勢，以及其氣勢規模的形象而被挑選出來，它已然成爲網路上最有名的品牌之一。儘管像博德書籍與音樂公司及邦諾書店那樣的大型連鎖實體競爭者，已進擊線上銷售，亞馬遜書店這家一九九四年成立的公司，依然持續在市場上保持領先。近年來，它已經擴展到線上音樂銷售，並計畫經營一家大型錄影帶店。亞馬遜書店正計畫成爲網路上顧客價值的威名百貨。

亞馬遜書店的成功源自「敏銳地注意顧客」這個老式的觀念，以及貫徹執行利用線上通路各項優點的決心。這家公司重視線上口碑的威力，創辦人貝佐斯說：「如果你在服務顧客方面做得很好，並且盡可能提供他們最佳的服務，你將會使這些人變成福音傳播者，協助你的事業蒸蒸日上。」「所以，那就是我們的焦點所在。我們把焦點擺在只是擁有一家更好的店、讓顧客更容易地購物、對產品知道得更多、有更多東西可挑選、並且有最低的售價。將所有這些東西結合起來，人們就會說，嘿！這些人眞的做到了。」

亞馬遜書店已因爲甘冒成爲打破規則者的風險，而獲得極大的獎賞。儘管它尚未轉虧爲盈，該公司無疑是網際空間最成功的商業範疇。從每日訪客數量來看，它是網路上前二十大最受歡迎的網站中，唯一的電子零售商。消費者及華爾街都喜愛這個品牌。

身爲規則訂定者，亞馬遜書店已經替競爭對手邦諾書店及博德書籍與音樂定義出競爭場所，這兩家公司必須滿足接受「規則接受者」的角色。例如博德公司（www.borders.com）注視著亞馬遜書店與邦諾書店（www.barnesandnoble.com）一決雌雄，它們耗費大量血汗（資金更不用談），力搏打造一個終極書籍銷售網站。同時博德也默默修正其規則接受者的策略。它的計畫是：藉著提供網路上最佳的選擇、服務、社群及售價，並以「後來者」（「Johnny come lately」）的姿態競爭。在亞馬遜書店成立整整四年之後（儘管自從一九九六年之後博德在網路上就有提供目錄），這家年營業額二十二億美元的公司，終於跨入電子經濟領域，並且將它的網站，以具有專門後端發貨處理的第一家複合式書籍、音樂、錄影帶銷售全球資訊網商務網站的方式呈現。博德打賭，它必定能夠利用其競爭對手耗費無數金錢，所建立的線上購買書籍觀念。博德的策略是將投資降至最低，以及從競爭者所犯的諸多錯誤中學到教訓，藉此避掉持續困擾競爭對手的鉅額損失。

對亞馬遜書店來說，它並不在意偶爾成爲規則接受者。在亞馬遜開始銷售書籍時，它首開市場先例；在賣音樂光碟片時，它也是想退居第二名都不行。但隨著購併電影資料庫公司IMDB（www.imdb.com）之後，亞馬遜書店正調整自己的定位，現身電子經濟錄影節目產業。這都沒有關係。亞馬遜書店承認，它在麵包三邊塗有奶油：打破規則者、規則訂定者、及偶爾的規則接受者。

成爲通路建構者

Sabre集團公司（Sabre Group）首先展現一種看起來似是而非的威力。Sabre公司是美國航空公司訂位系統自然發展出來的結果，起初只專門代表美國航空公司的飛機班次。就其本身而論，明確是在稱爲「專屬鎖定」（proprietary lock-in）的傳統下運作。其策略是，藉提供比競爭對手預定飛機班次更便宜、更容易的作業，獲得市場占有率。但是隨著Sabre系統將其涵蓋範圍擴及合作夥伴，以及隨後還發現受到旅行業者的歡迎之後，將此系統開放給更多合作夥伴及旅遊服務業者的壓力便與日俱增。許多美國航空的經理害怕，若競爭者的飛機班次也以同樣的條件提供，他們自己的飛機班次將會受到打擊。當Sabre變得更爲開放、普及時，Sabre的價值呈現爆炸性的成長。參與者的數量成長，促使授權使用費的提高。Sabre系統逐漸變成一項標準，然後突然變成一個品牌。今天 以一種特別的資訊化運作，Sabre集團已經成爲一家獨立公司，且其價值實際上已超越母公司的航線運作。前美國航空公司執行長克蘭道爾（Robert Crandall）一直把這句話當成格言來引用——他寧願把航空公司賣掉，也不願意賣掉Sabre所開發出來的技術。

今天，每當電子商業店面藉著產生一種，開放到足以邀來衆多同業廠商的基礎架構，並鞏固其地位時，我們說該企業已經變成一個通路建構者，或者稱爲該企業已經「Sabre化」它的市場。儘管Sabre化的每個嘗試，必須獨特到符合產業的要求，仍必須有許多共同的新構想出現。Sabre化組織一般會

■建立及擁有做爲交易引擎的基礎設施或平台
■邀集產業各角落最廣泛的參與
■提供該社群所有成員一種能夠互動的安全穩定之標準平台
■提倡值得信賴的公平公正電子經濟環境
■代表其成員維持這個網路
■從加入會員、廣告及交易費的組合中獲得收入

通路建構者一般都會想要擁有市場空間。當他們想這麼做時，他們相較於競爭者的績效突然變得不那麼重要，因爲現在他們會從每筆交易中得到某個百分比的酬金。打算開始變成通路建構者的公司，應該自問以下幾個問題：

■誰是我的顧客？
■誰是我的合作夥伴？
■誰是我的競爭對手？
■每種競爭的共同挑戰是什麼？
■何種資訊需要共享？
■對於減少功能重複的中介者，會帶給他何種利益？
■對於提供無摩擦交易環境的中介者，會帶給他何種利益？
■我能夠建立並擁有爲了改善業務而必須使用的平台嗎？

我們在第二章中說過內容與載具的關係。如同前述，電子經濟下的產品，以具創意運用內容與

載具的特性創造新價值。然後基礎架構提供者依據衆多的關係，建造基礎架構，使一組交易能發生。這個架構緊密地將廣告、電子經濟與發貨整合在一起。利用電子經濟通路建構者所開創的新機會，組織便能夠與先前忽略的族群建立新關係，打造與事業合作夥伴及顧客更緊密的關係，以及達成更堅強的策略聯盟關係。

若公司有健全的經營模式，並且能長期遵守原則，成功地建立及擁有該產業關鍵多數業者參與的平台，該公司就變成一個通路建構者，而且也已經Sabre化它所處的產業。問一問Sabre集團，問一問富魯特倫公司，一旦成功地成爲通路建構者，並且能夠保護勢力範圍，免受不可避免侵入者的傷害時，是否可以得到豐厚的報償。

LoopNet 公司

自一九九五年創立以來，憑藉其成爲通路建構者的策略，LoopNet公司已經成爲網際網路上最大的商業不動產目錄表單服務公司。LoopNet已經在其參與的組織，匯集整合超過六萬家的房地產經紀人，以及兩萬名個人經紀人與老闆。它運用一個稱爲PLS（Personal Listing Service，個人目錄表單服務）的加值型的基礎架構，將買主與賣主結合在一起。結果形成一個高度仰賴LoopNet，轉換成本高得驚人的社群。

很多最大型的商業不動產公司，都是LoopNet網路的成員，包括RE/MAX國際、Coldwell Banker Commercial、Trammell Crow及Grubb and Ellis等公司。LoopNet幾乎已經變成，目前利用網際網路的大型商業不動產組織偏愛的目錄表單服務公司。LoopNet每天收到金額超過二億美元的待售新房地產，以及超過三百六十萬平方呎待租的新房地產個案。它目前每個月收到超過四十萬頁的圖片（impression），以及超過二百五十萬次的鍵閱數（hit）。

LoopNet 提供網際網路連線，及無以倫比曝光頻率的威力，做爲商用不動產目錄表單服務之用。LoopNet 允許有興趣者，透過其網站（www.loopnet.com）載入目錄表單，並免費搜尋其商用不動產目錄表單資料庫。簡易方便的搜尋螢幕，允許使用者根據多種參數搜尋，例如地點、房地產類型、占地大小、價格等。LoopNet 也免費供專業人士使用，經紀人可免費載入目錄表單、搜尋現有的存貨。目錄表單是由使用者以互動的方式產生，內容包括地點、財務與營運資訊以及照片與地圖所組成。搜尋的彈性、及時性，以及每筆目錄表單所提供豐富的資訊，使 Loopnet 成爲一項不可或缺的工具。

LoopNet 與許多績效不錯的地區性系統競爭，但是到目前爲止，它仍是全國性網路曝光率最高的企業。依據創辦人亞倫森（Neil Aronson）的說法，LoopNet 最大的挑戰是，要能以夠快的速度創新維持領導地位。這項努力以管理架構、領導風格新構想以及技術的形式表現，例如提供新分析工具給廣告主。一個簡單的例子是觀看次數計數器，它可讓廣告主知道某個特定的房地產已經被看過幾次。亞倫森說：「這可提供廣告主，有關行銷活動效果的即時回饋。」

LoopNet 的收入來源有四。首先，藉由匯集整合一群高度集中的利基型觀衆，並產生一個有黏性的網站，再提供廣告主，一個極吸引人的一般廣告與標題式廣告環境。其次，LoopNet 販售資訊產品，例如人口統計資料庫、納稅者（tax role）、環境資料，以及經紀人正當探究（due diligence）所需要的其他資訊。第三，它提供各種資訊服務，例如有條件轉讓契約（escrow）、所有權及出借服務。第四，行使PLS軟體的使用授權。像 RE/MAX 這樣的網站，便在自己的網站中使用PLS引擎。LoopNet

網站中所有的 RE/MAX 目錄表單，都附有連到 RE/MAX 首頁的連結。

藉著採用商用不動產產業通路建構者策略，LoopNet 以許多方式帶給合作夥伴好處。它所提供的目錄表單及搜尋功能的基礎設施，與搜尋結合的人口統計資料、以及附屬的產品與服務，都代表了龐大的價值。大部分個人網站會發現，要複製它們的代價實在太高。允許安全、可靠、即時通訊的相互連接，便可替買主、賣主與經紀人增加價值。

網化就緒策略

- ■**性質**：針對商用不動產的的虛擬社群
- ■**公司名稱**：LoopNet 公司（www.loopnet.com）
- ■**提供服務**：運用技術、基礎架構、管理與服務，增加每筆交易的價值，以匯集整合商用不動產的買主與賣主
- ■**網化就緒策略**：變成通路建構者

重新界定產業界限

英格邁公司（Ingram Micro）這家年營業額一百六十五億美元的電腦產品經銷商，正試圖將一系列高科技新構想結合在一起，以產生「通路組合」（channel assembly）的專長能力，重新界定產業界限。通路組合是指從各個製造商蒐集電腦組件，並將它們組裝在一起，以回應顧客變動的要求。因爲它使顧客能使用互動式網際網路應用程式，指定完全符合他們需要的東西，而不必去買製造商交給通路的不合用產品，因此通路組合乃是電子經濟中一對一通路後勤工作的最後延伸。英格邁是首先透過網際網路，執行通路組合的電子經濟店面之一。

英格邁正在回應，必須將經銷商與製造商通路更緊密結合的電腦製造商顧客，所造成的競爭壓力。像戴爾電腦、康柏電腦及惠普那樣的製造商，考慮將通路組合，當成與不斷變動之微處理器與記憶體晶片價格隔絕的辦法，這兩種組件是電腦中最昂貴的部分。

藉著擔負起通路組合的責任，英格邁承擔起其顧客想要外包的最關鍵性風險：亦即保有存貨。儘管這個風險對於像英格邁那樣的通路商而言毫無新意，因爲它已經管理存貨多年了。現在將這個流程轉換到電子經濟中，反倒提供該公司獨一無二的彈性，可以預期價格波動並更精確地分配存貨。換句話說，顧客可以透過網際網路，從英格邁的線上銷售應用程式取得存貨資料，以便更正確地計算存貨要求，如此便可以降低公司儲存非關需求之昂貴零配件的可能性。使即時資料與存貨需求一致的能力，乃是關鍵性的核心能力：若即時資訊之資訊流故障中斷，存貨便可能會積多或是缺貨，造成英格邁的損失。

通路組合也導致英格邁將特定的商業常規轉型。有愈來愈多的製造商寄送給英格邁它們的半成品電腦及組合好的套件，而配銷中心的伺服器，會自動把從互動式網際網路應用程式所取得的需求資料，與現有存貨比對。藉著縮短生產週期、降低庫存及細部調整生產量，該公司期望進軍通路組合的努力能獲得成功。當該公司將所有存貨經理人的基本問題——尋求供需平衡——處理得更好時，它就會與其顧客及合作夥伴建立起關係。同時，該公司也正部署企業內網路，以便讓銷售人員與顧客比較產品、取得彼此採購合約所議定的正確定價、檢查是否該項目有現貨、以及寄出客戶所訂購的項目。

在重新界定產業界限方面，英格邁也已經開始進行一項綜合性的企業外部網路策略，以將最好的顧客結合到一個加值型的基礎架構中。該公司的目的是，代表其轉售商顧客代管及提供部分資金，給一群有品牌的交易網站。EDventure Holdings 公司董事長及 Release 1.0 的主筆戴森（Esther Dyson）說，藉著重新將英格邁這家產業領導者，當成一個企業伺服器供應商(Enterprise Server Provider, ESP)看待，這種價值移轉技巧重新界定了產業界限。善變的轉售商，通常會十分積極地光顧多家配銷商，以獲得最好的價格。這項努力的目標是，藉著使轉售商更容易地在低成本網際網路環境中經營事業，將他們納入英格邁的勢力範圍。同時，對於想離開英格邁小心建構勢力範圍的轉售商，英格邁已經加諸較高的轉換成本在他們身上。

英格邁正部署一整套網際網路電子商務應用程式，供全世界超過一萬家加值型轉售商使用。這個企業內網路所提供的管理、交易與通訊服務，是幫助轉售商能從自有品牌的網站上，提供顧客即時存貨資訊、營業稅計算、交易處理、運送、及個人化等功能。轉售商有權選擇，將其網站所有或部分內容，放在英格邁現有的企業外網路上代管，而且使用者完全看不到這些連結。只要有愈多轉售商參與企業內部網路，網路就經營得愈成功，對於打算加入的轉售商也就愈有吸引力。最後，英格邁期望，這個基礎架構將會主宰該產業區隔的電子商務，而變成實際上的標準。

一旦英格邁的期望成眞，藉著邀請競爭者在其網站上提供他們的商品，英格邁將會處於Sabre化的地位。屆時轉售商就會有一個集中且公正的資訊與訊息來源寶庫，每當他們需要貨品或能夠提供庫存時，便知道該到何處尋找貨源或銷售對象。英格邁希望，它的價格與顧客服務，可以讓它持續保有產業領導者的地位。現在縱使它確實失去一筆交易，並且轉到競爭者手中，藉著讓所有交易在其所控制的基礎設施上發生，該公司仍能在這些失去的交易上取得一點好處。最後，若英格邁的經驗與美國航空的經驗相同，該公司從它所提供之資訊與基礎架構服務所獲得的價值，將會多於它從配銷電子零組件上所獲得的價值。電子經濟中的價值，藉由重新界定產業界限而創造出來。

我們相信，就做爲其他產業配銷商之架構而言，英格邁模式會經證明是非常具有吸引力的範例。就該公司受一般大衆認可的程度，英格邁使間接通路具有力量的能力，將會是其他產業重要的滋生地。英格邁正在運用一種廣泛的通路策略縮短週期。如果英格邁能夠證明它擁有與戴爾電腦及其他公司競爭的能力，其他產業有強大間接通路的配銷商，將會想去複製英格邁模式。

在決定採取ESP策略之前，英格邁做了很多分析。儘管該公司是最早提供顧客自有品牌型錄的公司之一，但一般認爲，由資訊科技部門自行建造存貨、訂單管理與交易處理應用程式的代價太高。直到該公司瞭解到，它不必從頭開始建造每樣東西時，事情有了轉機。套裝式企業內部網路與資料庫應用程式的成熟，足以使該公司能夠立即組合出一套世界級系統所需的設備。英格邁資深副總及技術長卡爾森（David Carlson）說：「我們的開發工作在於，以更新穎及創新的方式，將各種套裝軟體集合在一起，然後加以整合。」「當歷史寫到這個時代時，我們希望英格邁公司能被歸類到，協助賣主直接將產品推出給顧客（vendor push），轉型到依顧客要求而提供產品（customer pull），的這一類公司。」

網化就緒策略

■**性質**：針對電子產業的通路匯集整合服務

■**公司名稱**：英格邁公司（www.new.ingrammicro.com）

■**提供服務**：更善加運用能讓顧客保有存貨風險降至最低的資訊，使製造商免於冒著過時風險的週期時間壓縮

■**網化就緒策略**：重新界定產業界限

打破牢不可破的成規

打破牢不可破成規的第一步，是去瞭解你不應該打破的規則。這第一步並沒有如表面上聽起來那麼容易，因爲最難以掙脫的枷鎖，正是你最不願意承認的那條鎖鍊。產業的局外人恐怕正是完成這個步驟的關鍵。運用他們的觀察力，淸楚說出你所瞭解的規則。非如此你不可能打破這些成規。一開始，你會受經濟成長與生產力舊規則的局限。這個啓示極爲淸楚：在網路經濟中，不須敬畏成規，而是要打破規則。表7-1是許多傳統經濟的成規，以及可能取代它們的新規則。從現在起就勇敢跨出打破成規的第一步。

DoubleClick 公司

自網際網路問世，並成爲活躍的廣告媒體以來，剛好大約過了五年。在這段期間當中，沒有一家主宰廣播或平面媒體環境的傳統廣告代理商，呈現出網化就緒的廣告實績。打破規則者及訂定規則者的角色都落在，憑藉其管理架構、領導階層願景及更優越的技術，而重新界定產業界限且在網路上誕生的公司。藉著打破產業牢不可破的成規，並將網路精緻的測量能力及互動性，當成廣告工具來運用，DoubleClick 公司獲得了成功。

DoubleClick 開始營運時，對於網際網路是否只是一時風潮、或一種利基市場或大衆市場，仍存有極大的懷疑。網路經濟未來的面貌仍無定論，全球資訊網的價值主張也完全未經驗證。網站要索

表7-1 網化就緒，意思就是願意去打破規則

與衆不同不一定比較好，但是比較好就必定與衆不同。網化就緒公司喜愛打破規則及挑戰傳統的機會。

嫌惡網路：必須避免錯誤；第一次就要做對。

網化就緒：必須歡迎錯誤；不斷實驗。

嫌惡網路：吸引新顧客。

網化就緒：留住可獲利的顧客，並使這類顧客數量成長。

嫌惡網路：交代任務。

網化就緒：交代流程。

嫌惡網路：一體適用。

網化就緒：個人市場。

嫌惡網路：害怕競爭者。

網化就緒：擁抱競爭者。

嫌惡網路：爲了永久的優勢而垂直整合。

網化就緒：爲了保持彈性而虛擬整合。

嫌惡網路：努力提高獲利率；降低總持有成本。

網化就緒：努力增加收入；加強收入的產生。

嫌惡網路：必須定期修正策略。

網化就緒：必須持續不斷修正策略。

嫌惡網路：稀少性支配一切；價格變得更高。

網化就緒：擁抱充足性；逆向定價預期會有較低的價格。

取會員費嗎，或由廣告來付費？·DoubleClick 執行長與共同創辦人歐康納（Kevin O'Conner）說，所有成功媒體公司的財富，都是來自廣告銷售。所有 DoubleClick 所必須做的事，是去建立能馴服全球資訊網無政府狀態的技術，使經營管理者願意砸下他們的媒體費用。

歐康納說：「我們相信，技術將會是重新定義如何在網際網路上行銷的關鍵。」「來自傳統媒體的人，進入網際網路空間時，會受到這些媒體所有限制的拖累。我們稍事休息，並研究廣告主究竟想完成什麼事，然後建立一個能解決他們問題的系統。」

該公司藉著成爲打破規則者，而達成此目的。歐康納說：「我們打破很多有關目標訂定與反饋的假設。線上廣告模式，是一種看待廣告的全新方式。這種媒體具有提供廣告主最高投資報酬率的潛力。事實上對很多公司而言，這已經是個事實。目標訂定、延伸程度及有關活動狀態的即時報告，都創造出更高的效率。擁有檢查活動狀態的能力，讓廣告者得以修正執行成效不良的創意活動，也能調整鎖定的目標。這種能力打破傳統廣告的所有規則。」（有關歐康納的更多看法，請見後文「歐康納問答集」。）讓我們檢視部分由 DoubleClick 所打破原是牢不可破的成規。

■**廣告與交易沒有差別**　DoubleClick 瞭解到，網路獨特的互動性產生一種環境，使購物有可能與廣告天衣無縫地結合。所有其他廣告媒體，購物者採購時必須採取額外的一個步驟，才能進行購物——到店面去、打電話訂購或靠信件採購。

■**廣爲散播或直接回應？兩者皆可做到**　DoubleClick 將品牌廣告的優點，與直接回應式廣告的效率和效果結合。該公司的基礎架構適用於這兩種廣告方式。

■**即時完成即時的服務**　DoubleClick 的技術追求完美資訊——服務目標針對正確消費者的正

確廣告，然後即時地注視所發生的事。

■**這是衡量工具的問題，笨蛋**　所有廣告費用的五〇%都被浪費掉，但是沒有人知道是哪一半的費用，這是一句廣告界的老生常談。DoubleClick 設計出回答這個問題的衡量工具。誰見到廣告訊息？是在什麼地點、什麼時間？廣告訊息多常被見到？若有的話，觀看者的反應為何？若他們不接受提供的訊息，他們是否要求更多資訊？

■**基礎設施最優先**　DoubleClick 基本上是個基礎設施提供者，它是整合式網際網路媒體公司的一個例子。就像網景與美國線上合併後的公司，DoubleClick 是個涉足所有商業層面的垂直型網際網路公司——從廣告代理、外包、網路出版到電子商務。

DoubleClick 是一家在網路上誕生的公司。在網路廣告環境顛簸變動時期，它也跟著敏捷地調整自己。它每個月都服務超過一百億個標題式廣告，但是對 DoubleClick 而言，標題式廣告是一種非常低頻寬形式的廣告。若要尋找互動式影音及動畫形式的廣告，請到呆伯特（www.dilbert.com）網站。DoubleClick 是該網站的一個整合式贊助夥伴。DoubleClick 提供服務，並履行所有呆伯特的促銷。至於標題式廣告計畫，DoubleClick 則負責公平地分享這些計畫。藉管理網際網路廣告目錄的整個流程（銷售、提供服務與提供報告），給想要外包這些工作的內容網站，以及藉著替內容網站和想接觸這些網站的廣告主配對，DoubleClick 創造出價值。隨後 DoubleClick 會與它所代表的網站，共同分享這個價值。如此產生的廣告網路，代表了部分網際網路上最強勢的有品牌網站，並且比任何其他網際網路的網路，針對獨特的使用者，提供更多的廣告圖片傳遞的服務。近幾個月來，與其廣告服務產品DART合起來計算，DoubleClick 負責網際網路上超過五百億次的廣告圖片傳遞。

DoubleClick已經將自己定位是規則訂定者。DoubleClick的網際網路廣告基礎設施與架構，乃是爭取成爲標準最主要的角逐者，不但已經涉入塑造這個動盪不安市場的新興趨勢，並且充分利用這股趨勢。DoubleClick不久之前才瞭解到，網際網路廣告看起來有可能遵循一種廣播模式（以特定費用提供給特定人數的觀衆），同時具有直接行銷媒體的特性。但是它不僅只是這兩種在同一環境下截然不同通路流程的整合而已，DoubleClick建立能同時利用這兩種形式的一種基礎架構。

所有DoubleClick的努力，基礎都在於它的DART廣告服務基礎設施管理技術。DART利用到產業最大的網際網路使用者及公司資料庫，並且提供廣告主一個產品與服務的組合、二十四小時顧客支援、即時升級，以及鎖定目標使用者的能力。藉由DoubleClick的全球擴充，DART已經國際化到能夠應付一項複雜的挑戰，亦即管理跨多國、且在不同語言與貨幣系統下運作的網際網路廣告銷售。國際性廣告主能夠管理一個高度鎖定目標的全球採購市場，並在任何市場實現區域化的活動。

全球超過七千四百個DoubleClick的合作網站，使用DART技術來支持它們的廣告新構想。DoubleClick也將技術授權給喜歡自己提供廣告服務的公司。當DART以產業標準的姿態出現，即便DART建立了DoubleClick品牌，並將旗下的網站鎖定在網路中，對DoubleClick的合作夥伴而言，其價值依舊節節上漲。

DoubleClick的技術挑戰令人望而卻步，它負責服務全世界超過四千兩百個網站的廣告。在每個月所服務的一百億個廣告的背後，都代表著一個匆忙的使用者，任何的延遲都意味著使用者將移轉到另一個目標，以及一個銷售機會的喪失。事情就是這麼簡單。爲回應這種情況，DoubleClick已經逐步演變成一種分權化的架構，全世界有十二個資料中心。事情的眞相是，伺服器必須盡可能地靠近使用者，才可能得到最佳的反應時間。由於超過半數 DoubleClick 所服務的廣告位於美國，所以美國本土的資料中心要比境外的資料中心大很多。這三個美國的資料中心中，各別大約有三十台廣告伺服器在運轉，而九個境外資料中心中，各中心都大約只有三台廣告伺服器。

DoubleClick 迅速駕馭網路上最驚人的發展。組織都有一種永不滿足的慾望，想去控制流量，想去觸及、獲取顧客的忠誠度。對於願意支付些許現金以交換某種東西的消費者，組織日後都可因這類消費者的忠誠而獲得回報。DoubleClick 已經完全將自己定位好，以便去利用這種永不滿足的慾望。同時，DoubleClick 也是這種經營模式下會實際向顧客索費的促成者，其作法之激烈，連最近剛畢業學商的學生，都會感覺到是種反動的行爲，或至少是一種無理的舉動。

速寫 DoubleClick

DoubleClick（www.doubleclick.com）結合技術與媒體專業，集中推動線上媒體活動的規畫、執行、追蹤與報告製作。DoubleClick 美國總部位於紐約市，國際總部位於都柏林，並且在巴黎、倫敦、奧斯陸、赫爾辛基、巴塞隆納、哥本哈根、東京、馬德里、米蘭、雪梨、漢堡、斯德哥爾摩、多倫多、蒙特婁、亞特蘭大、波士頓、芝加哥、底特律、達拉斯、洛杉磯及舊金山都有辦公室。

DoubleClick 利用技術與媒體專業，創造出解決方案，以協助廣告主及出版商釋放出全球資訊網的力量，進行建立品牌、銷售產品及與顧客建立關係的活動。該公司的旗艦產品 DoubleClick Network，乃是指具高度流量與品牌知名度的一群網站，包括 Altavista、呆伯特、Macromedia、及超過一千五百家的其他網站。這個網站匯集整合成的網路，結合該公司專屬的DART目標鎖定技術，以允許廣告主依據精確的個人特徵篩選標準，鎖定對他們而言最有潛力的顧客。然後 DoubleClick 將廣告擺在合作夥伴最好的潛在客戶面前。

DoubleClick 於一九九年開始將DART授權給合作夥伴。DART是個綜合性的全球資訊網服務，它允許網站（或是網站構成的網路）透過 DoubleClick 的中央伺服器，管理所有的廣告服務與報告提供的功能。DART的合作夥伴包括華爾街日報互動版、NBC、Excite 歐洲、讀者文摘、以及 Real Network 公司的 Real Audio。

爲試圖成爲全世界領先的廣告與資料庫行銷公司，DoubleClick 與 Abacus Direct 公司合併。Abacus 是直接行銷（direct marketing）產業領先的資訊與研究提供者，並管理全國最大的消費者目錄購買行爲專屬資料庫。若你曾經從目錄中購買任何東西，則很有可能 Abacus Direct 會知道所有細節，並且有相當大的機會猜出下次你會購買什麼東西。DoubleClick 的目標是，與DART一起運用 Abacus 的資料驅動目標鎖定行銷。DART技術允許 DoubleClick 將標題式廣告，鎖定在造訪網站的網站瀏覽者。然而到目前爲止，它只能依照點滴從網站瀏覽者線上行爲蒐集到的一般性資訊，把目標找出來。

DoubleClick 計畫將網站瀏覽者，與 Abacus 離線資料庫中他們的簡介資料連在一起，使 DoubleClick 能即時地服務量身訂做的廣告。但是量身訂做的可能性與失去隱私的可能性，同樣無法受到限制，這也就是爲何隱私權提倡者，要求管理當局拒絕這項合併的原因。

DoubleClick 如何服務標題式廣告

你用滑鼠點選 USA Today 這個你最喜歡的網站，然後就跳出一個開曼群島水肺潛水假期的廣告。廣告吸引你：「逃離暴風雪，到 Cancun 潛水吧！」這只是個巧合，或者他們知道，你正好將潛水艇換氣裝置丟在佛蒙特州，一直考慮到加勒比海渡個潛水假期？

這並不是巧合，而「他們」又是誰，怎麼會知道這麼多？這個無所不知的「他們」，可能是個廣告經紀商，例如 DoubleClick。它同時服務有網站的公司，以及設法要接觸網路族的廣告主。有許多網站仰賴DART去管理它們的廣告庫存，包括 USA Today、Intuit、奇異電器、AltaVista、華爾街日報、CBS Sportsline、以及電子海灣。DoubleClick 也已經簽署與IBM、美國銀行與日產汽車（Nissan）等這類廣告主的交易。

這是如何做到的？譬如說上次你上網時，你點選了有關旅遊假期方案、水肺裝置與開曼群島的網頁。這些網站產生了儲存在你的電腦中，稱做 cookies 的軟體檔案。DoubleClick 的軟體，記錄下傳送到你的網際網路位址的那些資料封包（packet）。DoubleClick 公司就像這樣地開始建立你個人以及你的興趣，所構成的簡歷。有時候 DoubleClick 使用這些資料庫，來建立使用者類別清單——水肺潛水夫、汽車狂熱者、酒類品嚐者等等——以代表會員網站標題式廣告的目標。DoubleClick 管理這整個流程，並且收取收入的三〇%～五〇%。

所以在你上次在線上搜尋完美的潛水假期時，就有可能給 DoubleClick 足夠的線索猜測，你可能會對開曼群島的水肺假期感到興趣。下此當你登入 DoubleClick 網路數千個網站之一時，它的軟體會記下你的電子郵件位址、檢查你的使用者簡歷檔案、然後上載（upload）為你量身定做的一個廣告——就在你登入後的幾百萬分之一秒內。

網化就緒策略

■**性質**：整合式網際網路廣告

■**公司名稱**：DoubleClick（www.doubleclick.net）

■**提供服務**：在正確的時候傳送正確的訊息給正確的顧客

■**網化就緒策略**：打破傳統廣告牢不可破的成規

歐康納問答集——DoubleClick 執行長暨共同創辦人

如果電子商務仰賴買主與賣主以最有效率的方式找到彼此，那麼使這個流程更順暢的公司會受到獎勵，而製造爭執磨擦的公司將會被消滅。DoubleClick 與 Cybergold 公司（請見「哥德海伯問答集」）都承諾要降低爭執。DoubleClick 的歐康納及 Cybergold 的哥德海伯都同意，技術是維持一個無爭端、無潛藏（latency）市場空間的關鍵。

作者：在本書中，我們主張技術優勢不可能在電子經濟中維持下去，因爲競爭者很容易可以複製。你同意這個看法嗎？

歐康納：我不同意。技術是我們的秘方。技術需要很多聰明的工程師，以及在設備上的龐大投資，才能培養出來。最重要的是，技術需要時間去開發。因爲我們的競爭者無法提供可靠又可調整規模的技術解決方案，因此我們的技術使我們一致贏得客戶的信賴。不過，你們的看法是對的。技術可能會隨著時間過去，而變得愈不關鍵，市場占有率反而會變成最主要的因素。我們把焦點高度集中在市場占有率上。

作者：DoubleClick 具有媒體公司與科技公司的特性。基於上一個問題的假設，DoubleClick 未來更確定是個媒體公司，而不是個科技公司，這樣的說法公平嗎？

歐康納：我不認爲這是個二選一的答案。我們兩者都是，也是使我們獨一無二的原因。我們只是恰好爲涉及媒體的一個垂直市場開創技術而已。

作者：業界如何回應 DoubleClick 的新構想？本書說明，市場領導者通常會創造出日後會獲業界所欣然接受的新規則。你能夠指出 DoubleClick 的新構想，如何成為新規則或標準的例子嗎？

歐康納：外包已經變成一種新規則或標準。由於線上商業成長非常之迅速，網站需要外包廣告銷售（以及其他的後端事務），使它們能把焦點放在核心事業上，無論該事業是從電子商務產生收入、建造令人信服的內容、或是維持傳統的廣告銷售，情形皆是如此。我們創造了廣告網路的觀念，這個觀念現在已經是司空見慣——即使是入口網站也將自己定位成廣告網路。運用技術是廣告的一個關鍵。傳統廣告主不習慣鎖定目標、控制網站造訪頻率及即時回報。現在，感謝 DoubleClick 大部分的新構想，廣告主已經知道如何運用技術，來替它們創造優勢。

哥德海伯問答集——Cybergold 公司執行長

若冰冷的現金，正是你想用來交換你的注意力所產生之價值的東西，你還必須等一陣子。你的瀏覽器上缺乏可吐出現金的機制，以交換你坐著看完網路上的商品宣傳所耗費的時間與精力。但是 Cybergold（www.cybergold.com）提供給你僅次於最好的東西。它以每次增加五十美分到一美元的方式，付錢換得你的注意力。當你累積信用時，就能夠將它們轉換成選擇信用卡費用扣抵、交換能夠用在與 Cybergold 配合的網站交換商品的 Cybergold 信用額度、或者捐給與

Cybergold有密切往來的慈善團體。

藉著付錢給閱讀全球資訊網廣告的瀏覽者，Cybergold已經實質地將個人注意力的價值量化，並且已經打破許多備受喜愛的廣告規則。執行長哥德海伯仔細思考廣告的本質，以及電子經濟如何改變廣告刊登者與消費者之間的權力平衡。

作者：Cybergold到底打破哪些廣告與行銷方面牢不可破的成規？

哥德海伯：我們具有的關鍵性洞察力是，在正常的消費者—刊登代理商—廣告主（consumer-publisher-advertiser）關係中，仍有傳遞價值的替代方法，尚未在任何的數位環境中被試驗過。我們相信，在電子經濟實際應用時，提供廣告主所支持的傳統內容，可由替代性的模式加以補強。

作者：是電子經濟的什麼特性，讓你產生這樣的看法？

哥德海伯：就內容的散播而言，電子經濟是個棒透的無摩擦環境。任何人只要有一台電腦與掃描器，就能夠突然變成一個刊登廣告的代理商。這項令人驚奇的現象，導致人類創造力蓬勃發展。但是對刊登代理商而言，廣告支持之內容的現有基礎架構模式，並不適用這個新世界的願景。所以爲了產生讓作者可直接與消費者交談的廣告得以刊行，刊登代理商、作者及消費者之間的關係更密切，會需要對價值及從事廣告與行銷的方法，有另一番不同的見解。

作者：你能夠描述傳統模式嗎？

哥德海伯：在傳統廣告刊登結構中，刊登代理商要求廣告主付錢，以支持將會傳送給消費者的內容。接著刊登代理商便能夠藉著實際位置的鄰近，或是時間上的並置（temporal juxtaposition)，插入廣告訊息。所以金錢的流向是從廣告主到刊登代理商，然後從刊登代理商到作者；而內容的流向是從作者到刊登代理商，再從刊登代理商到消費者。當消費者願意直接連回到廣告主，或是連到其中的一家零售店時，廣告主最後將會獲得價值。

作者：網化就緒如何能簡化這個流程？

哥德海伯：網路所提供的，是使作者能直接與消費者說話的能力：消費者能夠直接從作者自己的出版網站，選購作者的作品。

作者：但是這個模式有廣告主這個資訊中介者的生存空間嗎？

哥德海伯：若消費者願意因直接將內容傳送給他們而付款，我們就不需要廣告主。但是我們已經習慣於——我會說甚至是沈溺於——由廣告刊登者來付款。

作者：你的模式將權力移轉到消費者手上，並且將消費者擺在行動的中心，是嗎？

哥德海伯：消費者，而不是廣告主，變成了出版事業的中心。消費者位於經濟交換的中心，接著他們便可以反客爲主，並運用這項獲得的好處。

作者：你從錯誤中學到什麼？

哥德海伯：我眞的認爲「只要我們建好它，人們自然就會來。」這個想法，可能一年前還是事實，但是當我們進入市場時，事實已非如此。今天，你必須花費大筆金錢，或者以難以置信的聰明才智想到空前的辦法，才能擄獲消費者的心。上市時間並不代表每一件事，但肯定是一件很重要的事。把事情幾乎弄清楚還不夠，在開始進行之前，你需要把事情完全弄清楚。

第三部
網化就緒的眞相

就你所知，打造電子經濟的正確方法，以及你最可能胡亂採用的雜亂方式之間，可能會有顯著的不同。不要因此覺得太糟糕。即便是在網路上就緒情況最好的公司，在方針上胡亂應付過去也是常有的事。重要的是，要使你的領導風格、管理架構、專長能力及科技密切結合。然後承擔很多電子商業新構想、犯很多錯誤、並從中學習，藉著純粹是魄力或運氣，找出對企業具有高度影響的東西。

我們在本書前兩部中介紹了網化就緒的觀念、找出可行的經營模式、檢視許多電子商業該做與不該做的事、以及評估多項令公司成功的策略。我們在第八章中，以歷史案例的形式，呈現這項工作能造成多大的效力，及可以造成多麼劇烈之轉型的討論。我們挑選思科系統公司做爲本章的主題，因爲該公司令人信服地說明了，組織如何能夠應用網化就緒的原則，替顧客產生空前的服務水準，並爲投資人創造非凡的價值。

我們也可以挑選很多其他的組織，做爲網化就緒這個演進之中的觀念典範。其他公司在許多領域中實已超過思科的成就。但是總的來說，我們找不到另一家公司，能如此徹底地將網化就緒的啓示與組織結構結合。此外，思科並不是一家在網路上誕生的公司。我們同意，當你能重頭建制每一樣事物時，要擁抱網化就緒的原則會比較容易一些。但實際的情況是，我們大部分都代表必須去應付舊有的系統，以及不同程度之工業時代包袱的現有組織。在網際網路爆炸性成長之前便已經成功經營，但仍能成功地駕馭企業邁向網化就緒路途上所伴隨的激烈動亂而論，思科系統確實可做爲一個榜樣。

在研究思科的經驗時，請記住領導統御風格、管理架構、專長能力及科技等議題。看看思科是如何一個接著一個地處理這幾方面的問題，同時仍能維持貫徹執行的意願。請試著瞭解思科這趟了不起的旅程。這趟旅程事後看起來似乎毫不費力，是必然的結果，但事實上卻是費力艱辛，並且沿途充滿了顚跛與錯誤的開始，而這種現象也會一直持續下去。這趟旅程沒有任何保證。儘管我們不會老是想著思科所犯的錯誤，但是請放心好了，思科和你一樣，也會有犯錯及失算的時候。不過那沒關係，錯誤是通往網化就緒這條路的一部分。重要的是，要在組織內產生一種學習的文化。思科企業組織的強處之一是它容許錯誤，並且演變出快速看出錯誤、消滅錯誤以及快速地學得教訓的能力。我們提供思科這個案例，當成透過集中心力應用網化就緒原則，會產生何種可能的一個實例教學。

我們以引導你一路往網化就緒方向走的一章來結束本書。第九章「亂中求序」仍以列舉範例的方式，說明十一項指導原則，以協助你執行你的電子事業新構想。「網化就緒電子商業規畫查核表」與「網化就緒綜合計分卡」這兩個附錄提供綜合性的查核，測試你與你的組織對於網化就緒已做了多好的準備。

8

網化就緒思科版

思科整體經營的七〇%是透過第三者完成

推動思科轉型成功的數百項計畫
可以歸納爲橫跨製造、行銷、銷售與支援價值鏈
的三類電子商業解決方案—— CCO、MCO 及 CEC
各自由處理顧客的問題、建立企業外網路連接事業夥伴
及加強員工服務爲出發點
結合起來形成思科所創造的電子商業價值

思科系統公司在電子經濟中的成功，源自於它的網化就緒，這項就緒展現在取得網路基礎架構的控制權、設定規則、以及能夠貫徹執行上。

思科系統位於加州聖荷西市，它是一家眞正經由網際網路商業解決方案公司，轉型到端對端網際網路公司的企業，同時也將本書所叮嚀的諸多網化就緒啓示具體化。

思科已經將未來放在提供電子經濟的基礎設施這方面。思科的故事之所以如此革命性，並不在於它所賣的東西，而是在於能夠使與該公司有生意往來的人——顧客、合作夥伴、販售商與供應商，都可運用網路創造價值的過程。思科站在最前線挑戰具有三種獨立專屬網路的世界：傳輸語音用的電話網路；傳輸資料用的區域與廣域網路；以及傳輸視訊用的廣播網路。比大部分組織還更進一步的是，思科掌握了網化就緒的驅動力——領導風格、管理架構、專長能力與科技——並且將它們天衣無縫地整合到公司的流程，使之已無法與網路文化區隔開來。今天，思科已經是市場領導者，它替最終使用者與競爭者設定標準。從組織的角度來看，尋找資金或人才對它已經不是問題。它在所參與的十五個市場區隔中，有十四個不是名列第一就是第二。我們對於思科系統與其他電子商業中最優秀公司的詳盡調查，使我們相信，思科是網化就緒公司的典範模式。思科是如何達成這種令人稱羨的網化就緒紀錄的？

速寫思科

思科系統是連結網際網路這項專業的全球領導廠商。思科的網路連接解決方案將人、運算裝置與電腦網路連接在一起，以允許人們不必在乎時間、地點或電腦系統類型的差異，都能夠取得或轉移資訊。

思科提供端對端網路連結的解決方案，使消費者得以建立內部一致的資訊基礎架構，或者連接到其他人的網路。端對端網路連結的解決方案提供一種共同架構，提供一致性的網路服務給所有的使用者。網路服務的範圍愈廣泛，網路能提供給連結到此網路的使用者功能也就愈多。

思科在一百一十五個國家中透過直銷人員、經銷商、加值型轉售商與系統整合廠商，來銷售其產品。思科總部位於美國加州聖荷西市，另外在北卡羅來納州研究三角公園及英國Chelmsford地區，也都有主要的營運基地。思科服務四個目標市場中的顧客：

■**企業**：需要複雜網路連結的大型組織，通常涵蓋多個地點，以及多種類別的電腦系統。這類顧客包括公司、政府機構、公用事業及教育機構。

■**服務供應商**：提供資訊服務的公司，包括電信服務公司、網際網路服務供應商、有線電視公司及無線通訊供應商。

■**中小型企業**：需要擁有自己的資料網路，及與網際網路及／或事業夥伴連結的公司。

■**消費市場**：想毫無障礙地取得語音、資料與多媒體應用的顧客。
最新資訊可在思科線上查詢系統（Cisco Connection Online）中找到，網址為 www.cisco.com。

以網路連結的解決方案

思科比大部分公司都還早決定，網際網路必須實質塑造出，與顧客及合作夥伴的每一次接觸。結果，該公司建造出一個錯綜複雜的網路，將其顧客、潛在顧客、事業夥伴、供應商及員工，連結在一個環環相扣的價值鏈中。思科人在網路中生活、飲食與呼吸。如同本章所指出的，全球資訊網是該公司內部工作的凝聚力，它迅速將思科與其合作夥伴所構成的網絡連接在一起，使供應商、簽約製造商及組裝工廠所構成的共同體，讓外界看起來就像一個品牌一樣。思科的網路是個現行同好社群的典型例子。透過該公司的企業內網路，外部承包商直接監看來自思科顧客的訂單，並且將組裝好的硬體送至買主——通常思科人員並不需要接觸到訂單。藉著將其產品七〇％的生產量外包，思科使產出提升四倍而不必蓋新廠，並且將新產品上市時間縮短至一季。在「過時」這個問題的嚴重性，甚於大多數產業的這個產業中，這項成就是個關鍵性優勢。

思科網化就緒所帶來的好處會繼續存在。八〇％的顧客技術支援要求，已經透過網路在線上解決——其滿意度已經使涉及人員交談的支援服務相形失色。運用網路提供技術支援，使思科節省下來的金額，比排名最接近的競爭者花在研發預算上的經費還更多。

我們相信思科的故事透露出，持續專注於網化就緒原則，能夠帶給願意接受其遊戲規則的組織何種影響。但是思科的成功並非必然。如果你假設，促使思科達成現今成就的電子流程，是出自一個井然有序的分析過程的話，那你就錯了。事實上，思科之所以成功是因爲有很多專注的思科人以大量的新構想，來回應領導階層清楚的願景，而且其中大部分新構想證明是十分有效的。更重要的是，思科的演變不在一夕之間。思科的掘起事實上是經五年努力、數百萬美元投資以及數百個專案下的產物，而且不是所有專案都經證明能持久有效。這類的努力經常被高階主管忽略，且更因新聞界「輕易就可以成爲網路百萬富翁」式的加油添醋報導，自然使情況更加惡化。其實要在電子商業成功並不容易，代價也所費不貲。

值得讚揚的是，在此過程中，思科一直願意使自己比多數其他公司更爲透明化。思科人已經驚人的程度，放棄對於窖藏資訊的執著。大體上思科人可做爲知識管理者，但是他們不會假裝擁有知識。若願意接受相對的責任歸屬，思科會鼓勵冒險，並且提供員工相當的職權範圍。於是透明、開明以及資訊分享的文化，已成爲任何想朝網化就緒之路前進的組織所不可或缺的要素。將紙牌貼近背心（vest）的公司，可能會在盤中獲勝，但終究會輸掉這場遊戲，這是電子經濟中似是而非的一種論調。虛張聲勢在電子經濟中是行不通的，因爲要迫使對手攤開手上的紙牌，代價並不高。攤開手中的牌來玩遊戲，可能是展現承諾的最好方式。

思科的網化就緒

在追求網化就緒的過程中，思科打開每一個我們前述的四個封套：領導風格、管理架構、專長能力與科技。思科力求平衡在各方的努力，並將其策略議程同時朝這四個方向推進，不會犧牲某方而過度強調其他。可能有其他公司在部分項目比思科更成熟，但是我們想不出太多公司，會比思科在這四個項目全都準備得更好。這並不表示思科沒有改善的空間。思科絲毫不敢鬆懈地試圖精進它的電子經濟文化與願景、將管理模式調整得更好、並將資訊科技投資與其事業目標更緊密地配合。我們幾乎很難直接描述思科是如何運作網化就緒的四個要項，但本章後文仍將列舉其部分的要點。

思科的網化就緒，源自於其根本就是一家典型的科技公司。思科創辦人來自史丹佛大學，他們對於網路力量的瞭解程度，在一九八四年時還是很少人能夠企及。我們之所以知道，是因爲在這些創辦人將思科登記爲公司名稱之前，他們已經先行註冊了思科的網際網路網域名稱。以電子方式服務顧客的觀念，原本就存在這家公司的基因之中，全球資訊網只是建築在這個傳統上而已。思科最初進軍網化就緒所帶來的成功頗爲驚人。今天，幾乎所有與顧客之間不具附加價值的互動，都是透過網路來處理，而且顧客對於思科電子商業工具的滿意度，還提升二五％。這項成功已經導致思科內部營業單位尋求資訊科技解決方案，解決他們與顧客面對的困擾與內部經營的問題。

在接下來的章節，我們將進一步檢視思科於網化就緒四個要項的績效。

領導風格：重新定義網路世界的經濟

思科不斷重新定義網路世界經濟的企業面貌。過去五年中，思科已經佈建了各種網路，並且運用到企業的每個層面。在公司內部，所有職位的應徵候選人，都是透過網際網路或是內部網路提出申請。執行長錢伯斯說，他可以查詢任何一位申請者，並依照他們的技能、來自哪些競爭者，排序這些應徵函。會計部門運用網路，從思科全世界的據點蒐集當下的財務資料。錢伯斯說，思科能夠利用該項財務資料一天之內結完帳；大部分全球性企業都需要兩週時間，才能完成這項工作。依據相同精神，思科的教育訓練，都是運用網路化的課程，直接透過網路來完成。大部分的顧客服務請求，也都是透過網路來處理。

思科的領導階層，已經提升價值鏈中大部分策略彼此調適的能力，包括從顧客服務到與供應商及其他合作夥伴的關係。若缺乏這樣的調適能力，策略會被降格爲戰術（tactic），並且獲得長期競爭優勢的可能性也會消失。由於實體零售的舊包袱難以跨越，所以當邦諾書店宣布也要在線上賣書時，卻無法變成另一個亞馬遜書店。同理，因爲戴爾電腦整個價值鏈都依直接銷售而建造，但康柏電腦並非如此，因此當康柏開始直接銷售時，也無法變成另一個戴爾。這些衝突並非不可能解決，且是必須解決的問題，通常轉變的陣痛也是不可避免的。但這個過程不會就這樣發生。電子經濟中領導風格的信條之一是，不但要知道何時要改變，還必須實際承諾願意去改變，然後堅決貫徹執行新方向。

就像大部分網化就緒公司，思科也是求才若渴，因此將人員招募擺在第一順位。例如，思科衡量每項購併的成功與否，首先是考慮員工留置率、其次是新產品開發的前景、再其次才是投資報酬率。該公司在緊握購得的智慧資產方面，一直獲得驚人的成功：購併所獲得的員工，其整體流動率每年僅有六％，比思科公司整體員工流動率還低二％，更是比產業平均流動率低得多。

然而，就是要求投入電子商業政策非常清楚，構成了領導風格背後部分的力量，以及思科成功地成爲網化就緒公司的主要理由。首先，每位思科員工——最特別的是還包括最高管理階層——都瞭解，電子商業是列爲第一優先順序的要務。這項瞭解不僅授權每個事業單位，代表顧客採用電子商業的方法，而且也是一項非常清楚的命令。讓我們仔細觀察思科文化中的一樣小東西：員工識別卡上頭列舉了思科年度最優先的前十大目標，由二萬四千名思科員工隨身配戴。讓「所有功能中的網際網路能力都能維持領導地位」當成前十大目標之一，使電子商業的重要性變得非常清楚。然而同樣重要的是，爲避免讓你認爲配戴一張可愛的小卡片就能算數，每個事業單位都會依據它達成目標的成功率，做爲評估績效的準則。

思科內部與外部運作的方式，都是爲了確保所有員工都具有相同的認知，也就是說，他們都瞭解改進電子商業創造價值方法的重要性。這些電子商業實務，以及它們所產生的好處，甚至已經形成鼓勵更多電子商業實驗的電子文化。藉著授權與鼓勵員工冒險，思科已經在組織上下，產生了一種電子文化。這樣的電子文化對於電子商業的成功極其重要，但也必定不容易產生。思科是花了五年多的時間，才發展出這種電子文化。在網路上誕生的公司顯然在形成電子文化時較不成問題，因爲電子商業就存在它們的組織核心。對工業時代的企業而言，電子文化會產生更多問題。在我們注意觀察，思科如何將其方式轉型成顧客服務，以及如何管理其價值鏈時，我們研究了電子文化問題的特定例子。

管理架構：金援資訊科技以創造商業價值

多虧稱爲「客戶贊助計畫」(Client Funded Project, CFP) 的自由市場交貨公式，使得思科在資訊科技花費方面，才有令人羨慕的紀錄。藉著遵循CFP公式、佈建強大的全企業網路基礎，以及在資訊科技部門與營業單位之間，建立眞正相互依存的合夥關係，思科已經達成相當的成果。過去五年來，資訊科技方面的投資，已經協助思科增加年度利潤超過五億五千萬美元、提高顧客滿意度達二五%、以及營收成長幾乎達產業成長率的兩倍。思科的資訊科技管理哲學，是依照四種主要想法而建立：

■思科的事業單位推動應用程式的佈建。這項策略使公司能作出最佳的經營決策。

■思科內部事業單位將佈建應用程式的成本，以銷貨成本認列。佈建應用程式的成本，會被指定給從此應用程式得利 的「客戶」成本中心。只有從計畫得到的好處，無法直接歸屬於特定功能單位時，例如遍及全公司的資料倉庫，其費用才會被視爲公司的一般管理費用 (general and administrative)。

■事業單位與資訊科技團隊一起建置應用程式，以達成期望的計畫目的。事業單位與資訊科技部門都具有相同的目標管理 (MBO)，並且用同一套標準評估績效。

■標準是透過中央的資訊長 (chief information officer ,CIO) 嚴格實施。這項實施保證，部署自己獨特技術，或建置與思科其他部門單位不相容的事業單位，僅能獲得少數重複支出或不必要的開銷。

一九九二年之前，結合了有組織地成長及積極的購併策略，思科每年以超過百分之百的速度成長。有時候該公司以每季一千人的速率雇用工程師。隨著思科的成長，公司也歷經許多成長的陣痛，並且也從中也瞭解到，資訊科技管理架構嚴重限制了組織發展。思科只是將資訊科技當成管理費用項目而已，其中隱含兩種暗示特別令思科感到困擾：

- ■思科無法將本身與競爭者區隔化，必須藉由聘用新人來維持其成長目標；它必須全面調整科技。
- ■除非思科能夠找到一種彈性的方式服務顧客，例如透過自行服務的技術支援，否則它不可能達成顧客滿意目標。

思科也見到它所面對的絕佳機會。如果思科能夠將關鍵性系統（例如訂單狀態資料）移到更接近顧客的地方，就能夠立刻解決許多問題：就能更有效地調整顧客支援，因爲不靠思科的協助，顧客也能夠自行服務，並且讓思科可以藉著讓顧客更容易與公司交易，而將自己與競爭者區隔開來。然而爲了使資訊科技與顧客能有更多接觸，並達成必須的商業影響力，有兩件事必須發生。首先，事業部門需要負責決定及支付它們想要實施的計畫，同時這些功能要依照顧客滿意目標來衡量。其次，在缺乏現有基礎架構的情形下，思科必須提供基本的基礎架構資金，以容許企業建造應用程式——桌上型電腦、網路連接、頻寬——因爲以事業單位自己的預算，絕不可能吸收取代舊有系統的成本。

爲了能夠更方便與顧客面對，思科擔負起三項策略性承諾：

首先，資訊科技的焦點要放在顧客身上，而不是放在營運與支援上。思科將資訊科技從隸屬財務長（CFO）的編制，轉移到所謂的「顧客擁護」(Customer Advocacy) 的新實體事業單位，負責從服務與支援觀點接觸顧客的任何活動。因此思科做了一項結構上的改變、強調注意顧客高於任何其他考量之上，若非用以提高顧客滿意度的專案，都不會獲得資金支援。

其次，思科要求營運事業單位的總經理，要決定該提供資金給哪些應用程式。這些功能上的最高主管，在決定如何改變交易方式時，能夠在資訊科技花費與人頭數之間取捨。他們要決定建造什麼，資訊科技則是決定如何建造。

第三，在提供事業單位建造有創意的應用程式所必需的連線時，網路會扮演一個策略性的角色。思科將建造一個開放、運用標準且遍及企業的網路幹道，讓事業單位不必一一證明應用程式基礎設施投資的正當性。

在此結構下，資訊科技成本從一般管理經常費用中移出，而變成銷貨成本的一部分。新開發計畫，以及相關的持續維修支援成本，都會藉著要求事業單位將其計入損益帳的方式，要其提供資金。只有與特定決策者無關的成本——例如：資料中心運作、中央統籌管理的規畫與支援——才會從集中共用的資金中提撥資金。像網路基礎設施成本這類的一般性管理成本，則依人頭數來分攤，而不需要採用複雜的使用記錄追蹤。只有可開單據的成本，才要向事業單位索費，而共用的基礎設施將不必分攤成本。

思科的資金提供模式

何謂資金提供模式（funding model），以及爲何它對網化就緒的討論具有重要性？從我們的觀點來看，資金提供模式，與如何編列資訊科技預算的過程有關。資金提供模式中的次要議題明確說明，公司如何決定投資報酬率（ROI）、組織內該由誰負責計算提議計畫的ROI、以及組織中最終的負責人是誰，而將資訊科技部門視爲一個事業單位。儘管任何資金提供模式都涉及無數的活動與流程，以上列舉的三點，可能是最具關鍵與爭議的議題。

很多公司在最近幾年，實驗了各種資金提供模式。大體上這些模式，會依資訊科技單位在組織內向誰報告而定。傳統上，資訊科技單位向公司財務長報告，因此資訊科技被視爲是個成本中心。也就是說，其目的是提高服務水準，同時要降低組織的資訊科技成本。在這種環境下，產業規範的建立，是用來判斷資訊科技的效果，以及在某種程度上，判斷資訊科技的效率。例如，製造業的產業規範建議，企業的資訊科技預算應該不超過總收入的一％～二％。運用此規則時，資訊科技組織會受到公司成長的限限。計畫評估與挑選的準則，是以能爲公司節省營運成本或人力爲基礎。ROI模式是以三至五年的報酬率爲依據，而且由資訊科技組織全權承擔計畫開發與執行的全部責任。多年來，各組織嘗試以這種模式的排列組合方式，也有不同程度的成功。儘管有些公司相信，資訊科技可用來建立競爭優勢，大部分公司的基本前提仍是，資訊科技是一種應該被減至最低的費用，而不是一種應該達到最佳化的營收貢獻者。

一九九〇年代早期，思科與大部分的製造公司沒什麼差別。資訊科技單位向財務長報告，並且被視爲成本中心，而非利潤中心。在索維克（Pete Solvik）擔任思科資訊長期間，他採用了ＣＦＰ模式。以客爲尊的熱誠，是思科的驅動力量之一。思科願意做任何事來滿足顧客需求，而所有的努力也都以解決顧客的問題爲依歸。

索維克開始一連串重大的變革，包括調整資訊科技組織結構、應向誰報告，以及在以顧客爲中心的驅動力之下，如何提供計畫資金。只有到那時候，思科才學會發展電子商業預算的各個要項。其中最顯著的改變之一，是將基礎設施的成本歸類到一般管理費用——本質上，基礎設施成本是營業成本的一部分。對很多公司而言，任何必要之基礎設施的成本，都計入各單項計畫ＲＯＩ的一部分。將基礎設施成本套用ＲＯＩ模式，意味儘管基礎設施可供公司多數不同事業單位使用，個別計畫仍必須吸收任何累加到基礎設施的成本。藉著取出基礎設施的成本（基礎設施成本，平均大約是建議之專案總成本的二五％），ＲＯＩ的門檻比率就可以顯著降低。此外，提出請求的事業單位，要負責提供此計畫資金。若事業單位有資金，且此計畫符合內部的ＲＯＩ標準，那麼這項計畫便可以推行。基本上，資訊科技預算是電子商業計畫所有申請額度的加總。只有基礎設施正常成長，資訊科技這個部門才分配得到預算。

思科建立許多額外的措施，作爲其管理架構模式的一部分：

■計畫必須在六至九個月內出現回收

■計畫進行不得超過一年

■指派給此計畫的資訊科技人員，要同時向資訊科技部門及提出請求的事業單位報告

電子商業新構想的資金提供，是大部分公司——無論網化就緒與否——都仍在持續奮鬥的領

域。網化就緒的公司至少有一種架構，可以檢驗它們資金提供的決策。實際的情況是，僅有少數組織發展出，電子商業風險性活動之資金提供，及隨後之成本正當性的可靠準則。然而有一件事是清楚的，向來將傳統商業新構想帶進市場的資金提供模式，已不足以處理大部分電子商業流程壓縮週期時間與跨部門的特性。電子經濟中的資金提供模式，非常緊密地與基礎設施連在一起，因此提供事業單位無限自由地運用資金，明顯會造成令人無法接受的高昂成本。企業會要求不同事業單位間的流程與連結，都有高度的一致性。只有在經事業單位深思熟慮才准予提供資金的模式，並強制各單位使用這些模式，才可能產生這種一致性。組織可從衆多地區性、全球性、合作性及其他的搭配方式選擇連結的單位，每個組織都必須自行決定管理架構模式的這個部分。

運作中的CFP模式

思科看待ROI的哲學是獨一無二的。儘管思科堅持權責分明的衡量標準，若某項投資與思科明定的策略目標相符，思科的經理人就不須證明投資的正當性。例如提高顧客滿意度，是思科的一個策略性目標——可能是個最基本目標。思科允許其經理人部署，設計用以達成此目的的系統或流程，而不必陳述回收的金額數字。另一方面，思科的確希望經理人去衡量顧客滿意度的改進，這項衡量就足以成爲投資的正當理由，只要能讓公司日常作業廣泛地往前推行的新構想，思科經理人可以不斷實驗。

CFP模式已經使思科的資訊科技單位與事業單位之間，產生了強大的合作關係，並且大大降低發展適當預算計畫不必要的活動，讓員工把焦點放在他們最有創造力及最能發揮效果的領域。負責達成企業目標——顧客滿意度目標與收入／成本目標——的功能性與一般性管理人員，必須決定技術在達成這些目標上扮演何種角色，同時核准或排列技術支出計畫的優先序。因爲資訊長不決定或核准整體的技術費用，他的團隊便能夠把焦點放在交出成果上，而其他管理人員便能夠從事技術的創意用途，以及設定適當的支出優先序，以達成顧客滿意度目標及財務目標。CFP的角色——將對結果負責任，與組織的擅長能力相配合——要求所有思科人都接受特定政策的責任。下列清單描述CFP模式下的角色與責任。

事業部門的功能

- ■產生清楚的事業願景與策略，包括在達成目標方面自動化所扮演的角色
- ■決定投資報酬率
- ■找出自動化機會，以改進顧客滿意度、降低費用、增加收入，或是增加顧客、經銷商及供應商忠誠度（維持收入）
- ■評估與重新改造事業流程，充分利用自動化方面的投資
- ■平衡自動化努力與人員增加的投資
- ■創造一種資料責任文化；意指資料要大家共享，而非占爲己有；事業單位也許要負起資料完整或廣泛傳播的責任，但他們並不擁有資料

經營管理團隊

■決定強調積極之生產力目標的財務目標
■建立公司願景與獎賞計畫，鼓勵冒審慎的技術風險，來增加股東價值
■確保跨功能及全球監督能將重複或部分重疊之新構想減至最少，並監督經營風險
■建立並維持團隊合作與跨部門合作的文化
■資助持續的流程改進與重新改造，以運用技術上的進步

應用程式開發團隊

■教育客戶將新科技應用在商業流程的潛在用途
■計算ROI以評估技術成本與風險
■縮短技術基礎架構的能力與事業要求的距離
■參與技術標準的建立
■推動自動化流程標準（計畫管理與系統設計），將跨功能應用程式整合、規模調整能力及全球化擴展至最大限度
■透過自動化在商業流程重新改造方面與人合作

CFP模式在思科的資訊科技組織與個別事業單位之間，建立了強大的合作關係，並且改變了許多傳統的業務與角色。例如在CFP模式下，思科資訊科技部門與事業單位的事業目標變得一致。

事業單位決定要建造哪些應用程式，資訊科技部門決定如何去建造。

在思科，資訊科技部門與事業單位之間的計畫合作過程，牽涉到幾個階段。在規畫與編列預算階段，事業單位發展出它們自己計畫的ＲＯＩ，並定期與資訊科技團隊會面，討論每個應用程式的相對優先序，以及將會對網路基礎設施造成何種衝擊。事業單位所考慮的主要因素爲：

■此計畫能快速在三至六個月內完成嗎？
■能帶來何種利益？例如，此應用程式能夠避免加入額外的人員嗎？
■不進行此計畫的代價爲何？

此外，思科也試圖計算市場占有率、生產力增加與長期影響，例如更好競爭地位的長期影響。這些準則都運用在ＲＯＩ的發展。有關規畫階段的一個關鍵點是，事業單位能夠依照自己的目標與預算，作出有所依據且及時的決策，而不必針對公司集中管理的流程排定投資優先序。

此外，一旦定好優先序，包括事業單位與資訊科技單位成員的小型跨功能團隊，便負責訂出計畫原型、發展計畫、回顧計畫與建置計畫。由於計畫的時效性短，對於似乎不可能成功的計畫，將會被快速排除掉，轉而支持其他優先序的計畫。計畫團隊通常都配置有一位事業單位領導人，及一位技術領導人，這些人以合作夥伴的方式運作，並負責整個專案的成敗。團隊其餘成員，是從受此計畫影響之其他關鍵性單位挑選出來的。

在思科，事業單位與技術人員以團隊的方式合作，交付達成事業目標的應用程式。這種組合方式，確保了事業單位與資訊科技團隊雙贏的合作關係——每個專案建置團隊，都具有正當的誘因，保證應用程式技術上的可靠性，以及事業單位所想要的功能性。當然要使這樣的結構成功並具成本效益，顯然需要有一個強大又集中的資訊長功能，以執行遍及全企業的標準。

專長能力：貫徹執行

思科網化就緒的核心，是一份對少數原則的承諾。思科的風險連帶關係人都同意，這些原則是成功的驅動力。無論是以個人或團隊身分，風險關係人都同意依照這些驅動力自我衡量，並且也都認爲，對於目標的達成負有責任。在部署這些解決方案時，有四項基本原則與方法在引導著思科。

首先，藉著最先解決顧客所面臨的問題，思科承諾要提高顧客滿意度。思科從一開始，就把關心顧客當成第一個解決方案；其次，思科運用它與合作夥伴的關係。思科使價值鏈中的每個合作夥伴，都能以低成本製造高品質的產品；第三，思科承諾要將事業單位與資訊科技單位組織起來，盡可能密切地一起工作。爲達此目的，思科的資訊科技組織，同時向個別的功能領域與資訊長報告。這種雙重報告結構，使公司的事業單位與資訊科技單位，產生一種極強的合作關係；第四，思科建立了一個功能強大且遵循標準的網路，以做爲部署新應用程式的平台與基礎。從一開始便打下這樣的基礎，使思科得以持續建造以網路相連的應用程式系列，而不必重複投資新的基礎設施。

總而言之，透過許多由強大領導風格願景及管理架構原則，所引導的關鍵性核心能力，思科得以在過去五年期間，將自己轉型成一家電子企業。思科的核心能力包括：

■**以客爲尊**　思科提供電子商業新構想資金的基本衡量標準，是看這些新構想能提高顧客滿意的程度。

■**全然以顧客爲中心**　思科藉著最先處理顧客所面對的問題，來提高顧客滿意度。

■**運用合夥關係**　思科與製造鏈中的供應商成為合作夥件，使它們能以低成本製造高品質的產品（例如，建立一套強大的電子經濟系統）。

■**具備識別機會與產品並能排列其優先序的能力**　思科瞭解，它無法每件事都做，所以它排出優先序、堅持每個人的優先序都一致，以及個人對優先序的貢獻評估績效。

■**貫徹執行的能力（三個月或更短時間）**　如同我們一樣，思科相信，電子經濟中沒有所謂長期成功這樣的事情。

■**快速應變的能力**　思科已經學會，如何建立快速利用新興機會的核心能力。同樣重要的是，思科也已經學會快速終止表現不佳的新構想，使它能重新將資源部署到附加價值更高的計畫。

■**雇用最優秀的人才**　思科的核心能力，可能在於人員的招募。其目標對象是：能鼓吹顧客服務的聰明人。

科技：標準化是改善流程的關鍵

在早期邁向網化就緒的途中，思科已經花費超過一億美元，將其內部系統來個整體大翻修，鋪設了一個強大的端對端網路，以及提供員工可以接連每一台桌上型電腦的高速乙太網路（Ethernet）。只有像甲骨文公司的企業資源規畫（Enterprise Resource Planning, ERP）那種套裝軟體，眞正具遍及全企業的策略性應用程式，公司才將其集中部署。今天，思科近半數的資訊科技預算，都花在新的應用程式及維護上；只有低於三〇％是花在一般管理經常開支上。因此思科能夠不斷改造其延伸性商業系統的所有關鍵性商業關係——包括與顧客、合作夥伴、供應商及員工的關係。

思科的資訊科技平台架構，在全公司都已標準化：在伺服器等級，無一例外都採 UNIX 作業系統；在區域網路等級，百分之百是 Windows NT 等級；在資料庫等級，全部都是甲骨文資料庫系統；以及全球性網路，百分之百都是 TCP/IP 通訊協定標準。語音郵件、電子郵件、會議排程軟體、桌上型電腦與伺服器作業系統、以及辦公室生產力套裝軟體，也都已標準化。事實上，該公司全世界的各個事業單位，都使用相同的應用程式套裝軟體。

標準化到這種程度，已經賦與該公司高度的彈性。例如，當思科重新改組其研發部門及行銷部門，將多個事業單位簡化成三條事業線時，它只花不到六十天、成本不到一百萬美元，就完成遍及所有應用程式的必要改變。

如索維克所說的：「若沒有以網際網路協定，以及開放性系統爲基礎的資訊科技架構與標準，我們就絕不可能在這麼短的時間內、以如此低的成本，完成這樣的事蹟。」雖然從規模調整的觀點來看，標準化意味著彈性，然而分散公司系統但仍保持系統資料的一致性，依舊是一項令人畏懼的工作。索維克解釋道，思科最大且最具挑戰的計畫，涉及將其集中化的核心系統散播出去。他說：「我們有非常大的 UNIX 伺服器，存放著龐大的資料庫，其可靠度及規模調整能力，不如大型主機上相同大小規模的 DB2 資料庫。我們投入龐大的心力，將系統設計得既可靠又可調整規模。整個 UNIX 作業系統平台的成本，遠低於大型主機的成本，使我們可將那筆錢，花在擁有更多伺服器的能力上。」

思科的顧客、合作夥伴及供應商與該公司的互動，有極高的百分比是以網路爲基礎，並且是從思科的網站開始（圖8-1）。使用者可從思科製程線上查詢系統（Cisco Manufacturing Connection

Online)，瀏覽互動所需的資訊，或張貼、訂閱資訊——也就是說，使用者直接提供與思科交易所需的資訊，或者豐富思科的智慧資產基礎。這種直接連接，允許其他成員（內部及外部）更有效率且更有成效地與思科往來。思科已經在自己的全球企業內部網路中，建造了自己的商業流程，並且散佈在全世界的思科人，可在此企業內部網路中互動，以提出經營議題及顧客需求。與策略性供應商和顧客的連線，允許思科與公司外的合作夥伴更有效率地合作。此企業內部網路也提供公司給公司新技術與新產品一個試驗場所，以確保這些技術與產品在提供給顧客之前，已做關鍵性使命應用的準備。

在部署網際網路商業解決方案時，思科瞭解到佈建一個強大且以標準爲依據之網路架構的重要性。思科已經在其基礎架構的所有層級中，都建立了標準：包括基礎科技層級、賦能（enabling）技術層級、及資訊貯藏處層級。這種架構的關鍵性原則有三重目的：

■**策略性，而非事務性**　每次思科部署新應用程式時，遍及全企業的策略性架構就不必隨之改變。

■**每個層級都以標準爲依據**　企業整體標準化，可確保未來可以重複使用與降低成本。每當某個事業單位或功能領域想要部署應用程式時，必須嚴格遵守這三層架構中每一層架構的標準。

■**反覆而非固定**　標準已建立好，但是總是會隨著計畫的執行而小心演進。

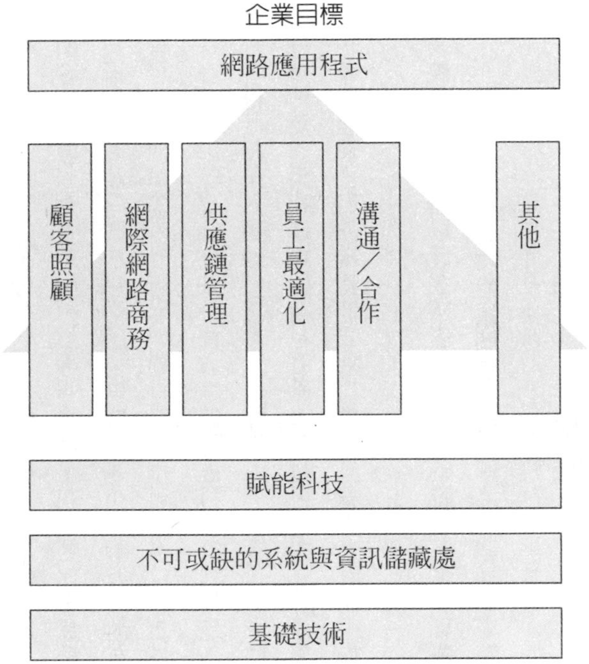

圖8-1 **思科以標準爲依據的網路架構** 只有在思科建好基礎層之後，它才會開始建造使其如此網化就緒的加值型的資訊貯藏處與應用程式。賦能技術層，是銜接基礎應用程式與網路應用程式間之鴻溝的工具組。這些網路應用程式，乃是像工作管理、合作、待轉型與取用的舊資料、或系統間溝通之類的應用程式。思科的標準保證，對於任何應用程式部署，當它成爲遍及企業的解決方案時，計畫的早期階段都用來建置每一層架構的標準。這個標準也保證，未來的計畫與階段，都能夠運用這些技術，而不必重複再花心力。

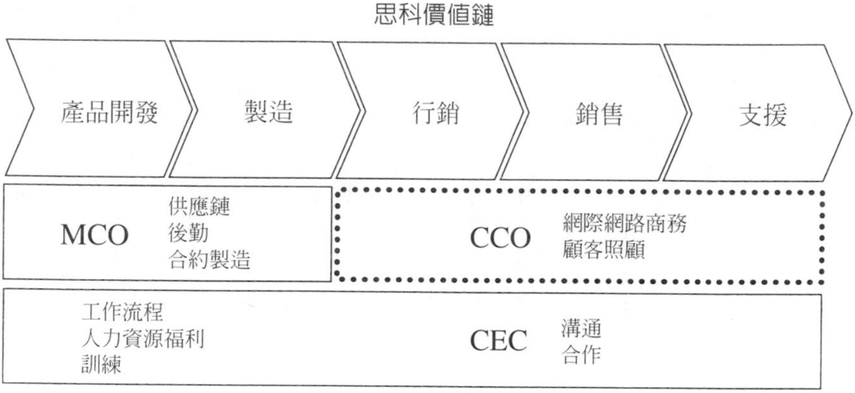

圖8-2　思科的電子商業解決方案　思科的三種電子商業解決方案，橫跨製造、行銷、銷售與支援的價值鏈。

三個電子商業新構想

網化就緒的四項要素（領導風格、管理架構、專長能力、科技），一直是關鍵的促成力量，推動思科轉型成現行令人讚賞的電子文化典範。數百個橫跨思科眾多計畫的電子商業新構想，可區分成三大類（圖8-2）。首先，「思科線上查詢系統」（CCO）處理面對顧客的議題，包括將網路當成一個合作平台，提供全世界顧客更好的服務。其次，透過「思科製程線上查詢系統」（MCO），思科已經建立一個企業外網路的應用程式，可令全球以網路連結的夥伴，增進其製造、供應與後勤功能的生產力與效率。第三，「思科員工線上查詢系統」（Cisco Employee Connection; CEC）則提供加強員工服務的電子商業新構想，並因而產生該產業中最有生產力且最投入的員工。

思科遍及全組織地擁抱網化就緒——依據公

司核心準則，來開發事務性與策略性的電子商業新構想——大體說明了該公司之所以成功的原因。下列幾節說明許多思科已經開發，並使該公司在電子經濟中成名的特殊新構想。

思科線上查詢系統

思科網際網路商務新構想的中心點，乃是思科線上查詢系統（CCO）。思科的網站（www.cisco.com），只是代表通往這個包羅萬象又不斷更動之資源的大門而已。全世界大約有十五萬名活躍的CCO註冊使用者，這裡每月大約有資訊存取一百五十萬次，使它成爲傳遞快速反應之全天候顧客支援的主要工具。顧客仰賴CCO提供解答、診斷網路問題、以及支援全球、解決方案與專家的協助。事實上，思科對於顧客與轉售商的技術支援，有超過八〇%是透過電子方式傳送，使思科每年節省超過二億美元，同時也提高了顧客滿意度。對於國際性顧客而言，思科已經將一部分的CCO翻譯成多種語言，並有將近五十個不同國家的網頁。

思科承諾提供一種讓顧客滿意的自助模式。該公司瞭解，沒有人會比顧客因爲可以自助而受到更多的激勵。它知道只要能夠提供顧客工具，大部分顧客都會欣然同意自助。在思科一九九〇年代的快速成長，與技能熟練的技術服務工程師稀少的前提下，顧客服務自動化的目標，便是藉著調整思科支援作業的規模，以滿足顧客之需要，並同時提高顧客滿意度與降低支援成本。一開始，思科建造一座網站，讓技術資訊與升級版本的散播可以自動化。顧客熱烈回應這項資訊的自行服務模式，並讓思科節省了數百萬美元。

可能思科最著名的網際網路商業解決方案，是其以網路相連之商務代理程式系列。這些代理程式讓使用者能夠直接決定配置（configure）、獲知價格、指定路線，及向思科下電子訂單。如同顧客服務的情形，思科從小規模進行這項新構想開始，首先部署整個商務解決方案的一部分——在此案例中是「訂單狀態代理程式」（Order Status Agent）——然後逐步將內容加入商務代理程式系列。如今，思科已經建置好一系列完整的網際網路商務應用程式。定價（Pricing）與決定配置（Configuration）代理程式，允許超過一萬名直接顧客與合作夥伴的授權代表，在線上決定思科產品的配置與價格。顧客經過一系列直覺式的步驟，挑選他們想要的產品及所有相關配件，如記憶體、電源供應器與排線。思科鼓勵顧客修改訂單，直到他們決定好可行的配置爲止。一旦決定好產品配置，顧客便能夠使用定價代理程式，獲得他們所挑選產品的價格資訊。

同樣的，「訂單接收代理程式」，是可以允許顧客將他們挑選的項目，放到思科虛擬市場的購物車（shopping cart）中。「訂單狀態代理程式」能讓使用者以訂購單或售貨訂單號碼，查閱訂單狀況。這個應用程式甚至將使用者，直接連到聯邦快遞公司的追蹤服務，以即時確定訂單目前的位置。「訂單服務代理程式」（Service Order Agent）可讓使用者找到，與訂單的特定服務項目有關的資訊，包括外包裝號碼與聯絡電話、處理日期、運送日期、及運送工具與追蹤號碼。發票代理程式（Invoice Agent）提供主計長、財務人員及應付帳款職員迅速便捷的線上存取，以追蹤與思科交易的發票。思科與最好的顧客一起合作，將思科伺服器擺在那些顧客的營業場所，以做爲顧客企業內部網路的一部分。爾後這台伺服器會直接與顧客的舊系統銜接，並連回到CCO，以產生更緊密的合夥關係。

CCO是思科的網際網路店面，它是該公司提供給顧客、供應商、轉售商與事業合作夥伴的綜合性資源。CCO基本上是個入口，亦即是貯存在思科全球企業資源規畫資料庫、舊有系統及主從系統資訊的入口，也相當於一個貯存超過一百五十萬個網頁的寶庫。CCO含有五個關鍵組件。

1.**市場**　是個虛擬購物中心，顧客能夠在線上從此中心購物，包括網路產品、軟體、訓練教材，以及打上思科品牌的促銷項目，如T恤與咖啡杯。它採用全球資訊網上消費者最熟悉的購物車模式。它也提供給使用者工具，計算購買項目的價錢與填寫購買申請單。

2.**技術支援資料庫、軟體程式庫與開放式論壇**　使顧客與商業合作夥伴，能獲得技術問題的線上解答，以及下載思科硬體的軟體更新與公用程式。技術援助，是由協助找出錯誤的工具，及採取必要的預防或補救辦法的工具所組成。軟體程式庫，能全年無休地進行軟體更新的下載。開放性論壇已經產生一個由技術專家所組成的虛擬社群，藉此減少向思科請求協助的要求，並使它的專家能把焦點集中在複雜或是不尋常的問題上。

3.**顧客服務**　以自助的方式，針對像產品狀態、價格清單、最新版與訂單服務狀態那樣的顧客要求，提供非技術性的協助。這項服務透過智慧型代理程式提供客服，且全年無休。

4.**以網路相連的產品中心**　是一組訂單處理應用程式，能讓使用者決定價格、路線及直接向思科下訂單。這個經過密碼保護的應用程式，只提供給直屬顧客與授權的商業合作夥伴代表。透過這個應用程式所下的訂單，都會進入到配銷資料庫，並且會立即排入佇列中（queued）等待運送。此應用程式也會直接連到追蹤網站（由聯邦快遞所建構），以判定訂單目前的位置。（你可能會回想起，我們探討過聯邦快遞與其顧客的緊密整合，作爲電子商業建構者的一個例子；請見第四章「聯邦快遞轉化成電子經濟後勤」。）這類的相互連結，及訂單處理應用程式與思科資訊科技基礎設施之間的接連，令人最爲印象深刻。訂單處理將思科的訂單管理系統與排程系統相連接。排程系統檢視產品是否還有現貨，才決定每張訂單的處理時段。接下來零組件資料，會被轉換成思科的承包廠商與通路商的零件訂單，這些承包商與通路商也與思科的ERP系統直接連結。這種緊密的連結，使思科的團隊能預測需求並快速反應，以便成為實質上思科內部管理系統的延伸。

5. **狀態代理程式** 讓思科的銷售人員及直屬顧客與銷售合作夥件，能立即取得與顧客訂單狀態有關的關鍵性資訊。更具體地說，這個程式被用來監督預訂運送日期、產生所有思科訂單完整的存貨狀態、檢視訂購中之每項產品的逐項細節、驗證帳單寄送與貨品運送地址和運送方法、以及運用直接連到聯邦快遞與UPS全球資訊網追蹤系統的超連結，來追蹤運送狀態。狀態代理程式，是全球資訊網應用程式之商務代理程式系列的一個成員，這個系列也包括，搭配組合思科線上企業用產品完整產品線的配置代理程式（Configuration Agent），以及價格代理程式（Pricing Agent）這個提供方便取得思科線上價格清單的智慧型價格條列應用程式。狀態代理程式提供訂單與運送狀態的即時取得，並提供銷售人員更及時的資訊、對於訂單更多的掌握、以及更多的成功安裝機會。銷售人員也能夠更主動地追蹤訂單，並能藉著訂單資訊的取得，預防可能的帳單寄達或運貨問題。狀態代理程式也改變了銷售人員的角色。銷售人員現在不必每週花八小時，處理像追蹤訂單狀態那樣的事務性工作，而可以把時間與心力花在與客戶建立關係及尋找新商機上頭。

為了使網化就緒，成為其整個價值鏈的共同要素，思科正促成讓最大的顧客與轉售商，能將他們的企業應用程式，直接整合到思科自己的後端系統，並以全球資訊網做為橋樑。正當人們開始瞭解到CCO的驚人成功，與獲利率提高的效應時，這項新策略也開始生根。這個網站自動化產品訂購與顧客支援活動，且通常可替公司每年節省三億五千萬美元多一點的營運費用。思科花費大部分的心力，使現有的顧客成爲更好的顧客，但同時它也注意到因缺乏後端整合，而尚未在線上購買產品的顧客。思科將策略更進一步發展，鼓勵它的供應商將供應鏈流程全球資訊網化，以便代表顧客進一步將價值鏈整合在一起。

思科的反應是承認，建立堅強的顧客關係，乃是維持獲利率的關鍵驅動力。第一步是留住現有的顧客，因爲爭取新顧客的成本太大，所以重複交易變得不可或缺。第二步是以能夠獲利的方式獲得新顧客。思科知道，要達成此目的最好的辦法是，提供顧客自行搭配產品的工具，以及將自己的後端營業處，轉變成顧客的前端營業處。

思科一路帶領通路合作夥伴的方式，可能是它最大的成就之一。思科整體營業的七〇％是透過第三者；類似的情況，轉售商與整合廠商，也構成整個ＣＣＯ生意的相同比重。網路也提供一種途徑，讓思科能開發曾經規避該公司的小型企業市場。更具體地說，全球資訊網提供思科一項工具及一個自動化支援系統，讓顧客透過此工具找到產品相關資訊並購買產品，而透過此系統則使思科能夠接觸到更大的客戶族群。

除了這些能力之外，思科也讓顧客可以隨時在線上追蹤案件處理狀態。今天思科大部分的支援服務都是在線上執行，並且該公司只在全球四個技術支援中心，雇用一千名工程師處理最困難的支援問題。這樣做的結果爲何？思科的自助模式，已經顯著地提高接受度，與增加顧客滿意度。研究報告指出，有六〇％的顧客，比較喜歡使用ＣＣＯ提供技術支援，並且有八〇％的顧客，比較喜歡使用ＣＣＯ來詢問一般性產品與行銷問題。自一九九五年以來，ＣＣＯ的使用已經促成九八％正確及時的維修運送，顧客滿意度也提升了二五％。

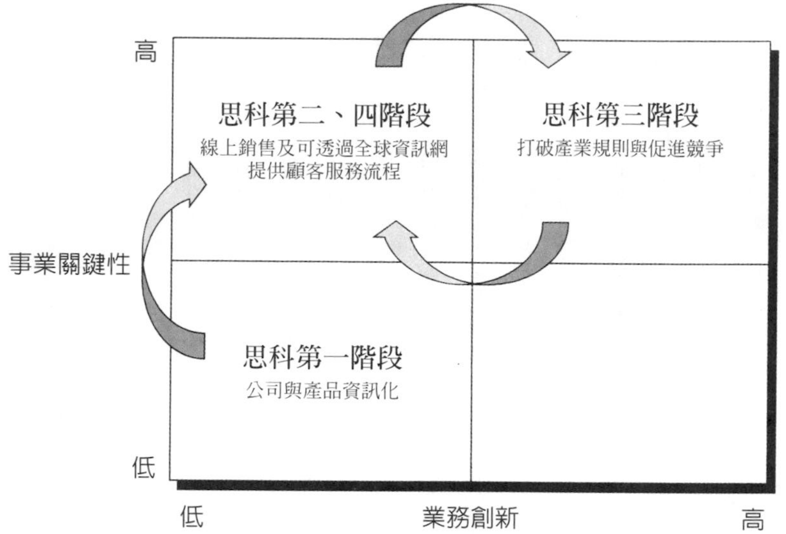

圖8-3 CCO 的演進 CCO 由少數公司與產品的重要資訊開始（第一階段）。當 CCO 使愈來愈多思科的商務——從產品訂購到交貨——更加便利時，它的事業關鍵性也跟著提升（第二階段）。此時，CCO 所驅動的創新，變成了一種競爭力量（第三階段），迫使競爭者不是得迎頭趕上，便是居於落後地位。當這個產業大部分都開始以這種方式交易時，CCO 便重新移回到卓越營運這個象限。

ＣＣＯ並不是一夜之間就建構出完整的形式。它是歷經多年來的緩慢演進，甚至偶爾斷斷續續，方得以變成今天的面貌。圖8-3顯示ＣＣＯ隨時間而演變的情形。

思科製造線上查詢系統

要說思科網際網路商務新構想的基礎是思科製造線上查詢系統（ＭＣＯ），應該一點也沒錯，因爲思科的野心只是要創造一個以網路相連的全球製造環境。員工、供應商與其他授權的合作夥伴，將ＭＣＯ當成取得製造用應用程式、報告、工具與資訊的中心點。儘管ＭＣＯ刪減成本、壓縮週期時間並提升規模調整能力，藉著提升顧客服務至空前的水準，加入大部分的價值，但ＭＣＯ的設計著眼點，不在於節省思科人員的時間，而是在使其他收入來源的可能性顯露出來。ＭＣＯ使新類別的顧客，能夠想出應用思科解決方案於新需求類別的新方法。最後，藉著虛擬化大部分的製造後勤流程，ＭＣＯ將會提供找出並利用新商業機會的基礎設施。

最好我們能夠將ＭＣＯ當成一個供應鏈入口或是同好社群，而緊緊將思科接連到它的合約製造商、供應商、經銷商與後勤合作夥伴。ＭＣＯ首先於一九九六年六月部署，提供思科員工與供應商，能簡單又安全地取得即時製造資訊。部署ＭＣＯ最大的挑戰在於，如何將無數製造資訊系統的存取點，合併成單一的使用者介面。透過一個必要的使用者描述紀錄，ＭＣＯ網站的圖形式使用者介面，顯示包含衆多製造資訊連結，且動態產生的網頁。預測資料、存貨、訂單與其他關鍵性資料，都能夠透過這個安全的網站觀看。爲加強顯示，主網頁立即吸引使用者注意力，並從一大群單獨的製造系統中所取得的核准與警示，其中包括甲骨文公司的企業資源規畫資料庫。藉著與甲骨文的策略性關係，合力開發這個資料擷取解決方案，使這項整合成爲可能。

電子經濟中，合夥關係是不可或缺的。合夥關係要求，每個以網路接連的組織，發展出建立、維持與重新開始各種關係的能力。與供應商的關係，在電子經濟中特別具關鍵性。思科已透過MCO，發展出企業外網路應用程式，以利用供應功能中之生產力與效率。例如，傑比爾電路公司（Jabil Circuit）是個思科產品的合約製造商，它使用MCO使訂單交貨週期更合理化。透過連到思科製造資源規畫系統的一個直接連結，幾乎只要思科的顧客一下訂單，傑比爾就可以馬上看到訂單內容。傑比爾組合取自庫存的零件，然後直接運送給顧客。透過MCO，思科已經：

■能夠即時取得供應商資訊
■體驗到處理訂單較低的營業成本
■改進採購相關人員的生產力
■見到訂單週期的顯著縮短

藉著將其端對端價值鏈，與網路緊密地整合，思科已經建立了一座虛擬工廠。一九九〇年代早期，思科在供應鏈方面所面臨的挑戰是，如何在大量技術與市場改變的時候，迅速調高製造作業的產能。市場成長非常迅速，且思科想要提供接單生產模式給顧客。爲因應此情勢，思科實施一項包含五大新構想的策略，以兼具成本效益的方式調整供應鏈規模。

自動化思科的供應鏈，牽涉到五個新構想：

1.**單一企業** 單一企業（single-enterprise）這個觀念的產生，一直有助思科橫跨各種顧客，提供顧客服務的能力。實際上，它已經建立好一種基礎設施，使關鍵供應商能夠增加價值、管理及操作思科供應鏈的主要部分。有個主要的優點是，單一企業保證，整個供應鏈都發出相同的需求訊號。思科藉著以三種方式授權給關鍵供應商，進一步發展單一企業這個觀念。首先，思科已經將ＥＲＰ（企業資源規畫）系統擴展至供應商。藉著運用以網路相連的應用程式，思科已經將其供應商整合到該公司的生產系統。這些遍及單一企業的電子連結，允許思科與這些供應商，能即時地回應顧客需求。供應鏈某個節點的任何改變，都會幾乎立刻傳達到整個供應鏈。其次，思科已經運用電子資料交換（electronic data interchange, EDI）交易，自動化繞徑（routing）的資料轉換。第三，思科已發展出，能將多餘或重複流程自動化的跨組織流程與經營模式。例如，它已經消除來回傳送訂單與發票的需要，且將發出這類文件的成本，降低至五美元以下。在有這個新構想以前，每張訂購單與發票的開出，都要花費一百二十五美元以上。

2. **新產品介紹**（New Product Introduction, NPI）　一項思科的調查顯示，原型建造都需要重複四至五次，平均每次重複都要花一至兩週的時間。原型階段，成本與時間延遲的最大因素，乃是蒐集與散播資訊這個勞力密集的流程。爲了應付這個問題，思科將蒐集產品資料、資訊的流程自動化，藉此將需要耗費的時間，從一天縮短至不到十五分鐘。一九九七年，ＮＰＩ運用以網路相連的應用程式，已經替思科節省了三個月的時間，並且將總成本降低了二千一百五十萬美元。

3. **自動檢測**　思科瞭解到，它不可能將自己的製造作業，調整到與其成長目標相符的規模。例如在一九九〇年代早期，思科的人工檢測程序危及產品檢測的完整性，並造成檢測方法會隨特定工程師而不同。同時，思科想要將焦點放在新產品設計與介紹這個核心能力上。結果，思科幾乎將所有的製造外包給選定的供應商。爲了解決檢測問題，思科進行一個三步驟流程：首先，思科在供應商的生產線上建立檢測區；其次，一旦訂單進來，思科保證檢測室會自動調整好檢測程序；第三，思科發展出穩定的供應商合作關係，使供應商願意承擔更大的品質責任。檢測流程變成了例行工作，並且也被納入使檢測元件運轉的軟體檢測程式之中。一旦將檢測自動化與標準化後，就可以將檢測整個外包給供應商，使品質問題能從源頭就偵測出來。然而，儘管思科將大部分的實際檢測外包，該公司仍保留檢測背後所蘊藏的智慧。

4. **直接交貨**　直到最近，思科的交貨模式仍遵循工業時代的作法。合作夥伴裝配好的產品，都必須歷經兩段運送過程：首先從合作夥伴處送到思科，然後從思科再運送給顧客。每段過程思科都必須簽核，造成整個週期大約多加了三天。但是在一九九七年，思科成功地推出全球直接交貨模式，在此模式下，該公司大部分的製造夥件，現下就能夠將貨品直接送到顧客手上。結果如何？答案是現在思科已經能夠在三天之內，完成從生產到運送的流程。

5. **動態補貨**　在供應鏈自動化以前，思科的製造商與供應商缺乏即時的需求與供應資訊，因而造成延遲與錯誤。爲了彌補這種不確定性，思科經理人必須保有比所需還要高的存貨水準。這項不確定性造成更高的管理費。動態補貨模式允許市場需求訊號直接流向合約製造商，不會造成任何扭曲或延遲。此模式也容許合約製造商，即時追蹤思科的存貨水準。

藉該公司與其合作夥伴的網化就緒，思科的供應鏈管理，已經變成了一個含有大量平行處理的流程。傳統上，新產品推出一直是個連續的流程，其中必須由工程、採購、製造、行銷等單位，依照一系列耗時的步驟執行各項活動，方得以完成。爲了藉著壓縮週期時間，及與合作夥件交換即時資訊，來獲得真正的效益，思科已經將上述功能以網路連接在一起。工程師現在能夠在幾分鐘之內就蒐集到資訊，建立與模擬設計——過去這個流程需要花好幾星期才能完成。思科藉此減少設計與建造原型所需的重複次數，及減少提供新產品原型與交付新產品所需的重複次數。整個新產品上市時間已大爲縮短，同時也提升新產品的品質與產出。

思科員工線上查詢系統

思科的網化就緒不只由內往外看是如此，由外往內看也是如此。僅管CCO滿足了思科的顧客、合作夥伴、供應商與員工的需要，思科員工線上查詢系統（CEC）則是滿足思科個別員工獨特需要的資訊與服務。CEC包括許多新構想，其目的是要使所有內部與人力資源流程，都能利用一種自助的模式，並運用網路當成合作平台。爲了提升員工滿意度與調整員工人數，而不會招致不必要的管理費用，思科將所有的內部與外部員工服務重新改造。Metro可能是最顯而易見的員工服務應用程式，它是個旅費報告應用程式，能讓員工容易地申報費用。以公司美國運通卡支付的費用，會自動出現在個人的電子費用帳戶表單上。要每月查核超過一萬五千名Metro使用者的費用，只需要兩位稽核人員就可以。

CEC應用程式幾乎是由組織中的每個部門所建立，並提供員工下列的好處：

無所不在的溝通　全球每位思科的員工，都透過思科的網路而連結在一起。CEC藉著提供每位員工立即且一次完成的溝通，而將龐大的價值加到這個網路。例如，思科的行銷部門使用CEC，將最新的產品與定價資訊分送給全世界的員工，以節省成千上萬的列印與郵寄成本，並將產品上市時間縮短到一週。

有效率的商業流程　CEC的互動工具，減少員工在處理重複性工作上所耗費的時間，並且使例行性的商業流程更有效率。例如，想要使用CEC加入內部訓練課程的員工，可在任何時間任何地點完成線上登記程序，而不必與訓練部門員工說任何一句話。接著這個企業內部網路中的應用程式，將此訓練課程請求，傳送到該員工的主管等待核准，核准後將員工註冊到此課程中，然後再以電子郵件傳送給員工，以確認註冊的完成。

整合式商業系統　CEC的首頁，是做爲許多應用全球資訊網的資訊來源與服務的入口，所有資訊來源與服務，都共享相同的導覽工具與共同的使用者介面。員工能夠檢視線上平面圖，找出並預訂會議室、向資訊服務單位報告軟體問題、以及蒐集最新產品的促銷細節。

藉著將所有流程積極努力地移到全球資訊網上，思科便能夠在每季季末，將結算所需時間從十天縮短成兩天。就大多數財星雜誌前五百大企業的標準而言，十天依然是相當好的表現。兩天，對財務長卡特（Larry Carter）而言，甚至還不夠好。卡特不只堅持，公司的財務數字應該在每季結束後的二十四小時內結算完成，而且還保證，要將財務上的花費，從占營業額的二%，砍成僅占一%。這種維持虛結算帳的能力，也支持使人們能迅速決策的管理架構結構。這個系統讓資深經理人，能查詢事業中某個特別部分，或某個銷售人員的績效資料。下列應用程式清單反映出CEC互動式服務的廣度。

- **工程**　所有技術文件、推出版本的注意事項、軟體程式庫、錯誤瀏覽程式
- **銷售**　定價、產品配置組合、訂單狀態資訊
- **行銷**　完整的技術文件庫、產品型錄、辦公室與服務中心通訊錄、時事報導、活動清單、新

聞稿、廣告、及 Packet 與 CiscoLink 出版刊物的銷售和行銷資料

- **訓練**　線上訓練登記、訓練時程和概要
- **財務**　年度報告、思科股價與成交量歷史紀錄的連結、財務新聞稿、可供人下載的損益表、Excel 格式的資產負債表、旅費管理
- **人力資源**　津貼登記與管理、股票權利的行使、職務需求清單、保險方案資訊、保健服務提供者名冊、員工地址變更表格、新聞服務、俱樂部與團體、事業單位定義、組織新構想
- **設施**　技術回應中心、網路與系統績效資料、工作申請表、建築平面圖、自助餐廳菜單
- **採購**　資本設備及其他非生產性貨品的採購

愈來愈多的ＣＥＣ應用程式，都變成是賦予員工權力，對其工作環境負責的互動式服務。我們在此描述多項ＣＥＣ應用程式。

思科技術回應中心

思科的員工利用企業內部網路的網頁，報告電話、電腦硬體或軟體的問題；然後他們便能夠重新檢查請求的狀態，或者其他問題出現時修改請求。可從網路上取得的表單，會連到一個資料庫，以便將請求直接提供給適當的支援組織。自從該網頁啓用以來，技術回應中心（Technical Response Center）接到的電話次數便已經減半。由於員工將問題直接向支援組織報告，因此回應時間也變得更快。當員工人數成長時，思科便能夠利用較便宜的電子解決方案，調整技術援助的規模。因爲員工能透過系統追蹤他們的工作請求，不必打電話到服務櫃臺，因此員工也變得更有生產力。

Metro

儘管思科最初主要是使用企業內部網路做爲訊息發佈平台，Metro 卻是代表新一波應用程式，用來使商業流程更有效率。例如，考慮員工取得商務費用的退款程序。過去思科員工是用 Excel 工作表記錄商務開銷，工作表完成後，員工將工作表印出、得到適當位階之主管的核准、然後將此工作表送到思科的旅遊與費用部門請款。

相較起來，Metro 提供員工一個點選的介面，以便在線上記錄所有與費用相關的資訊。若員工已經使用美國運通公司卡來支付費用，Metro 便會顯示該員工目前之信用卡結算單的複本；接著員工將會把帳單中所有相關費用，轉移到費用報告中。過去員工需等待四至五週，才會收到退款。有了 Metro，員工的銀行帳戶或是美國運通卡，便可以在四十八至七十二小時內，以電子方式收到退款。

員工自助服務：內部用應用程式

大多數思科的內部用應用程式，都已經被放在全球資訊網上。例如，幾乎所有銷售人員在電腦上所執行的功能，都能透過全球資訊網瀏覽器來完成。思科的高階主管資訊系統與決策支援系統（Decision Support System, DSS）、訓練（包括遠距教學）以及自助服務人力資源，全部都以全球資訊網爲基礎。CEC支援全球數千名思科員工之間的立即全球性溝通，無論員工是想要與公司事件有關的資訊、需要取得健康津貼註冊、或是需要最近的費用追蹤報告，CEC都能夠使商業流程更有效率，並且降低全公司的成本。CEC提供給員工超過一百七十萬張網頁的資訊，員工每天大量運用CEC的存取。由於像CEC這種內部用應用程式的使用，便大大降低了手寫便條及列印文件的需要。

溝通與遠距教學

思科的網路持續加強與員工溝通的能力，並且也在人事訓練中導入一個重要的方向。思科員工只要在自己的桌上型電腦上啓動，便可以取得遠距教學模組。這些遠距教學模組的使用率，以及使用效果的相關資訊——都能夠輕易追蹤，以決定各種教育模組的使用程度。透過追蹤資訊，一旦組織需要改變，由於能夠評估模組的品質，所以能夠確保高水準的教學效果。

一九九七年時，思科總裁錢伯斯在公司季會上發表演說，這是第一次員工能從桌上即時看到這場演說。大約一千名員工打開電腦來看這場演說，還有另外一千名員工透過企業內部網路，在後來的廣播中看到這場演說。藉著使公司員工彼此間更親密的方式，這個現場視訊的流量化，提供了強化思科文化的另一項能力。思科估計，遠端觀看這場演說的員工，其數量相等於參加季會的員工。結果，錢伯斯將參與他每季演說的員工人數提高成兩倍。

同時在一九九七年，思科也與雅虎達成一項非正式的協議，使My Yahoo!有了專爲思科訂製的版本。My Yahoo!是個推播（push）技術應用程式，使用者在此指定某些資訊，代理程式就會搜尋網際網路找尋這些資訊，然後將資訊推送到使用者桌上。My Yahoo!追蹤每樣東西，從與競爭者相關的突破性新聞報導，到與全世界財務市場有關的最新資訊。結合電子郵件後，My Yahoo!已經變成思科內部的強大溝通工具。

總結節省成本	58,000,000
員工通訊錄	3,000,000
費用交付	3,000,000
津貼登記	1,000,000
員工溝通	16,000,000
招幕與雇用	3,000,000
訓練提供	25,000,000
補償金管理	3,000,000
存貨管理	1,000,000
採購	3,000,000

圖8-4　因CEC而節省的金額　儘管其主要焦點在將對員工的服務最佳化，而不在於節省成本，思科卻從CEC的推行，享受相當多的費用節省。以下是CEC如何在下列領域中替思科省錢：員工通訊錄一消除通訊錄列印／分發成本，及減少尋找資訊所花的時間；費用交付一將交付處理費用報告所花的時間，從二十五天縮短成三天；津貼登記一減少五〇%津貼管理所需要的人數；員工溝通一減少處理溝通所需要的時間（每位員工五分鐘）；招募與雇用一降低每次雇用的成本，有一七%的雇用是直接透過網路而來；訓練提供一降低訓練的旅行成本（透過現場錄影播送與虛擬教室訓練）；補償金管理一降低二五%管理人員花在補償金管理上的時間；存貨管理一避免雇用管理人員；採購一避免雇用採購員、事務人員或經理人。

CEC的策略性利益

思科從CEC驅動之員工最佳化解決方案（Workforce Optimization Solutions），每年實現的節省金額，總計已超過五千八百萬美元（圖8-4）。思科感謝這項節省，但是節省成本並不是CEC存在的正當理由。CEC存在的眞正理由是，雇客服務。CEC存在的理由是讓思科員工更容易取得資訊，也更容易找到彼此。這些應用程式已經允許思科調整其基礎設施規模，而不必加入一大堆東西，這是讓思科保持靈巧，與對顧客快速回應，結果便是產生反應更快的員工。而衡量指標是每位員工所貢獻的收入，平均每位思科員工帶來六十六萬八千美元以上的收入。此外，從更佳資訊流所帶來的生產力提升（保守估計每位員工百分之一，或是每週三十分鐘），使公司節省超過一億美元。由於這三個新構想（CCO、MCO與CEC），使思科減少了八億美元以上的整體成本支出。

由外而內的公司

我們在本書第一部時曾強調，最成功的組織都是電子商業價值矩陣上半部的方式參與電子經濟。矩陣上半部正是可獲得最多價值的部分。加入上半部兩個象限的企業，承擔最高的風險，卻得到定義市場與重新界定產業界限，這類具高度影響力的獎賞。思科已不斷找出並實施，位於電子商業價值矩陣上半部的新構想。同時思科也參與所有的四個象限中（圖8-5）。

強大的公司看起來無往不利，但是一度難以想像的全球最大公司的衰落，透露出它們遠比外表看起來還更脆弱的訊息。有整整三分之一，名列一九九〇年財星雜誌前五百大的公司，在一九九五年以前就消失了。當然大部分的消失都是購併所致，但是價值移轉也讓公司付出相當大的代價。管理階層所犯的大錯及疏忽，已經拖垮許多最著名的公司。這些大錯有許多可歸咎於行銷錯誤、技術上的自大、組織僵化甚或是運氣不好；但其中最嚴重的，應是缺乏願景及其他領導風格的限制。這也就是為何，我們將領導風格擺在網化就緒的第一個核心準則的緣故。

思科可能看起來刀槍不入，但是思科管理團隊對此知之甚明。如同我們所見到的，思科已經因

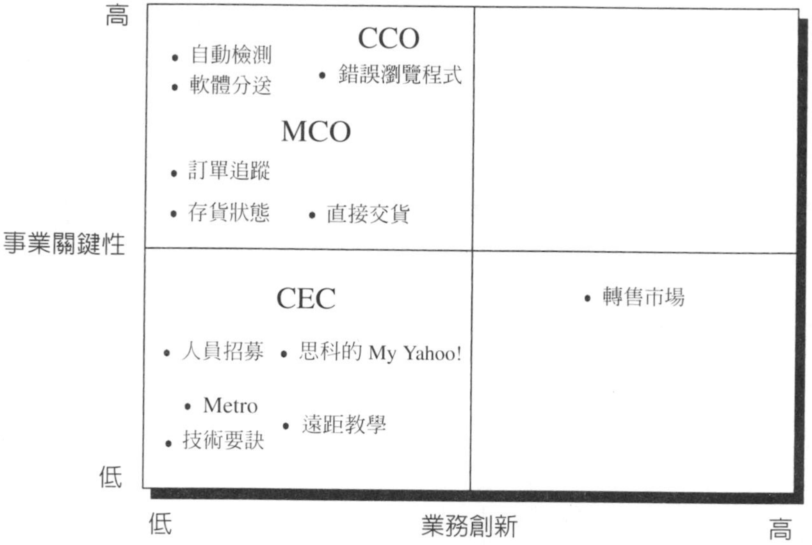

圖8-5 **對應思科的電子商業新構想** 思科商業新構想組合的簡短描述。該公司的組合，顯示出不同象限中的實驗。本圖對應出許多思科的策略性電子商業新構想今天的樣子。

一種新的管理模式，而造就一項令人羨慕的紀錄。部分是因爲該公司製作工具打造強大的網路，將企業與顧客及供應商連接在一起，思科已經結合網化就緒的所有特性，將管理工作轉型。

思科不只以創新的方式運用科技，同時還發展出盡可能使本身透明化的一種電子經濟系統。思科是一家由外而內的公司。它的電子文化，導致它熱誠地把焦點放在顧客身上、保證透過電子商業來驅動價值、以及願意授權給思科人，令其勇於冒險。這種透明化鼓勵思科人分享知識，而不是隱藏知識。它也鼓勵公司與外部人士合作，以獲得並保留智慧資產。

最後，思科證明有個觀念是正

確的，亦即要在電子經濟中成功，你不必非得是一家在網路上誕生的公司——不必在公司名稱後面加上一個.com。儘管思科絕對不是工業時代的遺民，但是思科時代的很多公司，現在都已經被電子經濟所淹沒。同時像思科這類的公司，正大步將自己徹底轉型成網化就緒電子企業。

9

亂中求序

現今已形同一場組織創造價值方式的革命

電子經濟要求，每隔六到九個月就要改變

因此產品生命週期觀念崩潰

又加上不破壞舊有的連結，就不可能利用新的電子連結

打破規則者便不斷推翻舊有經營模式……

總的來說，要在電子經濟中成功

你需要一個全新的心理模式

網際網路很可能會成爲所有人交易的主要空間，但對於尚未準備好面對不確定性與風險的組織而言，它仍是一個有敵意的環境。幸好網路上的成功，已經證明是網化就緒的一個函數。你的組織是否準備就緒了？

閱讀至此，你應該知道何謂「網化就緒」，以及你的組織必須做什麼，才能達成此目的。網化就緒最重要的啓示是，除非組織在領導風格、管理架構、科技與專長能力各方面都做好準備，否則將無法採行任何電子商業新構想。透過小心訂定策略、完美執行與運用精確衡量的方法，經由理性實驗進而產生突破性策略與卓越營運，應該不難邁向成功。但你也知道，眞實世界並不完美，事業單位在優先序、目標與資源方面，意見往往並不一致。這些單位通常隱藏眞正的需要，而要求無用的東西。組織隨機又盲目地反應，拚命要迎頭趕上，卻不確定自己到底在追求什麼。

是的，電子經濟顯得一片混亂，並且會阻撓任何想加諸其秩序的嘗試。但是這並不意味這個空間沒有律法。儘管不同的規則與機會，可能尚未完全被瞭解，我們依舊能夠明確表達部分主宰新興電子經濟實體的規則。人們已經觀察電子經濟的輪廓許多年，依據我們的經驗，有信心能完成這樣的觀察。回溯至一九六九年，管理大師杜拉克便已經看出知識經濟（knowledge economy）的形成。知識經濟是由資訊所推動，並且由新一類他稱之爲知識工作者所經營。近年來，個人電腦革命對於生產力、組織以及社會，從教育到醫療照顧的每個部分所造成的衝擊，都已詳盡地被記錄下來。

幾乎我們在本章中描述的所有規則，都是網際網路重大衝擊所造成的結果，它可以刪減因重複而增加的成本——顧客與組織交換貨品、服務或想法時所進行的搜尋、協調及監督。例如，透過電子經濟搜尋抵押貸款、執行銀行交易或取得顧客支持時，這些活動的成本會下降達九〇%，或甚至更多。在部分案例中，更因徹底降低交易成本，致使免費提供服務成爲可能。屆時，服務供應商與消費者之間的合作——而不是成本——變成了最重要的議題，並且服務會轉變成經驗，成爲具最高附加價值的商務形式。

電子經濟的十一項規則

一場不沈靜的革命，正鼓動著經營規則、挑戰每一項假設、並且試圖扭轉多項現有的結論。就組織創造價值的方式而言，這已形同一場革命。新經濟正在打破經長期認定，且與顧客、供應商及合作夥伴互動有關的原則與慣例。傳統經濟的特質與電子經濟重新定義的特性，兩者之間存在許多傳統智慧所珍視的法則。我們在此試著清楚說明十一項新規則，以及它們對於電子經濟的推論：

1. **決定你是打破規則者、規則撼動者、規則訂定者或是規則接受者。**
2. **拆解企業價值鏈的各個部分：以實驗吞噬你的新構想，否則也有人會這麼做。**
3. **成爲機會主義者：必須不斷質疑、改進並對顧客解釋你的新構想。**
4. **把焦點放在移動的東西上，而不是放在停滯不動的東西上。**
5. **沒有人能夠獨力完成所有的事。**
6. **情勢逆轉：供應商與顧客必須以前所未有的方式合作。**
7. **跑步，不要用走的！**

8. 網路才是關鍵，笨蛋！
9. 聰明地決定提供額度。
10. 思考品牌權益與通路權益。
11. 規畫很重要，但千萬別做規畫。

決定你是打破規則者、規則撼動者、規則訂定者或是規則接受者

向舊有的規則挑戰，並檢視你自己的規則。厭棄你自己的規則與點子。隨意地思考，何妨對你手邊正在處理的問題開個玩笑。

——梵・伊奇（Roger Van Oech）

標題下的打破規則者、規則撼動者、規則訂定者、規則接受者，各別反映出對風險的態度。它們定義了你與組織和電子經濟之間的關係，以及將價值傳送給選定的顧客所採取的策略或態勢。電子經濟領導者從中擇其一，然後據此決定組織投入的方向。電子經濟一個諷刺的現象是，當你的願景變得愈昂貴時，公司的焦點必須變得愈來愈窄小。有個導致失敗的公式是，把你的市場機會與角色廣爲散佈，讓它們看起來似乎無限寬廣。準確地找出可能發展成大市場的未開發機會，是任何領導者的首要挑戰。但是第二個挑戰也同樣非常關鍵性：決定抓住此機會的最佳途徑，然後堅持上路，並且仰賴你的專注，使你不至因無數大聲向你召喚的其他途徑而分心。

選擇精通一項準則，並不意味著要放棄其他三項準則。大部分公司的確在任何時候，都會有涵

蓋這四項準則的新構想。然而爲了達成長期成功，你必須在特別的領域內以單一準則來下賭注，並且要將衝勁與資產集中放在這個準則上頭。這些準則中，任何一項都沒有道德上的負擔，也沒有對錯。每個準則在某個時候對你的組織而言，都可能代表最有效的作法。一般來說，每項準則都能夠以你的組織所願意承擔的風險程度，以及希望獲得的獎賞，來加以評估。

打破規則者

打破規則者推翻舊有的經營模式。藉著令人注目的獲利，提供令人無法忽略的新典範而摧毀整個產業。憑藉著提供極佳的價值主張(想想看一九八五年的蘋果電腦，與一九九六年的亞馬遜書店)，這些人迅速地重新定義產業，並且立即改變了產業規範 (想想近一兩年，汽車產業的 Autobytel.com，及線上證券交易的 E*Trade)。打破規則者通常會造成變動，而將組織帶領到未開發的新領域。

幸運的話，打破規則者能夠訂定產業規則，甚至能夠實質上創造一個新市場，並主宰這個市場。在這種情況下，打破規則者所提供的規則，變成了實際上的標準，此時，打破規則者變成了規則訂定者(請見下一節)。打破規則者通常享有最先採取行動的優勢，這個優勢可轉變成顯著的經濟價值。打破規則者通常具有最先及能依喜好接觸到：

- 顧客與市場
- 市場上的一流人才
- 資金提供與創投公司資金
- 最有影響力的合作夥伴

同時，一旦打破規則者建立與顧客的關係後，便具有空前大好機會，藉著加諸高轉換成本將顧客鎖定。

打破規則者通常也承擔了劣勢，其不利的因素包括：

■可很快被取代的經營模式

■微薄的利潤率

■造成障礙的技術轉變

■高風險

如果你在思索誰是打破規則者，那麼就會開始注意到一件難以理解的事：打破規則者極少從市場上提供服務的領導廠商中出現。打破規則者更常來自第二級、第三級或甚至是來自產業以外的廠商。片刻的深思可以找到答案：領導廠商通常沒有誘因使其成爲打破規則者，因爲他們已經擁有這個產業。很少有高階主管會質疑，使組織變得富有的老法子；那也就是打破規則的活動通常是從零開始的緣故。

並非所有的打破規則者都會成功，而且失敗者所受到的懲罰可能相當慘重。曼奇（Jim Manzi）這位極度成功之 Lotus 1-2-3 試算表的創造者，成立了 Nets 公司，創造工業應用及企業對企業應用的特定領域殺手級虛擬購物中心。如果曼奇眞的成功了，許多產業將會發現，它們的營運規則不只被打破了，而且還會永遠被粉碎。可惜呀！當全世界正轉向開放性標準之際，Nets 卻採用專屬而封閉的經營模式。如同結果所顯示的，該公司價值主張的各個部分，都已經被 VerticalNet 及 Netbuy 等公司取代。

戴爾電腦的驚人成功，來自於它打破成規地瞭解到：將複雜的後勤軟體與電子經濟大量客製化的機會結合，可以爲它與顧客建立直接的關係，並容許它只組裝顧客實際下單的個人電腦。與原先生產電腦庫存再期待有訂單來的模式比較起來，這個範例顯得卓越非凡，使得競爭者立即拚命想複製戴爾電腦的模式。

然而，打破規則者的處境是危險的，因爲他們完全暴露在競爭對手的眼前。網景公司打破瀏覽器領域的規則，並且有一段時間完全主導整個產業，其占有率幾乎達到百分之百。但在電子經濟中，最先採取行動的優勢不可能持久。如同我們先前提過的（請見第一章「優勢變得更短暫」），暫時性優勢是電子經濟中僅有的優勢，在網景的案例中，其優勢是以月來衡量。

同樣情形，Onsale 公司（請見第五章「將產品移到食物鏈上層」）並未打算成爲打破規則者。它以實驗的方式開始，自問如何利用網路銷售過剩的電腦設備。在現行採用的模式之前，該公司做了許多拍賣形式的實驗。更重要的是，該公司現在仍然不斷實驗，也仍舊在打破規則——你可以見到它針對企業市場的新拍賣實驗——以瞭解是否尚有其他通路可利用。經由一段時間的理性實驗，Onsale 的策略是將這些實驗中最成功的部分，移到電子商業價値矩陣的上半部，以便對公司的成功產生更大的影響。

Linux 開放原始程式碼而打破規則

要一窺打破規則者初期所面臨的絕望，請看看對於 Linux 作業系統的這股狂熱。Linux 作業系統藉著將原始程式碼免費提供個人，且不讓任何人擁有的方式，打破由微軟所強勢主導的專屬作業系統市場規則。

Linux 追隨者展現出一種非商業性熱情，這種熱情以宗教式熱情來描述最爲貼切。Linux 是開放性原始程式碼軟體的最佳範例。這種軟體指的是，由使用者以民主的合作模式擁有及修改的軟體。Linux 一直提倡，開發人員有自由將 Linux 產品修改成符合他們需要的工具。很多 Linux 早期的開發人員接受它，也投身其中，因爲 Linux 提供他們一種同儕之愛的感受，同時也做爲一種聚會場合，讓他們可以互相貢獻，使這個作業系統功能愈來愈強大，並具有多樣的應用程式。最近這個軟體已經變成媒體的最愛，並將 Linux 稱爲「微軟殺手」。隨著愈來愈多主流電腦公司，將不同版本的 Linux 與視窗作業系統搭配併售時，只有少數分析師會質疑，Linux 已經在作業系統體系中占有一席之地。Linux 打破規則的希望會進展到何種地步，是一個大問號。即使是現在，商業化的無情力量，也正威脅著要使合作式的脆弱網路崩潰。

若要使 Linux 能在商業上被接受，它必須處理一個與生俱來的衝突——網化就緒組織需要標準化。但是 Linux 擁護者多半抗拒標準。從 Linux 世界的觀點來看，Linux 的標準版本，是與開放性原始程式碼的價值不相容的。儘管許多開發人員覺得，標準化的 Linux 商業版本令人無法接受，但我們相信，若 Linux 要跳脫只是個二線作業系統，僅受到不想讓比爾・蓋茲賺錢的大學生喜愛的評價，它就必須更像微軟的視窗作業系統。

規則撼動者

規則撼動者相信，要得到水果的一個好辦法是，抓住果樹的分枝，然後開始搖晃。並非每個新構想都會得到成果，但看你是抓住哪一根樹枝，以及你如何搖晃它，總有一兩個新構想會得到成果。基於這個理由，網化就緒公司在電子商業價值矩陣的四個象限都會有新構想（圖9-1）。儘管最具影響力的新構想，通常似乎會發生在矩陣的上半部，但是一般它們並不是從那兒開始。事實上，大部分新構想源自於矩陣下半部，新基本事務及理性實驗這兩個象限。規則撼動者與打破規則者的差別在於，他們滿足於網路化，要不然就是去撼動更大量非關鍵性的商業流程。藉著在商業流程負有關鍵性任務之前先做實驗，規則撼動者希望建造能在市場上成功的東西。這是個比打破規則者模式風險更低的辦法。規則撼動者的創新展現成效時，接著便可以將創新遷移到突破性策略這個象限，然後再遷移到卓越營運這個象限。

威廉斯公司（Williams Company）（www.williams.com）是個規則撼動者的好例子。威廉斯九十年前成立於阿肯色州（Arkansas）的 Fort Smith 地區。直到一九八二年開始整合其州際天然氣管線的全國性系統以前，該公司一直是個不起眼的建築公司。到一九九二年，威廉斯已成爲全美最大的天然

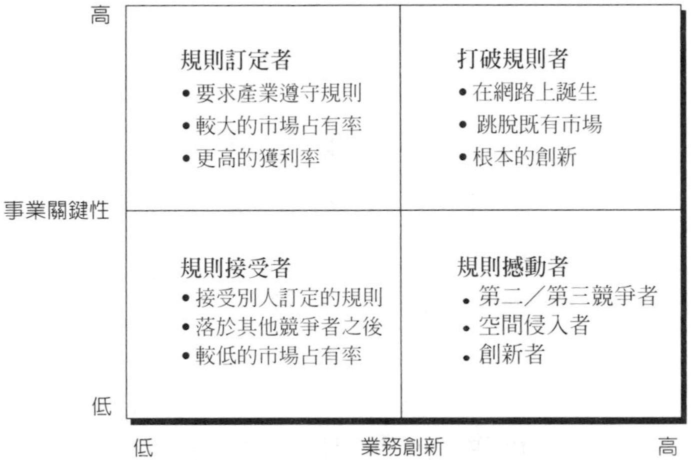

圖9-1 **規則訂定者、打破規則者、規則接受者與規則撼動者的特色** 藉著將規則訂定者、打破規則者、規則接受者與規則撼動者對應到電子商業價值矩陣，某些與這些角色有關的結論就會顯露出來。市場主導廠商，傾向於不成爲打破規則者，因爲它們更厭惡風險，並且也看不到誘因去打亂已知爲可行的經營模式。打破規則者通常在網路上誕生。規則撼動者爲第二級或第三級的公司，或是不同市場的公司。規則訂定者傾向於是個早期採納者，具有較高市場占有率及較高獲利率。

氣運輸業者。然而，使威廉斯成爲規則撼動者的因素，是因爲它瞭解到，不用的管線代表可用於經營光纖纜線業務的基礎設施。威廉斯一夕變身，就變成了一家通訊公司。今天，威廉斯已成爲能源與通訊的全球領導者。透過創業家式的冒險精神與規則撼動，威廉斯替自己在電子經濟中開拓出一個地位。

Priceline公司（請見第四章「拍賣合夥關係」）是規則撼動者的另一個好例子。該公司所依據的觀念——匯集買主、資訊化、拍賣、客製化與社群——並不是它所原創，但是它將這些觀念與獨一無二的價值主張緊密結合，使得該公司震撼了整個旅遊產業。

規則訂定者

保有規則訂定者的地位，是一種讓人極想擁有的狀態，因爲這代表該公司主導產業的程度，已經強勢到其他人只能選擇扮演追隨者的角色。憑藉市場占有率，微軟成了規則訂定者。若有軟體販售商決定，藉著開發忽略視窗98規則的產品測試自己的獨立能力，會是個愚蠢的舉動。規則訂定者利用電子經濟的新動態：客製化、數位化、個人化、即時流程、零存貨，以及最重要的一點——前後端流程與整個價值鏈的完美結合。但若缺乏貫徹執行的能力，即便是最令人信服的願景，也絕不會成熟到成爲訂定規則的狀態。

做爲規則訂定者的好處，包括比打破規則者承擔較低的風險。規則訂定者終究能夠利用打破規則者付出代價所學到的經驗——無論是好的經驗或是壞的經驗。規則訂定者採取容許其他人替他們開拓市場的策略，放棄最先採取行動的優勢，以交換利用其他人犯錯的好處。一旦他們掌握到正確時機，規則訂定者就會採用新的營運改進措施，希望最後能成爲產業中的規則訂定者，並且在更成熟的市場中享有更高的利潤。除了直接與打破規則者競爭之外，規則訂定者也會追求其他可能的策略。例如，他們可以買下打破規則者。一旦買下對手之後，他們就能夠利用打破規則者的技術，或者在少數的案例下，將技術消滅。

爲了成爲規則訂定者，公司不一定要先成爲打破規則者，也不必先置身某個產業，才能爭取到這種角色。例如，藉著瀏覽器這種網際網路上第一個殺手級應用程式的開發，網景公司成爲打破規則者。但是微軟利用其作業系統及壓倒性的顧客信賴度，推出網路探險家瀏覽器，並且快速搶占規則訂定者的角色。以非常相似的方式，E*Trade是首先建立合法的大幅折扣線上交易打破規則者。但是有好的理由可以說，事實上嘉信理財才是這個產業的規則訂定者。藉著快速回應E*Trade的挑戰，以及運用結合其核心能力——由強大證券交易商網路所支持的強勢品牌與通路權益，嘉信理財已經承接線上交易領域標準設定者的衣缽。嘉信理財明確地將其現有的基礎架構及通路，與電子經濟整合。今天，嘉信理財的客戶享有多種交易管道——他們能夠在線上交易、親自到嘉信理財的營業處交易，或者透過電話與嘉信理財的交易員交涉。其他想要進入此市場的財務公司，將會聰明地遵循嘉信理財的領導作風。

規則接受者

要獲得成功，不一定非得成爲開拓者才行。規則接受者能夠檢視競爭者現在所做的事、評量產業外的公司、研究行得通的過往紀錄，然後加以複製。另一方面，規則接受者在不同的劣勢下營運，它必須支持其他公司所訂定的路徑規則。例如，Gateway、IBM及其他個人電腦製造商，必須支持戴爾電腦所建立好的規則。藉著使全球資訊網成爲成功的個人電腦銷售通路，戴爾電腦成爲打破規則者。戴爾電腦規則訂定者的角色已獲得大家的認可，現在Gateway與其他個人電腦製造商，不得不在違反個自喜好的情形下，被迫成爲規則接受者這個角色。

規則接受策略，代表四種準則之中風險最低者。規則接受者滿足於支持其他人所建立的規則，並且找出產業中可以設法加入價值的角落。儘管規則接受者的風險低，潛在的報酬也傾向較低，利潤與市場占有率通常也少。這是一種危險的策略，卻行得通。對於非策略性的作業而言，厭惡風險是個合理的事務性考量。對於核心事業或是主要廠商而言，規則接受模式通常不會有用處。

在資訊科技領域中，應用程式開發人員是規則接受者最明顯的例子。目前來說，應用程式必須針對作業系統設計，在此情況下，作業系統只不過是一組複雜的規則而已。有新軟體產品的公司，首先必須做的策略性決定之一，就是要支援何種作業系統。微軟的視窗作業系統，控制超過全世界九〇%的商用桌上型電腦，因此它是這些規則接受者必須追隨的規則訂定者。只有在公司發表應用程式的微軟版本之後，它才有餘力思索移植到其他規則訂定者的版本，例如蘋果電腦的麥金塔作業系統，或是 UNIX 作業系統。而在專業環境中，其他規則訂定者才可能占優勢。例如，在攝影應用程式方面，麥金塔作業系統可能是最優先的考慮；而動畫電影的應用程式，通常會針對視算科技（Silicon Graphics）公司的作業系統而寫。

電子零組件通路領域中，主導的電子商業店面是亞諾電子公司（www.arrow.com）及 Avnet 公司（www.avnet.com）。馬歇爾企業電子經銷公司（Marshall Industries）（www.marshall.com）是一家第二級的店面，它建立一個根本改變交易方式的網站，而成爲打破規則者，並藉著在全球資訊網現身與執行的高效率結合，而成爲電子零組件產業的先驅。亞諾與 Avnet 該如何回應？它們在策略上故意裹足不前，以便觀看事情會有何進展，以及馬歇爾是否眞正有料，或僅是自不量力而已。值得稱許的是，亞諾與 Avnet 已經見到了採取規則接受者角色的好處，目前也採取了動作，要在數位價值鏈中結合網際網路相關的流程與機會。這兩家公司對於馬歇爾打破規則的嘗試，並不過度擔心。亞諾與 Avnet 注意著馬歇爾的實驗，並且決定利用它的實驗結果與錯誤。它們其實覺得自在，因爲主導的地位容許它們及時反應，以保有主導權。至於這樣的決策正確與否，尚有待最後判決。

當道者請注意

電子經濟通常對待當道者（incumbent）相當嚴厲。當道者一般不具有，追求電子經濟成功所需的風險承受力及網化就緒的特性。由於缺乏彈性，使它們容易受到各式各樣新加入者（通常是資訊中介者）的傷害。新加入者能夠靈活地利用電子通路，克服（在某些情況下是取代）當道者所仰賴的實體通路。在有些市場我們很容易見到新進入者的蹤跡，但是對隨處可見的傳統企業而言，壓力就在它們必須去思索競爭的含意。若有組織必須與新加入者所鎖定的新加值型角色競爭，這些組織勢必需要採取完全不同的領導風格、管理模式與經營實務。它們成功的關鍵將在於，是否能運用進入電子市場所需要的特許權。

這項任務並不簡單。對大部分的當道者而言，電子經濟需要在組織方法、結構、領導風格、態度、思想傾向、人力資源與經濟效能評量方法等各方面，能有廣泛的改變。很多當道者必須拆解現有的事業或通路，並且冒著在建立新事業的同時癱瘓傳統組織的風險。如同大幅度改變計畫常會碰到的情形一樣，一小群核心人物將會是這項努力的成敗關鍵。然而，這些人可能必須從外聘請，而不是公司內部培養出來的最優秀人才。對大部分傳統組織而言，要設計一種報酬策略以吸引這樣的人，可能必須建立一個獨立的電子經濟事業單位，或是重新規畫現有的組織界線。即便已經成功培養出具有推動創新能力人才的公司也必須小心，不要因爲打算在較長時間之後將組織轉變回傳統模式，而扼殺掉這個冒險事業。

願意承受風險，是組織不可或缺的態度。強調反覆學習，將有助於快速建立必要的技能與心態。但仰賴詳盡管理流程的長期策略性計畫，不可能會勝過那些沒有包袱又敏捷的新加入者。所以AT&T開始擔憂害怕MCI與Sprint的動作會有多快。最重要的一點是，勇氣正是當道者所需要，且能賦予其力量加入電子經濟。成功的因素包括：實驗新方法、精通新科技、挑戰傳統的市場定義、在初期收入少的階段中存活下來，以及可能必須將核心事業拆解。但是這樣做的潛在獎賞極大：當道者將會獲得，要在動態的新市場競爭所需的新平台工具。

拆解企業價值鏈的各個部分：以實驗吞噬你的新構想，否則也有人會這麼做

所有偉大的眞理，一開始都被認爲是褻瀆上帝的話。

——蕭伯納（George Bernard Shaw）愛爾蘭劇作家

電子經濟要求每隔六到九個月就要改變，並推出新科技與商業解決方案。產品生命週期這個觀念已經崩潰，推出下一個模式之前，不必再等待前一個模式的成熟。近來，新機型都在舊機型依舊賣得很好時推出，而更後面的產品也準備好要推進市場。是不是電子經濟都必須拆解價值鏈，並冒著與已建立好關係的生意夥伴疏離的風險？若是你做對事情，就一定會這麼做！不破壞舊有的連結，就不可能利用新的電子連結，也不可能重新建造新價值的基礎。

例如，位於俄亥俄州首府哥倫布市（Columbus）地區的第一銀行（Bank One）正運用這項規則，

當作其理性實驗的一部分。儘管已經有耗費數百萬美元所開發出來的現有線上資產 www.bankone.com，第一銀行依舊推出一個稱爲 Wingspanbank.com（www.wingspanbank.com）的獨立網路實體，並且讓 Wingspanbank.com（「若你的銀行有可能重頭開始，它的樣子就會像這樣」）與 Bankone.com 競爭。這樣做的風險在於，此策略不必要地產生了通路衝突，並建議現有顧客去購買實體銀行或是網路通路所提供的銀行商品，這樣對銀行來說是無利可圖的。我們爲第一銀行的大膽策略鼓掌叫好。我們相信，網路銀行應該可協助第一銀行，將其參與權拓展至新顧客，以及拓展至現有局面以外的機會。即便要冒著侵蝕一部分客源的風險，第一銀行仍舊希望，有個線上銀行業務品牌，將可吸引到更瞭解科技的顧客。Wingspanbank.com 公司的資深副總經理麥凱恩（George McCane）說：「若顧客喜好與沒有實際場所的純線上銀行有業務往來，此目的在於依舊要讓他們與我們有業務往來。」他又說：「純線上顧客的這類人士，乃是想要參與並投入尖端科技的人——這種人與喜歡基礎穩固之實體銀行特色的人，有極大的不同。」

成爲機會主義者：必須不斷質疑、改進並對顧客解釋你的新構想

如果你沒有在今天速度扭曲的經濟中撞得鼻青臉腫，我們會給你一個封號。那就是死亡。

——富比士雜誌ASAP

價值主張快速更替之際，你不能等待顧客去搞清楚你的產品或服務能夠提供些什麼。電子經濟的變動快速，唯有主動積極才能迎頭趕上，不能等待顧客來教育你，是你必須教育顧客。你需要提供顧客新科技，一旦顧客產生慾望，或許你便能依此滿足他們的需要。

我們已經談論過，電子經濟到處充滿機會。除非你也隨時伺機而動，否則你將會發現，飢渴的競爭者正迂迴地滲透到你的價值鏈中，擷取你所倚賴的關鍵性價值。一九九七年美林證券表示，全方位服務證券經紀商所提供的智慧，是機會主義式交易的網路經紀商所無法比擬的，因此不去理會提供手續費折扣的經紀商。我們知道，藉著將美林證券認爲無可拆解的兩種決策分開，E*trade與嘉信理財這兩家提供手續費折扣的證券商，打破了美林證券的價值觀。結果顯示，決定買賣證券的步驟（這正是涉及智慧的部分），以及實際買賣證券的步驟，根本是完全不同的兩件事。縱使美林證券還看不出來，它大多數的顧客已經看出這個差異。原是全方位經紀商的客戶快樂地接受它們的智慧，但是更樂於透過手續費折扣經紀商進行交易。美林證券最後終於聞到卡布奇諾咖啡（cappuccino）的味道，而開始擁護折扣交易、拆解價值鏈的各個步驟，並且在其全方位經紀人之間引起一場小型的革命。這些人突然必須接受：機會主義正是網際網路交易的精神所在。

把焦點放在移動中的東西上，而不是放在停滯不動的東西上

進步的藝術是在變動中保有秩序，以及在秩序中保有變動。

——諾斯・懷特海德（Alfred North Whitehead）美國哲學家

爲了在電子經濟中成功，你需要一個全新的心理模式。這也意味著，你應該把焦點放在變動中的東西上，而不是放在停滯不動的東西上。傳統經濟等待事件放慢腳步。在電子經濟中，當旋轉門在轉動時，你需要把焦點放在個別的元件上。你需要以生物學的思考模式（biological mind-set），取代實體架構。實體的規則系統，把事件都看做是不會活動的固定元素，並且這個系統會持續主導傳

統經濟的世界觀。生物學上的思想傾向，將資料、位元、思想、市場與組織，都視爲有如天生就能夠變動與成長一樣。以下是許多其他必要的焦點轉移：

■**把焦點放在增加收入，而不是提高利潤上**　傳統經濟強調成本及成本降低；電子經濟把焦點放在能提高收入的關係與機會上。

■**把焦點放在關係上，而不是放在事情上**　重要的是網路，而不是節點。眞正的價值是位在中心，而不是在你的企業所占據的一小段軌道上。儘管智慧確實存在於節點，但若缺乏以創造價值方式產生無數的連結，並且讓這些連結培養關係及釋放智慧，這些存在於節點的智慧其實毫無價值可言。

■**把焦點放在流程上，而不是放在結果上**　若是能減少到只要一次計算，或只要有一個簡單結果就可以，那麼就太貶抑電子經濟的商業價值。個別交易的重要性不如關係、流程、與過往紀錄。要將電子經濟當成是一種轉型式經濟，而不是一種交易式經濟看待。換句話說，思考要有大格局。極有可能，你心中所認爲的機會太過狹隘。

■**把焦點放在最佳化，而不是放在最大化上**　工業經濟對最大化的強調，已經造成了企業僵硬、短視、工人與管理階層之間的緊張關係，以及大量的生態與社會問題。藉著將組織視爲交互相連網路的一部分，且此網路的共同福祉，乃依網路中彼此關係之健全程度而定的方式，電子經濟得以將焦點放在最佳化上。最佳化與最大化有何差別？讓我們用一句話來做說明。人類最適體溫是華氏九十八點六度，而最高體溫則每次都足以殺死你。

■**把焦點放在轉型上，而不是放在平衡上**　傳統經濟被視爲是，已經調整成有合理生產力的機器，所以必須持續維護以避免毀壞。不幸的是，創新通常被視爲是一種破壞。傳統經濟獎勵逐步改進主義策略，但是這種觀念如同德州所流傳的一句話——那隻狗再也無法狩獵了。彼得士（Tom Peters）在《The Circle of Innovation》（紐約：Alfred Knopf 出版社，一九九七年）一書中說道：「逐步改進主義，幾乎等於對潤飾昨日典範不經意的執著。」麻省理工學院媒體實驗室負責人尼葛洛龐帝（Nicholas Negroponte）也表同意：「逐步改進主義是創新最大的敵人。」只有欣然接受轉型，電子經濟才能達到穩定。你必須在秩序與混亂之間努力找到一個平衡點，而當心中存疑時，就站在混亂這一邊。

沒有人能夠獨力完成所有的事

摩根先生收買他的夥伴；我則是培養自己的夥伴。

——卡內基（Andrew Carnegie），財政專家　比較他與摩根（J. P. Morgan）的合夥作風

這是一種似是而非的論調。顧客要求最高等級的產品與服務，也要求提供的廠商組織，能將這些產品與服務緊密地整合。同時，每個顧客都需要彈性，以及被視爲單一個體的這種感覺。這些價值觀在電子經濟中永遠處於緊張狀態。致力提供顧客全方位選擇方案的公司經常會決定，它們必須要夠大，並且要包括所有東西。但是這樣的規模會產生沒有彈性的階層架構，且會減少對個人回應的流程。

爲了有效地競爭，擴展中的電子經濟會要求企業去建立關係。電子經濟無法容忍自大，並且會懲罰自認爲單一賣主比合夥關係更能夠提供顧客服務的貪心者。單一賣主模式已經是一條死胡同。

事實證明，爲了面對競爭，已擴展開的電子經濟確實要求企業必需建立關係。世事與科技變動得太快，任何組織都不可能發展出百分百滿足顧客期待的所有核心能力。透過以全球資訊網爲基礎的網路應用，企業目前所建立的價值鏈，不只能夠抓住像顧客、經銷商與供應商那樣的傳統夥伴，也能夠抓住新的網路店面、競爭者與管理當局。同好團體與其他網路的形成，有助於你的組織，利用機會將必要的核心能力與潛力結合在一起。此外，這種情形也降低了追逐機會時會牽涉到的風險。將必需的電子商業店面結合在一起，以形成各種關係的能力，乃是新興電子經濟中不可缺少的能力。

電子經濟對於合夥關係永不滿足的堅持，現正建立起各種不可能的關係；競爭者正與競爭者建立合夥關係；顧客也正與供應商建立合夥關係。幾年以前，很多這類的關係一直讓人感到厭惡——甚至是不合法，現在這些關係建立，都已經成爲稀鬆平常的行爲。

新創公司合夥關係所帶來的效益，在品牌促銷方面特別顯著，因爲如此便可利用更具知名度的合作夥伴的消費者信賴度。新創公司也見到其他效益，例如利用合作夥伴建立顧客流量，藉著將自己與合作夥伴的品牌知名度結合提升自己品牌的地位，以及利用合夥關係來取得關鍵性資源，例如資本、系統、人才、資訊與市場。最後一點，堅強的合夥關係可用來阻擋其他廠商進入自己的領域，因此能在競爭中取得先機。

有信譽卓著品牌的組織，通常都會從與新興廠商的合夥關係中獲益。最低限度，這種合夥關係可將品牌拓展至新市場與新領域。甚且明智的合夥關係，能使公司獲取新顧客，以及更多與現有顧客相關的資訊，這種關係使公司更瞭解需求(立即式的市場研究)。適當的合作夥伴能增加收入來源，並協助累積必要的知識。與新創公司的合夥關係，能夠帶給已建立地位的公司，一種重新喚醒的創業衝勁與感覺。

網化就緒的公司也承認，建立與管理合夥關係充滿了危機，協調時可將有形的價值，放在雙方提供的貢獻與效益上，使它們更顯而易見且更能持續不斷。為了指派組織中的個人明確的責任，以及為了建立與監督衡量成功的標準，協調是不可或缺的。目標、觀點與文化差異，對建立合夥關係帶來衆多挑戰，而信任問題通常會侵蝕成功所必需的密切協調。在很多案例中，缺乏與指定角色的協調，會導致承諾逐漸降低。其他潛在的障礙包括：各項活動的不同優先序，或是不同時機的問題，例如當某個夥伴想要推動電子商業，而另一個夥伴想要建立品牌，彼此之間就會造成緊張關係。合作夥伴彼此的管理架構模式通常也會有衝突，而造成難以解決的權力鬥爭。最後一點，若其中一個夥伴比另一位夥伴，對彼此關係的牽連更深時，也可能會產生其他問題。尤其是，若其中一個夥伴正處在生死存亡的緊要關頭，而對另一個夥伴而言，卻只是衆多合夥關係的其中之一而已。

情勢逆轉：供應商與顧客必須以前所未有的方式合作

全球資訊網容許你與顧客及潛在顧客反覆辯證。成立一個能進行與企業精神有關之辯證的網站。

——瓦特．華克（Watts Wacker）SRI顧問公司

電子經濟正在運用傳統智慧。試想：僅僅幾年以前，供應商與顧客之間共享價格資訊，乃是遭到解雇的理由。組織的採購人員與其供應商之間，有一種近乎敵對的關係，因為大家總覺得採購是一種零合遊戲：若他們多得一分，我們就會少得一分。結果造成公司的商品採購，幾乎成了一種辦

事員等級的活動——由最低成本所驅動的一個流程。如此幾乎完全失去，依據供應商與顧客互惠而建立共同利益的任何機會。

電子經濟使線上採購得以實現，並且藉由這種作法，改變了公司與供應商之間的規則，並且將長久以來受到忽視、幾乎沒有自動化的採購功能，提升成一種更具策略性的活動。其中的一項規則是，公司不行與供應商分享需求或生產資訊，因爲這項資訊會讓供應商在談判時享有不公平的優勢。

請注意，電子經濟也毀掉另一條愚蠢的規則。Enron 公司、Occidental 化學公司與其他五家石化公司已經建立一個網站，做爲協調保養、維修與營運用品的採購。其目的是與物料供應商合作，而不是建立僅僅以價格爲依據的敵對關係。這項合作結果產生了一種可提高生產力與提供更好顧客服務的購買流程。

跑步，不要用走的！

時間是偉大企業的朋友，卻是二流企業的敵人。

——巴菲特（Warren Buffet）伯克夏海薩威公司執行長

速度是電子經濟的最主要特點。電子經濟的新陳代謝作用，是以即時企業爲特色，這種企業會透過資訊即時性，持續不斷調整，以改變事業的營運狀況。企業從供應商那裡取得即時的商品與服務，然後再轉運給顧客。這樣做會產生兩種立即性的效益：首先，公司能夠降低或消除存貨及倉儲功能；其次，企業能夠從大量生產，轉變成依客戶訂製的一對一生產。

在這個以電腦位元爲依據的經濟中，即刻（immediacy）變成了創造價值的關鍵性驅動力或變數。

即刻並不受區域位置所限，關鍵在於步調，而不在場所，無論做什麼事，你都必須學習以更快的速度完成，直到差不多能即刻完成爲止。在與顧客的每次接觸中，你必須減少無效率，直到這項接觸毫無摩擦爲止。收入來源變得與產品生命週期同樣短暫。很多電腦公司今天大部分的收入來源，都是來自兩年前並不存在的產品。在傳統經濟中，像拍立得相機那樣的產品，可保證有數十年的收入來源，但今天的消費性電子產品，典型的生命期都少於六個月。

網路才是關鍵，笨蛋！

> 總要有人採取行動，很不幸的是必須由我們採取行動。
>
> ——賈西亞（Jerry Garcia）電影 THE GRATEFUL DEAD

對於沒有明確中心點與沒有清楚外圍疆界的系統，成員會發生什麼事？答案是，會造成傳統經濟中最基本的一項差異幾乎完全解體：亦即我們（自己，通常指賣主）與他們（非自己，其他人，通常指買主）的差別。在相互連接的電子經濟中，並沒有所謂的我們與他們的區別，只有我們之間不同的排列組合存在。成員身分變成了關鍵，並且焦點已轉向將成員凝聚在一起的相連機制。換句話說，連結才是重點，節點並非重點。網路上的設備會被取代——幸好能擺脫掉它們——但是連結會存留下來。

傳統經濟將焦點擺在節點上，因而產生了組織捍衛者。這些人是遵守規則者，並且對於獎賞服從與忠誠的機構極度忠誠。電子經濟打擊服從；至於忠誠，人們將會依據網路所促成關係的品質，付出彼此的忠誠。忠誠也不會流向整個組織，而是流向最佳化合夥機會的架構與通路。電子經濟中，有愈來愈多人會將自己當成是網路的成員，而不是某單位或節點的成員。就此而言，他們將會對將網路價值最大化，展現本能式的熱情。電子經濟中的公司，將會迅速地將主要焦點從本身的價值最大化，轉移到將整個基礎設施的價值上最大化。這些公司的想法一點也不天真，它們瞭解，爲邁向全體繁榮而努力，乃是使自己更加富裕的最佳策略。電子經濟下的企業，就像在自己蛛網中的蜘蛛，除非這個網夠堅韌，否則每個參與者都會一起毀滅。

聰明地決定提供額度

不要假定別人的智慧與你相同，他可能比你更有智慧。

——湯姆斯（Terry Thomas）英國幽默作家

聰明的服務，來自與顧客的接觸而擷取資訊並從中學習的組織。我們確定，買主與賣主之間若沒有一定程度的情報交換，就不會有任何交易完成。

過去的情形是，只要顏色是黑的，你就能夠讓型號T具有任何你想要的顏色。傳統經濟說：「要就帶走，不然就離開。」電子經濟說：「你想要就帶走。」福特汽車公司將很快再也不製造兩部完全相同的車。這種客製化需要有資訊的提供，而這項資訊必須來自某處——在其他情況都相同之下，最正確的資訊來自顧客本身。要獲得這項資訊可能並不簡單，但是重點依舊相同：你雖然提供服務，應該成爲一個能在每次交易中擷取資訊的製造廠。你也應該認清，要從每次交易中擷取資訊，有可能是不切實際的，一般來說，因爲資訊可能不具有價值、擷取資訊的代價可能太高，或是隱私權問題使得擷取這項舉動變得複雜。

亞馬遜書店在資訊擷取上表現得相當不錯。每次你對某本書感興趣時，其代理程式會推薦它認爲也會吸引你的另一本書。這些代理程式，受到追蹤數百萬次顧客接觸，所得到的瀏覽與書籍購買嗜好情報所控制。亞馬遜書店會隨著一次次的交易，而變得愈來愈聰明。

百視達娛樂公司（Blockbuster Entertainment）也有同樣的想法，但是所下的賭注更高。百視達的EntertainmentMinder 服務，每週提供訂戶個人化的訊息，包括有關新錄影帶、遊戲與光碟發行的訊息，再加上錄影帶片段、評論、特惠供應與折價券。使用者在百視達公司網站上註冊，需要填寫一份線上表格，並勾選他們喜愛的錄影帶、遊戲或光碟種類。使用者也可以下載監視器右下角放有白色驚嘆號的特殊軟體。當收到更新訊息時，驚嘆號會閃紅色，並且能讓使用者觀看一段錄影帶片段。這些增加收入的機會，足以說明網站中這項投資的正當性，但所建立的關係與所擷取的資訊，才是使這項計畫成功的關鍵。

思考品牌權益與通路權益

不要免除駱駝駝峰上的負擔；你可能也會免除掉它身爲駱駝的角色。

——徹司特頓（Gilbert Keith Chesterton）英國作家

品牌在電子經濟中事關緊要。電子經濟最普遍流傳的一則神話是，全球資訊網夷平了競爭場所，並使已建立的品牌知名度，與經濟規模的優勢失效。甚至還有一個引人注意的字眼——崩解（disaggregation），代表將整體分離成零組件的意思。崩解的一則神話是，電子經濟的運作，就像是個巨大的商業等化器（equalizer），使任何新來的人，都能顯得與最知名的企業，具備同樣的競爭資格。在這個「窄播」時代，這則奇特的神話已被接受，每個消費者都變成是個一人市場區隔，品牌也變得毫無關係。

不要相信這種講法。事實眞相是，有了這麼多種選擇，消費者將會尋找他們所熟知的舒適感。品牌名稱在電子經濟中，突然具有驚人的重要地位。細心培養出來的品牌名稱，可能變成企業必須提供的要素之一，且是最重要的無形價值。想想英特爾、耐吉球鞋（Nike）、星巴克（Starbucks）及瑪莎・史都華（Martha Stewart）公司，這些都是驅動價值的品牌名稱。這些品牌的擁有者，將品牌視爲最有價值的資產。爲什麼？因爲品牌正是顧客願意支付更多錢的東西，即便品牌是打在與競爭者完全相同的產品或服務上也一樣。

品牌權益具關鍵性，但是電子經濟還產生一種新的品牌建立模式：通路權益。電子經濟中，品牌會從影像移轉到關係，再轉移到以價值與服務爲依據的經驗，這種經驗會透過網際網路，傳送到老練的買主手中。公司所面對的挑戰包括創新、清楚的價值主張、完美的執行、及建立有效的平台，以便能接觸到顧客，及與顧客維持鞏固的關係。

通路權益代表組織在傳遞價值方面具有的優勢。例如，7-Eleven 藉著以網路連接在一起的五千家商店，組合成龐大的通路權益。該公司不僅利用這項通路權益，拓展麵包與牛奶以外的便利觀念，還創造出一系列完整的財務服務。當消費者購買禮券、進行現金轉帳、以及從事愈來愈多有關財務的服務時，顧客信賴 7-Eleven 的通路權益。對於 7-Eleven 如何運用這項通路權益，並沒有任何的限制。例如在日本，7-Eleven 已經與當地企業建立合作關係，以允許消費者在便利店能夠依照需求印出書籍。以電子經濟的術語來說，雅虎與美國線上都已經建立了強大的品牌權益。

電子經濟中的競爭者承認，品牌管理是它們的主要責任之一。它們瞭解到，一旦涉及管理品牌，相互關聯可能是一把雙面利刃。從負面觀點來看，全球資訊網已經移除企業一度對其品牌的控制。品牌有可能會被破壞，或是遭到嚴重損害，幾年前當英特爾發現所推出的 Pentium 晶片在浮點運算方面會產生錯誤時，情形正是如此。

規畫很重要，但千萬別做規畫

問題從不在於如何從心中獲得具創意的新思想，而是在於如何趕走舊思想。

——哈克（Dee Hock）VISA創始人

這個標題只是有點玩笑性的。線性規畫這種我們大部分人都受過的訓練，在電子經濟中毫無用處，網化就緒需要速度與移動。成功需要一種欣然接受電子經濟的連接、同時發生與不可預測的全部思維。要帶領電子商業店面，就必須能夠看出機會，並且必須敏捷地快速移動、建立合夥關係以及完美無瑕地執行。網化就緒企業將採用下列的原則，來引導它們：

- ■正確地排定優先序
- ■貫徹執行
- ■新競爭者會從電子經濟不可能的角落中出現
- ■已拓展開的電子經濟，需要從階層式的線性思維，轉移到包含各種領域之嚴格要求及動態規畫的全面性方法
- ■你的組合就是你的計畫（積極進取地建立與管理之）

■今天的秩序是不連續的改變，而不是有秩序的流程

■電子經濟的現實需要同步執行與敏捷行動的能力，以容許在資源與方向上的即時轉移

給讀者的最後說明

若是你仍舊在閱讀本書——若是你決定冒險花一點注意力，不管你基於什麼原因，吸引你挑選本書並閱讀至此——就會有「網化就緒」的機會正等著你。這並非指「網化就緒」不困難。我們都知道，電子經濟是個嚴酷的環境，它無情的一面與獎賞一樣多。是的，電子經濟會帶給創新者競爭優勢與龐大的財富，卻是心不甘情不願地給。電子經濟能給你的，同樣它也會拿走。幾個月內，或甚至更短的時間，競爭優勢便會煙消雲散，變成所有人做生意的成本而已。電子經濟的箴言是：「今天你爲我做了什麼？」電子經濟讓只有創造力的人感到挫折，它會讓對一度使他們致富的老法子效忠的人面臨失敗。並且對於自認爲與電子經濟無關的人，電子經濟都會判它出局作爲回報，這就是電子經濟施予人最羞辱的懲罰。

這是一趟缺你不可的旅程，因爲我們所描述的情景——在電子經濟中創造價值的情景——正被像你這樣的打破規則者所改寫。我們已經見到電子經濟如何改寫舊有秩序的規則：是由買主，而不是由賣主，來開出條件；是由讀者，而不是由作者，來創造故事。至於傳統的界線呢？答案是：毫無關聯。服務變成了產品，並且產品也會被資訊化，直到賦予它們意義的界限消失爲止。價格與數量之間的關係已無法掌握，其中一個不一定會跟著另一個的方向走。傳統經濟環境中，最基本的原

則是：以比成本上揚還快的速度提高價格。在電子經濟中，我們已經見到遊戲規則已經變成，成本降低的速度比價格滑落的速度還快，直到每樣東西最後看起來似乎是免費為止。過去我們都知道結構與流程、市場占有率與市場價值、擁有權與使用權、雇主與員工，彼此之間的差異。或者是，我們認為我們確知所有的情況，並因為這些確定性而使我們感到舒服。現在沒有人知道是怎麼一回事了，而我們也因為確定沒有人知道而感到舒服。

我們已經在本書中提供電子經濟創造價值的準則，也提供了照亮電子經濟中心的各種比喻，就像引導飛行員到飛航跑道的領航信號一樣。信號是個參考點，是必要的，但是無法代替飛行員的技能；信號只是明示路徑，但它無法使飛機著陸，那依然是飛行員的工作。本書的功用就如同信號一樣，我們希望我們的各種比喻能協助你，通過電子經濟中各項作業所面臨的風險與不確定性的考驗。儘管等待你去探索的眾多機會，可能會被視為是一種詛咒，但網化就緒的公司具有準則，能以有目的的方式，著手進行電子經濟投資。是的，機會總是比資源還多，並且只有你才能夠從中選擇。這也正是電子經濟下的生存之道，對每個人而言這是新疆土，而我們所能做的是找到出入口，之後一切就得靠你自己了，無論如何我們只會讓你慢下來而已。

附錄A　網化就緒電子商業規畫查核

現有的組織與新創公司同樣都早已看清楚，只有全心參與充滿混亂與高度風險的網際網路、網路商務以及電子市場，明日的機會才會實現。大家都瞭解，這和我們以往做生意的方式已經不同了，再也不可能回到過去的方式。各企業背後的創業家本能上都知道，成功乃是新的一組專長能力、原則、文化與態度的組合。爲了向網化就緒靠攏，我們提供包含十個步驟的「網化就緒電子商業規畫查核表」做爲參考。

「網路就緒電子商業規畫查核表」並非暗示你，應該從事這裡所提到的每種電子商業新構想。沒有任何組織能做所有的事。倒不如說，各位最好利用這份查核表確保自己並未忽略眼前某些重要的事項。這份查核表可以帶領我們回顧本書討論過的所有議題。你的挑戰將是，從擺在眼前的所有機會作選擇。你必須判定，哪些機會是風險程度最低及資源耗費最少，卻能對企業產生最大程度影響的機會。請使用下列的查核表，協助你落實電子商業新構想。

「網化就緒電子商業規畫查核表」有十個步驟，每個步驟項下都有幾種狀況，針對個別的陳述，指出目前在你的組織中是否已經達成即可。若有不確定的情形，那就請勾選「否」這一欄。這十個步驟分別是：

步驟一、**目的宣言**

步驟二、**十二至十八個月的目標**

步驟三、顧客、通路、市場區隔
步驟四、競爭
步驟五、必要的解決方案
步驟六、產品與服務推展計畫
步驟七、財務相關事項
步驟八、會影響目標達成的外在情勢
步驟九、相互依賴所造成的問題
步驟十、事務性計畫

步驟一、目的宣言

	是	否
我們公司對於網際網路的新構想，是否具有明確說明的有力願景？	□	□
我們公司的電子商業願景是否已廣爲傳達且員工普遍都瞭解？	□	□
資深管理人員是否密切參與電子商業新構想的開發與支援？	□	□
資深管理人員是否瞭解電子商業新構想所帶來的機會與威脅？	□	□

步驟二、十二至十八個月的目標

	是	否
我們公司對於衡量電子商業新構想是否能成功達成，有一套詳盡且彈性的衡量標準？	□	□
公司的新構想支持我們的經營策略嗎？	□	□

□ □ 萬一市場情況有必要，我們是否已具有適當機制改變電子商業策略的方向？

□ □ 技術解決方案有足夠彈性來適應計畫期間的變動嗎？

□ □ 我們公司已具備從事電子商業新構想所需要的技術基礎設施與專長能力嗎？

步驟三、顧客、通路、市場區隔

□ □ 與電子商業相關的技術會對顧客會造成衝擊嗎？

□ □ 與電子商業相關的技術會對通路會造成衝擊嗎？

□ □ 與電子商業相關的技術會對市場區隔造成衝擊嗎？

□ □ 在產品與服務方面，電子商業創新來源能用來減少不滿因素嗎？

□ □ 電子商業創新來源，能用來符合不斷變動的必要利益嗎？

□ □ 電子商業能用來重新構思我們的產品與服務嗎？

□ □ 電子商業能用來重新定義價值主張嗎？

□ □ 電子商業能用來讓我們公司往食物鏈上層移動嗎？

□ □ 我們可以運用電子商業，將功能與形式區隔開來嗎？

□ □ 電子商業能用來壓縮購買流程嗎？

□ □ 經由電子商業所獲得的潛在購買者簡述資料，能不能套用在現有的顧客身上嗎？

□ □ 現在的通路是否運用與電子商業相關的技術？這種情況未來可能會如何改變？

□ □ 運用與電子商業相關的技術，能吸引新市場區隔的顧客嗎？

電子商業會對現有的產品與服務造成威脅嗎？ □ □

步驟四、競爭

與競爭者相較，我們的電子商業新構想組合是不是比較有利？ □ □
在現有的專長能力下，我們（與競爭者）能夠推展任何電子商業模式嗎？ □ □
電子商業會產生有新競爭者出現的風險嗎？ □ □
我們的競爭者正在建置與電子商業相關的技術嗎？ □ □
我們（或是競爭者）能運用電子商業重新定義競爭基礎嗎？ □ □
我們的競爭者正運用與電子商業相關的技術強化他們的產品嗎？ □ □
我們能運用電子商業從競爭者那裡吸引到顧客嗎？ □ □
與電子商業相關的技術能夠改變我們所處產業的進入障礙及/或轉換成本嗎？ □ □
我們可不可以利用電子商業打破產業牢不可破的規則？ □ □
是否可以電子商業重劃產業界限嗎？ □ □
電子商業將功能與形式分開的能力，未來將影響產業的競爭態勢嗎？ □ □

步驟五、必要的解決方案

電子商業能夠強化或使我們的價值傳遞系統轉型嗎？ □ □
電子商業將功能與形式分開的能力，是否對我們的產品或服務造成威脅？ □ □

電子商業是否能強化與通路合作夥伴的關係？ □ □

爲了符合財務目標，電子商業能夠改善成本結構嗎？ □ □

步驟六、產品與服務推展計畫

我們能進行關鍵性的企業對企業新構想嗎？ □ □

我們能進行企業對終端使用者的顧客新構想嗎？ □ □

我們能進行關鍵性的企業內部新構想嗎？ □ □

我們的電子商業新構想之間能產生綜效嗎？ □ □

我們的電子商業新構想是否與經營策略整合在一起？ □ □

我們是否已經清楚定義是由誰來推動策略、發展及履行電子商業新構想？ □ □

我們是否已清楚定義電子商業新構想的角色、責任與責任歸屬？ □ □

我們是否已經擬好電子商業新構想的變動管理計畫？ □ □

我們公司的結構適於發展電子商業新構想嗎？ □ □

爲完成電子商業新構想，我們是否已經決定該從內部或外部獲得必要的技術與專長能力？ □ □

步驟七、財務相關事項

我們知道特別分配給電子商業新構想的資金金額有多大嗎？ □ □

我們已經瞭解並考慮過電子商業新構想的直接與間接成本嗎？

我們知道收入如何產生嗎？

我們有足夠的資源可以用在持續維護、升級與加強功能嗎？

我們曾經將電子商業投資與成本結構和與競爭做比較嗎？

我們的財務預測，是以未來的電子商業技術所造成的衝擊爲依據嗎？

步驟八、會影響目標達成的外在情勢

我們知道的電子商業新構想在哪些領域風險最大嗎？

新興技術會對我們的經營計畫之風險方程式造成影響嗎？

我們知道建置電子商業新構想後，競爭者可能會有何種反應嗎？

我們有應變計畫嗎？

步驟九、相互依賴所造成的問題

我們淸楚地知道相關實體之間所存在的依存關係嗎？

我們知道誰負有管理這些電子商業關係的責任嗎（例如，關係協調會）？

我們有應變計畫嗎？

步驟十、事務性計畫

我們已經清楚地識別出各項計畫，並將可管理的計畫（三至六個月）訂為目標嗎？ □ □

我們知道是哪些衡量標準在第一年被用來追蹤電子商業新構想的成功與否嗎？ □ □

我們瞭解電子商業新構想對於其他實體（例如，資訊科技）的依賴程度嗎？ □ □

我們在第一年是否有足夠的資金投資必要的基礎設施嗎？ □ □

我們知道如何衡量一段期間後，電子商業新構想對我們所造成的影響嗎？ □ □

是否有持續評估用於電子商業新構想衡量標準的計畫？ □ □

電子商業新構想的衡量標準能夠依需要而修改嗎？ □ □

在計畫進行期間，是否已備有重新檢視與修正策略的機制？ □ □

我們是否清楚定義有關電子商業新構想的假設？能衡量它們嗎？ □ □

我們已經建立好起動裝置，監督與電子商業新構想有關的事項嗎？ □ □

附錄B　網化就緒綜合計分卡

我們在第一章結尾要求你完成這份計分卡的精簡版。這項稽核的計分採用一種加權式的計分方法，若用手來計算會太麻煩。請到「網化就緒網站」（www.netreadiness.com），來取得這份稽核表的全球資訊網版本。對於想要檢視構成這份稽核表個別項目的讀者，我們也在此提供了複本。

使用說明：

針對每句陳述，指出你同意或不同意，該種狀態已經陳述目前你的組織現況。若你強烈不同意或有點不同意，請分別圈選1或2；若是你有點同意或是極爲同意，請分別圈選4或5；不置可否的話，請圈選3；不確定的話，請將這個項目留空白，並繼續進行下一項陳述。祝你好運！

計分方式：

1	2	3	4	5
強烈不同意	有點不同意	中立	有點同意	極爲同意

你同不同意下列有關你的電子商業策略的陳述？

我們公司例行性地評估競爭者的電子商業新構想　1 2 3 4 5

我們大多數的新應用程式開發，都是電子商業導向的（以全球資訊網爲基礎相對於主從式架構、大型主機、或是企業資源規畫）。　1 2 3 4 5

我們已經配備電子商業計畫人員，並提供適當資源，以達成計畫目標。 1 2 3 4 5

爲了獲得成功，我們已經建立好十二至十八個月的執行準則或行程計畫。 1 2 3 4 5

我們在電子商業的努力，主要是把焦點放在策略/價值產生的領域，而不是放在作業上或是行銷情報上。 1 2 3 4 5

我們已經讓公司嚴格遵守且已建立好的標準資訊科技基礎架構。 1 2 3 4 5

建置電子商業解決方案時，我們展現出堅決的執行力（例如，三個月，三至六人）。 1 2 3 4 5

我們公司例行性地評估競爭者的網站。 1 2 3 4 5

我們已經有發展電子新構想商用案例的標準管理流程。 1 2 3 4 5

我們瞭解有關透過網際網路提供資訊存取的安全性議題。 1 2 3 4 5

我們的網際網路解決方案具足夠的彈性順應（內部及外部的）改變。 1 2 3 4 5

我們的策略性計畫包括電子商業策略。 1 2 3 4 5

我們目前的電子商業活動與經營策略有極佳的整合。 1 2 3 4 5

我們有已建立好可衡量的標準，評估網際網路新構想所帶來的影響。 1 2 3 4 5

我們透過反覆增加功能的方式，不斷創新電子商業產品與服務。 1 2 3 4 5

我們的電子商業解決方案能夠因應需要及顧客要求而做調整。 1 2 3 4 5

透過電子商業技術以產生競爭優勢已列爲資深管理人員的最優先任務。 1 2 3 4 5

我們已經建立好評估及挑選替代性電子商業策略的流程。 1 2 3 4 5

我們有電子商業應用程式的強大快速開發方法（三個月或更短的專案期間）。 1 2 3 4 5

我們在網站維護方面已有足夠的投資。 1 2 3 4 5

與企業文化有關的陳述：

我們的電子商業活動願景已經在全公司廣爲散佈且員工都能充分瞭解。 1 2 3 4 5

資訊科技單位被視爲是，提供事業單位網際網路顧問服務的電子商業合作夥伴。 1 2 3 4 5

資訊科技組織極受到企業管理階層的敬重。 1 2 3 4 5

我們公司能夠快速回應不斷變動的市場情況。 1 2 3 4 5

公司所有的管理階層都已經具備電子商業的概念。 1 2 3 4 5

我們已經在組織內部發展出電子商業文化。 1 2 3 4 5

資深管理人員極力投入電子商業的發展。 1 2 3 4 5

我們能靈活地快速執行與改變。 1 2 3 4 5

與企業資源有關的陳述：

我們提供員工適當誘因以達成他們的電子商業目標。 1 2 3 4 5

我的事業單位有適當的資金滿足電子商業新構想需求。 1 2 3 4 5

我們有同時且效率地管理多種（內部與外部）關係的經驗。 1 2 3 4 5

我們在電子商業的努力，能協助組織聘雇到並保留住最有才能的人。 1 2 3 4 5

我們瞭解電子商業新構想會對員工造成何種影響（變動管理議題）。 1 2 3 4 5

我們主動升級後端系統（例如，清除資料、移植舊有系統等），以符合未來的網際網路要求。	1 2 3 4 5
我們公司有堅強的資訊科學/資訊科技作業能力（例如，容量規畫、網路連接策略與作業、合約協商、資料庫行政作業、資料庫管理等）	1 2 3 4 5
電子商業新構想的決策訂定主管都已指派就緒。	1 2 3 4 5
經營管理人員都具備網際網路知識，且資訊科技人員都具備商業知識。	1 2 3 4 5
每個電子商業新構想團隊中的角色、責任與責任歸屬，都已清楚定義。	1 2 3 4 5
我們的電子商業應用程式都能及時交付，並具備所需的功能。	1 2 3 4 5
我們有從事電子商業新構想所需要的技術基礎設施與專長能力。	1 2 3 4 5
相較於其他資訊科技花費（個人電腦、基礎設施等），電子商業方面的總花費較高。	1 2 3 4 5
我們已經授權最高階人員管理網際網路新構想。	1 2 3 4 5
我們已建立分配企業與資訊科技資源給網際網路新構想的方法。	1 2 3 4 5
組織已具備從電子商業計畫中學習的能力。	1 2 3 4 5
我們已經在組織內建立好明確定義的電子商業生涯管道。	1 2 3 4 5
我們有銷售服務方面的經驗。	1 2 3 4 5
事業單位可以有彈性地設定自己的電子商業應用程式開發投資水準。	1 2 3 4 5
電子商業團隊有適當的技術經驗與技能組合來完成任務。	1 2 3 4 5

與企業關係有關的陳述：

- 我們的電子商業應用程式是受到顧客需求的驅動。 1 2 3 4 5
- 我們與有互補性的電子商業公司，具有的合夥關係(例如，亞馬遜書店與美國線上)。 1 2 3 4 5
- 我們已經具備與電子商業有關的建置專業，或是正處於建置的過程中。 1 2 3 4 5
- 我們的員工、顧客與合作夥伴，都能隨處取得具事業關鍵性的資訊與流程。 1 2 3 4 5
- 我們能夠快速又有效地形成與解散，由明確的商業必要所驅動的關係。 1 2 3 4 5
- 我們組織已經具備有分享電子商業學習經驗的流程。 1 2 3 4 5
- 我們已經與延伸性的企業（例如，供應商、加值轉售商、顧客等）建立好鞏固的關係。 1 2 3 4 5
- 電子商業活動，是由包括經營與資訊科技經理人所組成的跨功能團隊所管理。 1 2 3 4 5
- 目前的組織結構非常適合發展電子商業新構想。 1 2 3 4 5
- 每位電子商業專案團隊成員，都是依據相同且經明確說明的衡量標準來考核。 1 2 3 4 5

計分

請到 www.netreadiness.com 完成以全球資訊網爲介面的「網化就緒計分卡」。

國家圖書館出版品預行編目資料

Net Ready：企業 e化的策略與原則
／安默.哈特曼（Amir Hartman），約翰.夕方尼
（John Sifonis）著；何霖譯.
--初版.-- 臺北市：大塊文化，
2001［民 90］　　面；　公分.　--
譯自：Net Ready:strategies for success
in the E-conomy
ISBN 957-0316-52-7 (平裝)

1. 思科系統公司（Cisco Systems, Inc.）－管理
2. 電子商業　3. 電子商業－管理

490.29　　　　89019839

LOCUS

LOCUS

LOCUS

LOCUS